CMP BOOKS
机工通信

The

BEAUTY

6G之美

新一代无线通信技术演进

OF

Evolution of
next generation wireless
communication technology

6G

陈鹏　佘小明　杨姗　朱剑驰　蒋峥　赵嵩　刘博　杨蓓

———— 编著 ————

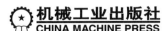

机械工业出版社
CHINA MACHINE PRESS

当前，在5G席卷全球的大背景下，关于5G演进的研究与标准化工作正开展得如火如荼，与此同时，国内外通信企业为了抢夺话语权，都在紧锣密鼓地进行6G技术的研究和布局。本书对5G演进和6G研究的相关知识进行通俗解读，包括5G商用部署、典型场景与应用，5G与标准演进，6G空口与组网候选技术，以及本书作者关于6G技术的思考，相信本书会让广大读者从中获益。

本书立足于通信从业人员，用浅显易懂的方式介绍了5G演进和6G关键技术，适合通信设备制造商、手机制造商、网络运营商、科研人员，以及相关专业师生阅读与参考。

图书在版编目（CIP）数据

6G之美：新一代无线通信技术演进/陈鹏等编著 . —北京：机械工业出版社，2022.8
ISBN 978 - 7 - 111 - 71373 - 9

Ⅰ . ①6… Ⅱ . ①陈… Ⅲ . ①第六代移动通信系统 – 研究 Ⅳ . ①TN929.59

中国版本图书馆 CIP 数据核字（2022）第 144378 号

机械工业出版社（北京市百万庄大街 22 号 邮政编码 100037）
策划编辑：李馨馨 责任编辑：李馨馨 秦 菲
责任校对：李 伟 责任印制：李 昂
北京中科印刷有限公司印刷
2022 年 10 月第 1 版·第 1 次印刷
184mm × 240mm·16.5 印张·1 插页·348 千字
标准书号：ISBN 978 - 7 - 111 - 71373 - 9
定价：99.00 元

电话服务 网络服务
客服电话：010 - 88361066 机 工 官 网：www. cmpbook. com
      010 - 88379833 机 工 官 博：weibo. com/cmp1952
      010 - 68326294 金 书 网：www. golden – book. com
封底无防伪标均为盗版 机工教育服务网：www. cmpedu. com

近年来，关于第五代移动通信系统（5G）及其演进的研究与标准化工作正开展得如火如荼。与此同时，业界关于下一代移动通信系统 6G 的研究也已日渐深入。5G 及其演进包含三大类应用场景，分别是移动宽带增强演进（eMBB）、低时延高可靠（URLLC）通信、大规模机器（mMTC）物联网通信。2019 年至今，3GPP 已先后发布了多个版本的 5G 国际标准。

作者致力于为对 5G/6G 感兴趣的广大读者提供一本通俗易懂、贴近生活的图书。5G 及其演进的现状如何？包括哪些技术？6G 又都有哪些研究内容？读者翻开本书即可找到答案。

本书的作者是一群热爱通信的小伙伴，在互联网上建立了微信公众号"S^2 微沙龙"。"S^2 微沙龙"的每期文章均立足于通信技术或通信前沿的最新事件，致力于用通俗、诙谐的语言来解读通信技术及产业的发展脉络，拥有一大批活跃的粉丝，并长期获得业界的广泛关注。2017 年，我们依托"S^2 微沙龙"编著的第一本图书《大话 5G——走进万物互联新时代》一经出版就获得了热烈的反响，先后印刷 6 次，销量达数万册，成为 5G 通信类的畅销书。这不仅出乎我们的意料，也鼓舞了我们继续用心经营"S^2 微沙龙"为大家带来更多更好原创内容的信心。经过近 5 年来的积累沉淀，"S^2 微沙龙"现推出第二本著作《6G 之美：新一代无线通信技术演进》以答谢广大粉丝的持续关注与支持。

本书分为 7 章。

第 1 章先从 5G 说起，介绍了 5G 商用部署以及典型场景与应用，为读者提供了一个快速了解 5G 的切入点，从 5G/5G-Advanced 出发，带你领略 6G 之美。

第 2 章和第 3 章分别介绍了 5G 第一版（Rel-15）标准和 5G 标准演进（Rel-16 和 Rel-17）。针对 5G 第一个版本 Rel-15 的标准，首先总述 5G 国际标准的发布，让读者对 5G 首版标准的性能指标、理论峰值和技术特征有个整体的认识。然后深入浅出地介绍 Rel-15 标准中的具体技术细节与标准定义，包括物理层标准、协议与网络架构、频谱与射频三方面内容，让读者对 5G 首版标准拥有全新的认识。之后在 5G 标准演进部分，分别针对 Rel-16 和 Rel-17 版本标准进行了介绍，主要内容包括：面向首版标准基本功能的增强，如网络覆盖增强、大规模天线增强；面向垂直行业应用的拓展，如工业互联网 IIoT 技术、网络切片、非公共网络 NPN；以及新技术特征，如无线 AI 等。

第 4 章介绍了 6G 研究初期，作者关于 6G 的思考。当前 6G 研究还处于起步阶段，第一部分从 5G 到 6G，分别从商用前景、应用场景与技术方向和专利创新角度进行了分析，从 5G 追根溯源，得以窥见 6G 潜在的发展方向，进而梳理 6G 未来的发展脉络。第二部分汇百家之言，在此作者们畅谈了关于 6G 研究与技术发展的看法："老本快吃到头"的 6G "可以拿得出手的技术有多少"，"将把前辈们远远抛在身后"的 6G 有什么魅力，有什么颠覆特性，"将释放工业 4.0 的全部潜力"的触觉互联网，"像飓风一样席卷互联网和投资圈"的元宇宙。百家争鸣很热闹，我们更希望引发读者的思考。

第 5 章针对 6G 候选技术进行了深入浅出的介绍。在 6G 高频段通信技术方面介绍了针对原型样机进行前沿试验的太赫兹通信、"有光就有网"的可见光通信。在 6G 新技术方面介绍了超大规模天线、可重构智能表面、反向散射、轨道角动量、先进编码和调制、新型双工、基于人工智能的空口设计等。在 6G 灵活组网方面介绍了 6G 将融合多种接入方式，构建一张多空口协作、空天地海一体的多层立体网络，实现灵活空口资源整合和全球无缝覆盖。6G 还在路上，最终究竟采用什么样的技术还很难说，能与 5G 最明显区别的是太赫兹通信、轨道角动量通信和可见光通信。其他潜在 6G 技术，在 5G 演进中多有研究，本书其他章节也有涉及。正在阅读本书的你，是否也准备，或正在投身于上述新技术的研究，与作者一起去发现 6G 之美呢？

第 6 章从多视角出发介绍了从事通信研究绕不开的 3GPP 标准组织的相关内容，带领读者全方位近距离了解这个制定了历代通信标准的组织。认识其组织架构、工作方式、文字"游戏"、投票机制。

第 7 章介绍了近年的通信热门话题，包括通信人眼中的"星辰大海"卫星通信，5G 的"隔壁邻居"Wi-Fi，5G 网络共建共享，一直很火的物联网，行业"朝阳"5G 安全以及 5G 平台开发技术等。

本书的内容依托微信公众号"S^2 微沙龙"，由多名在 5G-Advanced 标准化和 6G 关键技术研究的一线工作者共同创作。为本书撰写做出贡献的 S^2 微沙龙小伙伴还包括：郭婧、李南希、刘家祥、刘胜楠、牛煜霞、彭硕、吴径舟、尹航、林佩、南方、王静、高磊、汪博文、韩斌、刘洋、乔晓瑜、王达、梁林、杨星、张萌、田树一、黄东篱、刘海涛。如果本书让读者意犹未尽，请关注我们的公众号。

受 5G-Advanced 标准与 6G 关键技术研究进程的影响，截至本书成书之时，一些技术方案还在持续研究和讨论中。由于我们的知识视野有一定的局限性，书中如有不准确、不完善之处，请广大读者批评指正。

我们在"S^2 微沙龙"等着你。

编　者

第 3 章　5G 标准演进

第 4 章 关于 6G 的思考

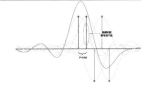

第 5 章 6G 候选技术

第 6 章 关于 3GPP 这个标准组织

第 7 章 说说这些领域

第 1 章

先从 5G 说起

1.1 1G 到 5G，我国移动通信发展里程碑

全球移动通信网络历经第一代（1G）到第四代（4G）的快速发展，目前已进入 5G 网络发展的关键阶段。纵览从 1G 到 5G 的移动通信史，每次信息通信技术变革都伴随着技术、标准和产业主导权之争。我国在移动通信领域经历了从随从、参与、同步到主导的艰难奋斗历程，在全球移动通信领域逐步实现了话语权从无到有的跨越。本节总结和回顾了我国 1G 到 5G 移动通信发展的里程碑。

（1）第一代移动通信系统（1G）

1987 年 11 月 18 日，模拟移动电话网在广州开通。

1987 年，第一部模拟手机进入中国大陆市场。

1989 年 6 月，广东省珠江三角洲首先实现了移动电话自动漫游。

2001 年 12 月 31 日，我国关闭模拟移动电话网。

（2）第二代移动通信系统（2G）

1993 年 9 月 19 日，我国第一个数字移动电话通信网 GSM（Global System for Mobile Communications，全球移动通信系统）在浙江省嘉兴市开通。

1994 年 10 月，我国第一个省级数字移动通信网（GSM）在广东省开通。

1995 年 1 月，第一款 GSM 手机进入中国大陆。

1995 年 4 月，GSM 数字电话网正式开通。

1995 年 9 月，世界上第一个商用 CDMA（Code Division Multiple Access，码分多址）移动通信网在我国香港开通。

1996 年 1 月，移动电话实现全国漫游，并开始提供国际漫游服务。

1998 年 1 月，浙江省余杭电信局正式开通了小灵通业务。

2001 年 7 月 9 日，中国移动 GPRS（General Packet Radio Service，通用分组无线业务）系统投入试商用。

2002 年 5 月 1 日，中国移动和中国联通实现短信互通。

2002 年 5 月 17 日，中国移动 GPRS 系统正式投入商用。

2002 年 1 月 8 日，中国联通开通 CDMA 网络。

2002 年 10 月 1 日，中国移动通信彩信业务正式商用。

2003 年，中国移动 EDGE（Enhanced Data rates for Global Evolution of GSM，增强型数据速率 GSM 演进）系统正式商用。

（3）第三代移动通信系统（3G）

1998 年 6 月，我国向 ITU（International Telecommunication Union，国际电信联盟）提交具有自主知识产权的 TD-SCDMA（Time Division-Synchronous Code Division Multiple Access，时分同步码分多址）国际标准。

1999 年 11 月，TD-SCDMA 成为 ITU 认可的第三代移动通信主流技术之一。

2001 年 3 月，TD-SCDMA 被 3GPP（3rd Generation Partnership Project，第三代合作伙伴计划）正式接纳，成为第三代移动通信国际标准之一。

2004 年 3 月，大唐移动推出世界第一款符合 3G 标准的 TD-SCDMA 测试终端。

2008 年 12 月 12 日，工信部明确了 3G 牌照的发放方式，向中国移动发放 TD-SCDMA 牌照，向中国电信发放 CDMA2000 牌照，向中国联通发放 WCDMA（Wideband CDMA，带宽码分多址）牌照。

2009 年 1 月 7 日，工信部向中国移动、中国电信和中国联通发放 3G 牌照，标志着我国正式进入 3G 时代。

（4）第四代移动通信系统（4G）

2005 年，信息产业部成立了宽带无线移动（Broadband Wireless Mobile，BWM）专家组。

2007 年 3 月，BWM 专家组改组为 IMT-Advanced（International Mobile Telecommunications-Advanced，高级国际移动通信）推进工作组。

2010 年 12 月，中国移动开展第一阶段 TD-LTE（Time Division-Long Term Evolution，时分双工长期演进）规模试验。

2012 年 2 月，中国移动开展第二阶段 TD-LTE 规模试验。

2013 年 12 月 4 日，工信部正式向中国移动、中国电信和中国联通发布 4G TD-LTE 牌照，标志着我国正式进入 4G 时代。

2015 年 2 月 27 日，工信部向中国电信和中国联通发放 4G FDD-LTE（Frequency Division Duplexing-Long Term Evolution，频分双工长期演进）牌照。

2017 年 5 月 17 日，中国电信宣布建成全球首个覆盖最广的商用 NB-IoT（Narrow Band

Internet of Things，窄带物联网）网络。

2018 年 4 月 3 日，工信部向中国移动发放 4G FDD-LTE 牌照。

（5）第五代移动通信系统（5G）

2013 年 2 月，我国工业和信息化部、国家发展和改革委员会、科学技术部联合推动成立 IMT-2020（5G）推进组。

2017 年 6 月，中国移动宣布启动 5G 试验工作，公布首批 5 个 5G 试验城市：北京、上海、广州、苏州、宁波。

2017 年 8 月，中国电信宣布计划在 6 个城市启动 5G 试验网建设，包括雄安、苏州、上海、深圳、成都、兰州。

2017 年 11 月 10 日，工信部发布了 5G 系统在 3000～5000 MHz 中频段内的频率使用规划，我国成为国际上率先发布 5G 系统在中频段内频率使用规划的国家。规划明确了 3300～3400 MHz（原则上限室内使用）、3400～3600 MHz 和 4800～5000 MHz 频段作为 5G 系统的工作频段。

2018 年 1 月 17 日，中国联通宣布计划在北京、天津、上海、深圳、杭州、南京、雄安 7 个城市进行 5G 试验。

2018 年 12 月 10 日，工信部向中国电信、中国移动、中国联通发放了 5G 系统中低频段试验频率使用许可。中国电信获得 3400～3500 MHz 共 100 MHz 带宽的 5G 试验频率资源。中国联通获得 3500～3600 MHz 共 100 MHz 带宽的 5G 试验频率资源。中国移动获得 2515～2675 MHz、4800～4900 MHz 频段的 5G 试验频率资源；其中，2515～2575 MHz、2635～2675 MHz 和 4800～4900 MHz 频段为新增频段，2575～2635 MHz 频段为重耕中国移动已有的 4G TD-LTE 频段。

2019 年 6 月 6 日，工信部正式向中国电信、中国移动、中国联通、中国广电发放 5G 商用牌照。这标志着我国正式进入 5G 商用元年。

1.2 5G 商用部署

2019 年 6 月，工信部向中国电信、中国移动、中国联通及中国广电发放 5G 牌照。

2019 年 10 月 31 日，在 2019 年中国国际信息通信展览会开幕论坛上，时任工信部副部长的陈肇雄与三大运营商共同宣布 5G 商用正式启动。

三家运营商的 5G 套餐也终于"千呼万唤始出来"，不过"未抱琵琶未遮面"，价格相近，从 129 元到 599 元，流量从 30GB 到 300GB，更有附带双千兆宽带的套餐，可谓是物美价廉。

我国的三家运营商共同启动 5G 正式商用，采用相近的套餐价格，紧密合作，共同响应了国家提速降费的号召，一起为 5G 的推广和国家通信事业建设助力。

1.2.1 5G 在新基建中地位的思考

（1）新基建

2020 年，有一个名词非常火，那就是"新基建"。"新基建"的特点在于支持科技创新、智能制造的相关基础设施建设以及针对"旧基建"进行的补短板工程。如图 1-1 所示，"新基建"集中在七大领域，分别是 5G 基站建设（5G 板块）、特高压、城际高速铁路和城市轨道交通（基建和高铁）、人工智能、大数据中心、工业互联网、新能源汽车充电桩。

图 1-1　新基建七大领域

可以发现，5G 作为新兴技术的代表，赫然在列。5G 技术不仅仅是一种通信技术，5G 最大的魅力在于其对各行各业的赋能，能够深刻地改变原有的生产生活方式，达到一种由点带面的效果。因此，也引发了对 5G 在新基建中地位的思考。其实新基建的相关概念已经在很多重要会议出现过，而且频繁出现 5G 的字眼。例如，在 2020 年 3 月 4 日的中央政治局常务委员会会议中指出："加快 5G 网络、数据中心等新型基础设施建设"。

可以看出 5G 在新基建中占有重要地位，而且发现 5G 与其他新基建领域，如人工智能、工业互联网，有着紧密的联系。有学者认为："5G 在新基建中作为最根本的通信基础设施，不但可以为大数据中心、人工智能和工业互联网等其他基础设施提供重要的网络支撑，而且可以将大数据、云计算等数字科技快速赋能给各行各业，是数字经济的重要载体。"

（2）5G 与工业互联网

业内常说，4G 改变生活，5G 改变社会。4G 主要面向的是"2C"（To Customer，面向消费者）业务，旨在为人类提供高速快捷的通信服务。5G 除了面向"2C"，也面向"2B"（To Business，面向企业）业务，解决物与物基站的通信。5G 在工业互联网中的应用被看作是一个打造 5G 新商业模式的突破口。

5G 为制造业、汽车和农业等多种垂直行业提供先进的无线连接。为此，5G 支持的大规模机器通信（Massive Machine-Type Communications，mMTC）和超可靠低时延通信（Ultra Reliable and Low Latency Communication，URLLC）的通信场景都和工业互联网密切相关。

mMTC 旨在为每平方千米数十万个物联网设备提供广域覆盖和深入的室内渗透。此外，mMTC 的设计目的是提供无处不在的连接，同时对于设备硬件要求极低，并将支持省电节能模式运行。URLLC 可以促进工业应用程序的发展，尤其是在端到端延迟、可靠性和可用性方面具有非常高要求的应用。

5G 还引入了非公共网络（Non-Public Network，NPN）和网络切片（Network Slicing）的概念，以提高 5G 网络在垂直行业的渗透，提供可定制化的服务。

（3）5G 与人工智能

5G 和人工智能的相互融合和相互促进已经成为未来的发展方向，如图 1-2 所示。5G 作为新型通信基础设施，如同"信息高速公路"一样，为庞大数据量和信息量的高效、可靠传递提供了基础。人工智能将为机器赋予人类的智慧，5G 将使万物互联变成可能。二者相互融合，将促进整个社会生产方式的改进和生产力的发展。

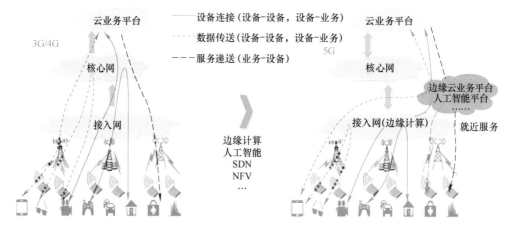

图 1-2　5G 与人工智能

与 3G/4G 时代不同，5G 通过引入软件定义网络（Software Defined Networking，SDN）和网络功能虚拟化（Network Functions Virtualization，NFV）技术，支持控制面与用户面分离。核心网主要专注处理 5G 控制面的访问控制请求，5G 用户面的数据传送服务主要由接入网和承载网提供，减小了核心网压力。再结合边缘计算（Mobile Edge Computing，MEC）技术，5G 网络核心网进一步下沉，能够提供更加低时延、高可靠的云端服务，为人工智能能力提供了坚实的基础。

（4）小结

虽然 5G 已经成为拉动数字经济的引擎，但在产业融合方面仍需要"杀手级"的应用来打开局面，探索的脚步从未停止，这条路任重而道远。期待着 5G 能够扮演更多的角色，在新基建中大放异彩。

1.2.2　5G 发放牌照周年回顾

2019 年被称为"5G 元年"，在国内 5G 牌照发放一周年时，我国 5G 建设进入了规模化部署与应用落地的进程中。

据工信部的统计，截至 2020 年 5 月，我国已经建成超过 25 万座 5G 基站，平均每周以 1 万以上的数量持续增长，三大运营商和中国铁塔 2020 年 5G 投入达 1973 亿元。据测算，2020～2025 年 5G 可直接拉动电信运营商网络投资 1.7 万亿元，拉动垂直行业网络和设备投资 0.7 万亿元，带动 2 万亿元的信息服务消费和 4.5 万亿元的终端消费。

全球范围内，2020 年已有 60 多家运营商部署了 5G 商用网络。预计到 2023 年，全球 5G 连接数将超过 10 亿，这比 4G 获得同样连接数的时间整整少了 2 年。2025 年，5G 连接数预计将达到近 30 亿，占全球总连接数的 30%。

1.2.3　全球 5G 终端现状

2017 年 12 月，3GPP 发布了首个 5G NR 非独立组网（Non-Standalone，NSA）标准，2018 年 6 月发布了首个 5G NR 独立组网（Standalone，SA）标准。2019 年 6 月 6 日，工信部向中国电信、中国移动、中国联通、中国广电发放 5G 商用牌照。自 5G 标准发布以来，国内 5G 商用牌照发放也有几年时间了，全球 5G 商用情况如何呢？

5G 终端呈现较快的增长态势，图 1-3 为 2019 年 3 月至 2021 年 4 月发布的全球 5G 终端类型数量。

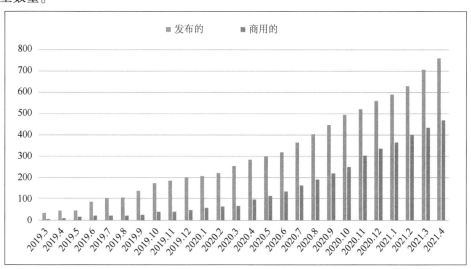

图 1-3　2019 年 3 月至 2021 年 4 月全球 5G 终端类型数量

据 GSA（Global mobile Suppliers Association，全球移动供应商协会）统计，截至 2022 年 3 月，191 个终端厂商发布了 1336 款 5G 终端，其中至少有 1000 款可供购买。图 1-4 显示了不同终端类型的分布。从终端类型来看，包括 677 款手机，213 款用于室内和室外的 CPE（Customer Premise Equipment，客户终端设备），174 款 5G 模块，85 款工业或企业路由器、网关或调制解调器，55 款电池供电的热点，33 款平板电脑，28 款笔记本电脑，11 款车载路由器、调制解调器或热点，8 款 USB 终端、加密狗或调制解调器，52 款其他设备（包括无人机、头戴式显示器、机器人、电视、相机、毫微微蜂窝/小型蜂窝、中继器、车载单元、卡入式加密狗/适配器、开关、自动售货机和编码器）。

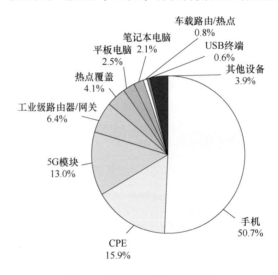

图 1-4　不同终端类型的分布

1.2.4　5G 网络部署

至 2021 年 6 月底，全球 5G 正式商用已经 2 年多，5G 产业进展如火如荼，本节总结了 5G 网络的部署。

从 5G 覆盖城市来看，目前亚洲有 528 个城市提供 5G 服务，欧洲、中东和非洲地区（Europe，the Middle East and Africa，EMEA）有 459 个城市，美洲地区有 349 个城市。如图 1-5 所示，中国和美国在 5G 网络建设方面明显领先于其他国家，分别在 341 和 279 个城市提供了 5G 服务。韩国作为全球 5G 商用最早的国家，排名第三，在 85 个城市提供了 5G 服务。

基站数量方面，在 2021 年 5 月底举办的中国国际大数据产业博览会上，时任工信部副部长刘烈宏表示，中国已建成 5G 基站 81.9 万个，占全球基站数量的 70% 以上，遥遥领先其他国家，位列世界第一。

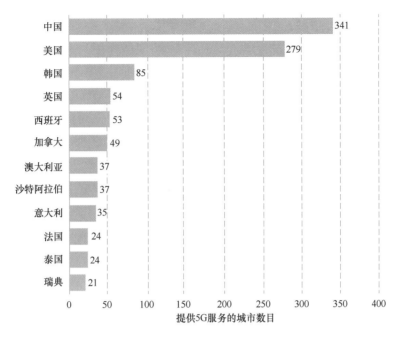

图 1-5　5G 可用城市数量

1.3　5G 场景与应用

1.3.1　十张图看懂 5G 应用场景

移动通信已经深刻地改变了人们的生活，但人们对更高性能移动通信的追求从未停止。为了应对未来爆炸性的移动数据流量增长、海量的设备连接、不断涌现的各类新业务和应用场景，5G 系统应运而生。5G 将渗透到未来社会的各个领域。

图 1-6 为室内热点场景。室内热点部署场景针对建筑物内的小覆盖站点、高用户吞吐量和高用户密度。该部署场景的主要特征是室内高容量、高用户密度和一致的用户体验。

图 1-7 为密集城市部署场景。密集城区部署场景针对宏覆盖或宏微异构覆盖，以及城市中心、密集市区内高用户密度和业务负荷的情况。该场景的主要特征是高业务负荷、室外以及室外到室内的覆盖。

图 1-8 为郊区部署场景。郊区部署场景针对大区宏蜂窝连续覆盖。该场景的主要特征是连续广域覆盖，且支持高速移动。

图 1-9 为城区部署场景。城区部署场景采用宏站连续覆盖。该部署场景的主要特征是在城市区域的连续、无所不在的覆盖。

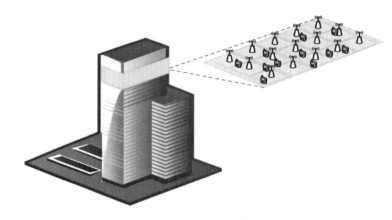

图 1-6　室内热点部署场景

图 1-7　密集城市部署场景

图 1-8　郊区部署场景

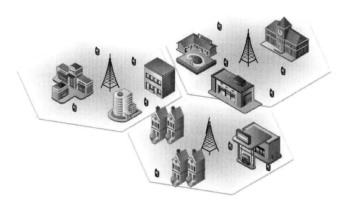

图 1-9　城区部署场景

　　图 1-10 为高速移动场景。高速移动场景实现铁路沿线的连续覆盖。该场景的主要特点是高速移动和一致的用户体验。

图 1-10　高速移动场景

　　图 1-11 示意了远距离覆盖场景为远郊或农村地区提供业务保障。该场景的主要特点是宏蜂窝提供超广域覆盖用以支持最基本的语音通信与中低速率数据业务。

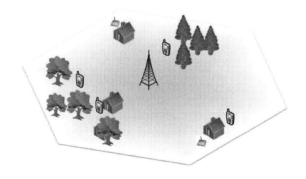

图 1-11　远距离覆盖场景（为远郊或农村地区提供业务保障）

图 1-12 示意了远距离覆盖场景（为远郊或荒野提供服务）。该场景的主要特点是宏蜂窝提供超广域覆盖用以支持最基本的语音通信与中低速率数据业务。

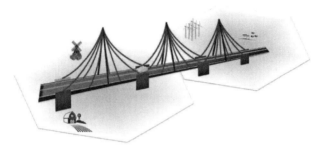

图 1-12　远距离覆盖场景（为远郊或荒野提供服务）

图 1-13 为城区大连接场景。城区大连接场景关注的是为 mMTC 提供广域连续覆盖，该场景的主要特点是在城区内为有超大规模连接数的物联网终端提供连续无缝覆盖。

图 1-13　城区大连接场景

图 1-14 为高速公路场景。高速公路场景重点关注在高速公路上高速行驶车辆的通信，主要是车辆在高速移动过程中的可靠性保证。

图 1-14　高速公路场景

图 1-15 为城市车联网场景。城市车联网场景重点关注城区内有较高密度的行驶车辆和网络高负载时的通信可靠性与时延。

图 1-15　城市车联网场景

1.3.2　VR 那么火，但你真的了解它吗

时下，信息技术领域正在掀起一股虚拟现实技术（Virtual Reality，VR）的浪潮。如果看到一个人戴着样式奇怪的头盔，一边做着诡异的动作一边大吼大叫，别惊讶，他一定是在玩基于虚拟现实的游戏。有了虚拟现实技术，可以足不出户挑战极限、探寻海底、追踪秘境。本节将翻越虚拟现实的历史，去了解这项有着强大魔力的技术的来龙去脉。

1. 基本概念

虚拟现实技术，是多媒体技术广泛应用后兴起的更高层次的计算机用户接口技术。顾名思义，它利用计算机生成一种模拟模式，能够突破空间、时间以及其他客观限制，通过多种传感设备使用户"融入"该虚拟环境中。

如图 1-16 所示，虚拟现实技术有三大特点：沉浸感、交互性和想象性。沉浸感指的是人沉浸在虚拟环境中，具有和在真实环境中一样的感觉；交互性指在虚拟环境中体验者不是被动地感受，而是可以通过自己的动作改变感受的内容；想象性强调虚拟现实技术应具有广阔的可想象空间，可拓宽人类认知范围，不仅可再现真实存在的环境，也可以想象客观不存在的甚至是不可能发生的环境。

图 1-16　VR 技术的三大特点

2. 发展历史

VR 技术的发展经历了探索、起步和高速发展三个阶段。

（1）探索阶段：20 世纪五六十年代

1956 年，摄影师 Morton Heilig 发明了被称为 Sensorama 的摩托车仿真器，如图 1-17 所示。它集成三维视频、立体声音箱、气味发生器以及振动座椅、城市街道气味，用户可以坐在仿真器的座位上经历一种开摩托车漫游美国纽约曼哈顿的感觉。这时候的虚拟现实技术就像游乐园里的 4D（四维）电影，视觉与身体体验上的结合带来了全新的观影效果，但用户相对被动，还无法满足虚拟现实交互性的特点。

图 1-17　1956 年的摩托车仿真器

在半个世纪前的 1968 年秋，出现了虚拟现实技术的第一个原型设备。这个原型设备有一个非常酷炫的名字，叫 The Sword of Damocles（达摩克利斯之剑），如图 1-18 所示。为什么说复古感十足的达摩克利斯之剑是第一个虚拟现实的原型设备呢？因为这一没有酷炫感的 VR 原型机拥有虚拟现实的几个要素标签：立体显示、虚拟画面生成、头部位置跟踪、虚拟环境互动、模型生成。

这个设备的设计者是被誉为计算机图形学之父和虚拟现实之父的著名计算机科学家 Ivan Sutherland，如图 1-19 所示，他于 1965 年发表了一篇名为"终极的显示"的论文，描述的就是我们现在熟悉的"虚拟现

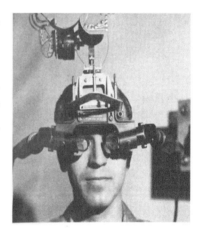

图 1-18　达摩克利斯之剑

实"，虽然此时虚拟现实的定义并未确定。大师之所以为大师，是因为其卓越的思想足以超越时代数十载。在 20 世纪 60 年代，如"达摩克利斯之剑"这样的作品让人们只能望其项背、久久膜拜。

图 1-19　VR 之父——Ivan Sutherland

（2）起步阶段：20 世纪 80 年代

在这一阶段，虚拟现实技术从探索阶段转向应用阶段，广泛运用到了科研、航空、医学、军事等人类生活的各个领域中。出现了 VIDEOPLACE 与 VIEW 两个比较典型的虚拟现实系统。

由 M. W. Krueger 设计的 VIDEOPLACE 系统，将产生一个虚拟图形环境，如图 1-20 所示，使参与者的图像投影能实时地响应参与者的活动。1985 年在 Michael Mc Greevy 领导下完成的 VIEW 虚拟现实系统，装备了数据手套和头部跟踪器，提供了手势、语言等交互手段，使 VIEW 成为名副其实的虚拟现实系统。VIEW 在虚拟现实技术发展史上的地位举足轻重，成为后来开发虚拟现实的体系结构。此时虚拟现实技术的形态已经基本形成了。

图 1-20　虚拟图形环境

这个阶段也是虚拟现实概念形成的时期。20 世纪 80 年代末期，VPL 公司的创始人，另一位"虚拟现实之父"Jaron Lanier，终于提出了虚拟现实的概念。作为虚拟现实技术的先驱和推广者，Jaron Lanier 有很多标签：计算机科学家、互联网理论家、冷门乐器爱好者、艺术家、思想家等。图 1-21 所示的照片中我们看到生活里的 Jaron Lanier 常常是一副嬉皮士的打扮，浑身散发着浓郁的文艺气息。

（3）高速发展阶段：今天

在互联网、智能平台迸发的今天，虚拟现实技术被重新拾起，引爆了人们探索未知世界的好奇心。2014 年 3 月，以 Facebook 花费 20 亿美元收购 Oculus 为标志，全球掀起了 VR 商业化及普及化的浪潮。几大设备制造商纷纷加入 VR 的浪潮，推出头戴式 VR 产品，包括 Facebook Oculus、HTC Vive 以及索尼 Playstation VR。除了这些价格相对昂贵的头戴式产品，Google 于 2014 年发布了 Google Card-Board 头戴式设备，如图 1-22 所示，这种由硬纸板做成的虚拟现实眼镜让消费者能以非常低廉的成本通过手机来体验 VR 世界。

图 1-21　VR 先驱和推广者 Jaron Lanier

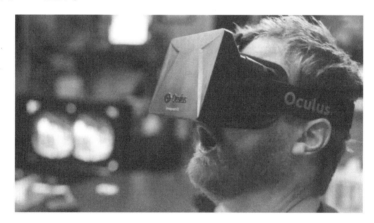

图 1-22　Google CardBoard 头戴式设备

（4）展望未来

虽然 VR 自思想萌发到现在的蓬勃发展采取了缓慢向前的发展方式，但它的前景一定是光明的。当前 VR 已经如火如荼，但是我们也必须承认 VR 技术尚未迈入成熟期，仍有技术问题需进一步攻破，且用户主要是尝鲜者。相信在 VR 技术成熟的未来，5G 技术将为虚拟现实设备提供强大的数据传输支持。也可以预见，在不远的将来，虚拟现实将进入寻常百姓家，为我们的生活带来翻天覆地的变化。

1.3.3　虚拟和现实的融合——5G 沉浸式云 XR 技术

（1）XR 概念介绍

5G 由于具有大带宽、低时延、大规模、多连接等特性，正在对这个世界产生深刻影响。移动通信的传统演进路线是在数据传输速率上的显著提升，根据 ITU-R（国际电信联盟无线电通信部门）对 5G 系统的要求，用户体验速率要求在 100 Mbit/s ~ 1 Gbit/s 之间，峰值速率在 10 ~ 20 Gbit/s 之间。如此高的传输速率，如果仅是传输视频业务就显得太大材小用了。

　　面向 5G 大带宽、低时延的特点，沉浸式云 XR（扩展现实）技术被产业界寄予了厚望。它通过构建一个虚拟的世界，并且和现实世界相互作用，最终实现虚拟和现实的完美融合。

　　沉浸式，顾名思义就是让用户有身临其境的体验，构造出一个"以假乱真"的虚拟世界。如图 1-23 所示，沉浸式体验聚焦三大维度，包括视觉、听觉和直观交互。

图 1-23　沉浸式体验三大维度

　　视觉：沉浸式在视觉上提供的是 3D（三维）影像，相比于 2D（二维）影像多了更多指标要求，如 FOV、MTP 等。人眼能清晰成像的视野将近 120°，因此 XR 设备的 FOV 视角越接近这一数值，越能提供沉浸式的体验。除此之外，为了避免眩晕感，沉浸式 XR 更关注从人体运动到显示屏刷新之间的时延，即 MTP（Motion to Photon）时延。研究表明，MTP 时延超过 20 ms 将使沉浸式体验显著下降。

　　听觉：其次是听觉上的配合，除了音频的高保真，还要使得视觉与听觉完全同步，并且配合所处的三维空间，声音也应该是 3D 形态的，可通过声音来辨别声源方向和距离。

　　直观交互：目前的交互主要集中在头部，拥有六自由度（6-DOF）的头部姿势计算，达到环顾四周的效果。除此之外，还可以使用手势或语音，在图形界面进行控制。

　　（2）XR 应用案例

　　XR 技术在赛事转播、游戏、远程医疗等方面有着广泛的应用前景。XR 全新的沉浸式体验在这些领域打开了新的大门。图 1-24 是一个 VR 比赛直播的案例。

　　无人机摄像机、全息摄像机等信息采集设备多角度、全方位地对赛事进行直播报道，通过 5G 空口传输给基站，进而由 MEC 设备进行处理，为场内用户提供多角度直播、回看、精彩镜头剪辑等服务。信息处理的结果以视频流的形式推送给场外观众，通过 XR 设备就可以营造出比赛现场的氛围。

　　（3）未来趋势

　　通过案例分析发现，XR 技术不是独立存在的，云网的赋能必不可少。将计算复杂的图像处理和渲染功能上云，利用 MEC 丰富的计算资源可以降低终端复杂度和成本。计算机图形渲染移到云上后，内容以视频流的方式通过网络推向用户，网络路由转发和带宽的支撑才能实现赛事的实时转播。因此，未来的 XR 技术一定是面向云网协同的发展方向。

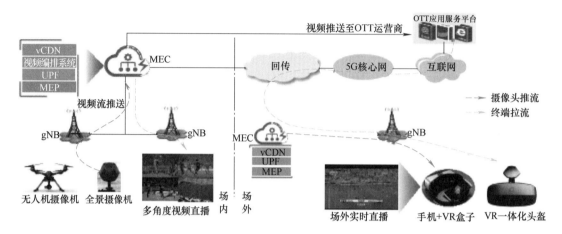

图 1-24 VR 比赛直播案例

从长期来看，未来的 XR 业务都是朝着强交互发展，这将对网络造成很大挑战。一方面，频繁的交互需要上行和下行大带宽进行支撑；另一方面，网络需要快速地做出反应以满足 MTP 时延低于 20 ms 的要求。这不仅是对通信技术的要求，还是对计算能力的考验。因此，需要产业界继续努力，打造一个更加灵活高效的 XR 生态体系。

1.3.4 游戏打不好，都怪它

为了提高游戏体验，不妨先看看当前的网络环境。

（1）宽带更宽，时延更低？

游戏论坛上经常会有这样的吐槽贴："家里刚换了 300MHz 的宽带，游戏还是不停提示 460！"。如果把宽带比作是春节归家的高速公路，数据就像公路上归家的汽车，而时延就是那归家的漫长等待。

路越宽，行车就越通畅，回家的路也就能越快走完。所以一定程度上，带宽会直接影响时延的高低。路况并不是车速的唯一决定因素，车况不行还是开不快。同理，要想网速快，不仅要办理大宽带，相应的网络设备也得升级。好马配好鞍，千兆的宽带需要千兆的路由器来守护。好的路由器支持更高的带宽的同时还能提供更好的网络覆盖。网络覆盖就是公路的质量，覆盖不好，就像路塌了，只能换一条路重新走，导致时延的增加。另外如果房屋面积较大，一个路由器不能覆盖，还可以购买 Wi-Fi 扩大器，无需网线，即插即用，是居家旅行必备之选。

此外，网线经常是被人所忽略的因素。对于没升级过的大多数老房子，使用的网线

普遍为五类网线，最高只能支持100MHz的带宽，更高的带宽需要超五类或六类网线以上才能满足。超五类网线可以提供1000MHz的带宽支持，对于当前的网络，超五类网线和六类网线差别不大，但是考虑到宽带的飞速提升，还是推荐选择六类网线。只要看网线外皮即可判断自家网线类型。网线外皮标注"CAT5"即为五类线，"CAT5e"为超五类线，"CAT6"为六类线。读者可以根据自身情况自查并更换家中网线。

（2）5G低时延，低了谁的时延？

相比5G以Gbit/s为单位的网速，即使千兆宽带也略显逊色，5G低时延的特征也给玩家带来了更高的期待。于是，又有了这样的吐槽："为什么我用了5G网络，信号是满格的，但是我的游戏时延还是达到了50 ms以上，5G时延不是应该10 ms以下的吗？"

要想知道问题背后的原因，需要先明确一下网络中的时延具体是什么。时延的定义包括以下几类。

1）空口时延：手机→基站。

2）用户面端到端时延：手机→基站→网络回传（光缆线路）→核心网的单向时延。

3）广义上的端到端时延：这里指的是Ping端到端测试，即：手机→基站→网络回传（光缆线路）→核心网→光缆传输→互联网服务器→手机的往返时延（Round Trip Time，RTT）。

分清了上述三个时延的概念，问题就好解释了。5G的最低1 ms时延针对的是URLLC特殊场景的空口时延，与我们日常使用手机其实没有太大关系；5G宣称的5~10 ms的时延指的是用户面的端到端时延，这一时延和RTT的区别就在于不包括从核心网到互联网服务器的这一段，这一段时延与服务器的具体物理部署位置相关。即使快如光速，从地球到太阳也需要8 min左右的时间。这一段时延只能通过网络架构的部署和优化来降低，移动通信网络本身无法对其做出改进。

游戏界面上所显示的时延，正是上述的第三种ping端到端时延。网络再好，也不能缩短核心网到互联网服务器之间的时延。经常看直播的伙伴可能会注意到，同一款游戏，身在南方的主播游戏界面的时延可以小至10~20 ms，然而北方的主播游戏界面时延往往超过50~60 ms。这并不是因为南方网络建设好，而是因为游戏本身的服务器部署位置在南方。当然了，对于99.9%的玩家，50 ms的时延并不会影响游戏体验。

第 2 章

5G 第一版（R15）标准

2.1　总述

2.1.1　首个完整的 5G 国际标准正式发布

5G 新空口（NR）标准包括 5G NR 非独立组网（NSA）标准和 5G NR 独立组网（SA）标准。2017 年 12 月，在葡萄牙里斯本举办的 3GPP RAN #78 会议上发布了首个 5G NR 非独立组网（NSA）标准。2018 年 6 月，在美国圣地亚哥举办的 3GPP RAN #80 会议发布了首个 5G NR 独立组网（SA）标准。标志着 3GPP 首个完整的 5G 新空口（NR）标准 Rel-15 正式冻结并发布。来自全球主要电信运营商、网络设备商、终端和芯片厂商、仪器仪表厂商、互联网公司和其他垂直行业公司等 600 余名代表共同见证了这个历史时刻。3GPP RAN #80 会议除了发布首个完整的 5G 新空口（NR）标准 Rel-15 版本，还明确了 5G 新空口（NR）标准 Rel-16 版本演进和增强技术。

2.1.2　听说 3GPP Rel-15 版本已经能满足 ITU 5G 所有指标了

5G NR 标准包括 5G NR 非独立组网标准和 5G NR 独立组网标准。2018 年 10 月，在 ITU-R WP5D #31 次会议上，3GPP 向 ITU 提交了 5G 标准及自评估初步结果，最终版本的提交在 2018 年 7 月完成。3GPP 向 ITU-R WP5D 提交了基于 3GPP Rel-15 版本的标准，包含 SRIT（Set of Radio Interface Technologies）和 NR RIT。其中 SRIT 包括 NR RIT 和 LTE RIT（NB-IoT、eMTC 和 LTE-NR DC）。具体提交内容根据 ITU 要求，包括 Description templates，自评估报告 TR 37.910 v1.0.0 和 Compliance templates。

1. Description templates

Description templates 包括 Characteristics templates 和 Link budget template。前者是对

SRIT（NR + LTE）和 NR RIT 给出了基于 3GPP Rel-15 标准化工作的关键技术描述；后者是 3GPP 根据 ITU 自评估指南针对 NR 和 LTE 借助数值计算和链路仿真分别评估 5G 覆盖能力，包括上行/下行，数据/控制信道能够传输的最大路损和距离，如图 2-1 所示。

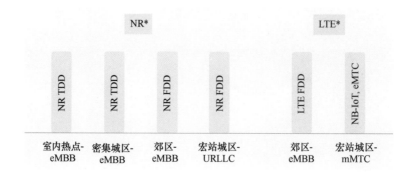

图 2-1   Description templates

例如，以 NR FDD 为例，在 700 MHz，rural，channel model A，6 Mbit/s DL，0.5 Mbit/s UL 条件下，不同信道能够传输的最大路损和距离分别如图 2-2 和图 2-3 所示。

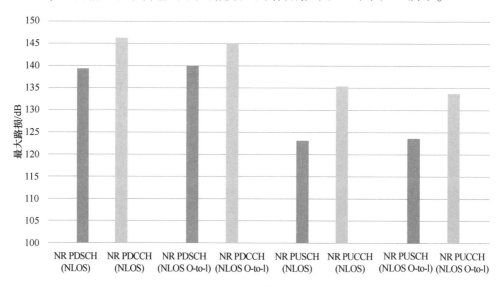

图 2-2   不同信道能够传输的最大路损

2. ITU 自评估报

3GPP 基于 ITU-R M.2412 评估指南针对 Rel-15 版本标准评估初步结果，最终提交版本后续可以再进行更新。具体场景与 RIT 对应情况如图 2-4 所示。NR RIT 包含 eMBB 中三个场景，即 Indoor Hotspot、Dense Urban、Rural，以及 URLLC 和 mMTC，共五个场景；LTE RIT 包含 Rural-eMBB 和 UMa-mMTC 两个场景。

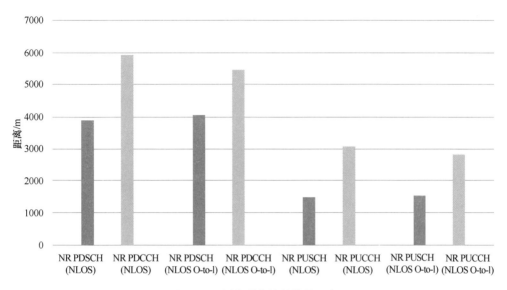

图 2-3　不同信道能够传输的距离

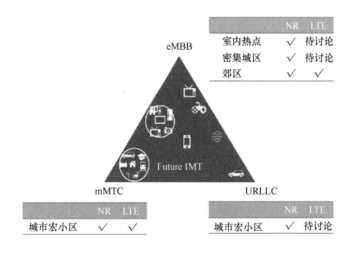

图 2-4　RIT 和场景对应关系

下面介绍 3GPP 5G 标准如何满足 ITU 各项指标。

（1）ITU 自评估校准

为了评估标准关键技术是否满足 IMT-2020 提出的各项 KPI 指标，保证评估结果的一致性，首先需要完成的是校准，即各公司按照 ITU-R 的仿真指南在相同的仿真假设下完成仿真平台曲线的输出，各公司的仿真结果曲线的误差在一个合理的范围内。在自评估校准阶段，各公司针对 InH-eMBB、Dense urban-eMBB、Rural-eMBB、UMa-URLLC、UMa-mMTC 共计 5 类场景两种信道模型（Channel model A/B）进行仿真。具体校准曲线包括

DL Geometry（SINR）和 Coupling loss 两种。整个校准过程从 2017 年 9 月持续到 2018 年 2 月，总计超过 20 家公司输出了校准结果，校准结果误差范围在 1 ~ 2 dB 以内。

（2）KPI 及评估结果介绍

表 2-1　IMT-2020 三大场景与 KPI 对应关系

使用场景	子 项 目	评估方式	测试环境				
			eMBB			mMTC	URLLC
			室内热点	密集城区	郊区	宏站城区	宏站城区
eMBB	峰值数据速率	Analysis					
	峰值频谱效率	Analysis					
	用户体验数据率	Analysis, or SLS (for multi-layer)					
	5% 用户频谱效率	SLS					
	平均频谱效率	SLS					
	流量密度	Analysis					
	能量效率	Inspection					
	移动性	SLS + LLS					
eMBB. URLLC	用户面延迟	Analysis					
	控制面延迟	Analysis					
	移动性中断时间	Analysis					
URLLC	可靠性	SLS + LLS					
mMTC	连接密度	SLS + LLS. Or Full SLS					
General	带宽和扩展性	Inspection					

下面分别对各 KPI 的评估进行简要介绍并附上部分评估结果。

（1）峰值频谱效率（eMBB）

采用数值计算方式针对 NR 和 LTE 不同配置进行分别计算，下行 FR1 使用 8 流，FR2 使用 6 流；NR 采用 256QAM，LTE 采用 1024QAM 和 256QAM；NR 最大码率 0.9258，LTE 最大码率 0.93。上行使用 4 流，256QAM，NR 最大码率 0.9258，LTE 最大码率 0.93，如图 2-5 所示。

（2）峰值速率

采用数值计算方式针对 NR 和 LTE 不同配置进行分别计算，如图 2-6 所示，具体定义：峰值速率 = 峰值频谱效率 × 带宽。NR 支持最大聚合带宽如下。

FR1（子载波间隔 15 kHz）：16 载波 × 50 MHz/载波 = 800 MHz。

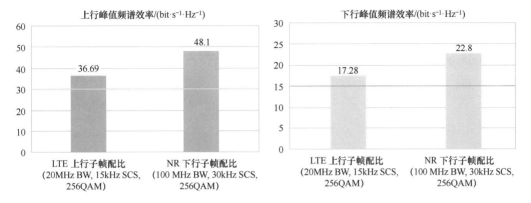

图 2-5　峰值频谱效率

FR1（子载波间隔 30/60 kHz）：16 载波 ×400 MHz/载波 =6.4GHz。

LTE 支持最大聚合带宽：32 载波 ×20 MHz/载波 =640 MHz。

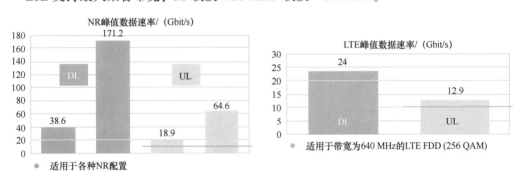

图 2-6　峰值速率

（3）平均和5%小区边缘用户频谱效率

通过系统级仿真对 Indoor Hotspot-NR、Dense Urban-NR、Rural-NR 和 Rural-LTE 在典型带宽配置下的性能进行评估，然后通过大带宽下不同的开销比例进行折算，获得不同带宽配置下的平均和5%-tile 用户频谱效率。5G eMBB 场景主要技术点如下。

1）帧结构：更大的带宽配置降低了保护带（Guard Band）开销；具有灵活的帧结构和子载波间隔设置。

2）大规模天线：FDD 支持最大 32 端口的码本，TDD 支持最大 64 端口的传输；对于 MU-MIMO，NR 最多支持 12 个正交的 DMRS，LTE 支持最大 4 个正交的 DMRS。

3）灵活的频谱利用：NR 支持最大 16 个载波，FR1 单个载波 100 MHz，FR2 单个 400 MHz。

以 NR 密集城区为例，大载波带宽由于保护带和 PDCCH 开销更小可以获得约30%频谱效率增益。NR 大规模天线64TXRU 与 32TXRU 相比能获得明显的性能提升，如图 2-7 所示。

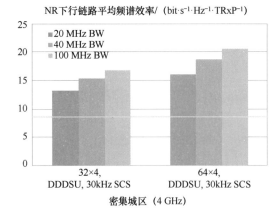
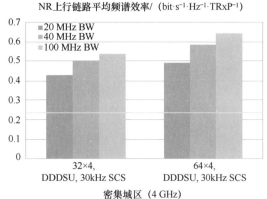

图 2-7　平均用户和边缘用户速率

（4）用户体验速率

针对 Dense Urban 场景采用数值计算获得，具体定义：用户体验速率 = 5% – tile user SE ×聚合带宽（对于多流传输还需要借助系统级仿真）。大部分场景需要通过载波聚合满足 KPI 指标需求（从目前的 5G 频谱分配看还有较大差距），高频 UL TDD 可借助 SUL（补充上行）提高用户体验速率，如表 2-2 所示。

表 2-2　用户体验速率

用户体验数据速率所需的带宽（密集城区）

目　　标	频　　带	所需频带宽度
DL target = 100 Mbit/s	4 GHz（NR FDD/TDD；各种天线配置）	160 ~ 440 MHz BW
UL target = 50 Mbit/s	4 GHz（NF FDD/TDD；各种天线配置）	120 ~ 800 MHz BW
	30 GHz（NR TDD，8 ×32）　+ 4 GHz（SUL，2 ×32）	30 GHz：1.2 GHz BW； 4 GHz：100 MHz BW

（5）流量密度

针对室内热点场景采用数值计算获得，具体定义：平均 SE ×聚合带宽/仿真区域面积。与用户体验速率相似，需要通过载波聚合满足 KPI 指标需求，如表 2-3 所示。

表 2-3　所需带宽

达到目标流量密度所需带宽（室内热点）

频　　带	下行目标 10 Mbit/（$s^{-1} \cdot m^{-2}$）所需的带宽	
	12TRxP	36TRxP
4 GHz	360 ~ 600 MHz	120 ~ 280 MHz
30 GHz	400 ~ 800 MHz	200 ~ 400 MHz

（6）能量效率

通过检查 NR 和 LTE 的标准功能和参数可以获得的能量效率。NR 基站端主要看 sleep ratio（休眠比例）和 sleep duration（休眠时长），即在 SSB 和 RMSI 配置下可以休眠的比例，如表 2-4 所示。NR 用户端主要看 sleep ratio，即在 BWP adaptation（BWP 自适应）和 DRX（非连续接收）配置下 UE 可以休眠（RRC_IDLE/INACTIVE）的比例，如表 2-5 所示。LTE 基站端，FeMBMS/Unicast-mixed 和 MBMS-dedicated 网络恶意关掉 always-on 信号。LTE 终端根据 DRX 配置获得休眠比例，如表 2-6、表 2-7 所示。

表 2-4　低负载时 NR 基站休眠比例

NR gNB sleep ratio under low load

SSB 配置		SSB 集周期 P_{SSB}
SCS/kHz	每个 SSB 集的 SS/PBCH 块数	160 ms
15	1	99.38%
	2	99.38%
30	1	99.84%
	4	99.38%
120	8	99.69%
	16	99.38%
240	16	99.69%
	32	99.38%

表 2-5　NR 终端休眠比例

NR Device sleep ratio for idle/in-active mode

	分页周期 $N_{PC\_RF}^{*}$ 10/ms	SCS/kHz	SSBL	SSB reception time/ms	SSB cycle/ms	SSB 突发集个数	每 DRX（ms）的 RRM 测量时间	转换时间/ms	休眠比
RRC 休眠/活跃	320	240	32	1	–	1	3.5	10	95.5%
	2560	15	2	1	–	1	3	10	99.5%
	2560	15	2	1	160	2	3	10	93.2%

表 2-6　低负载时 LTE 基站休眠比例

LTE eNB 在低负载下的休眠比

单 元 类 型	休 眠 比
未来增强多媒体广播组播业务（MBMS）/单播混合的小区	80%
专用 MBMS 的小区	93.75%

表 2-7　LTE 终端休眠比例

LTE Device sleep ratio under idle mode

	寻呼周期 N_{PC_RF} * 10/ms	每个周期的同步接收时间/ms	同步周期/ms	同步个数	每个非连续接收 DRX 的无线资源管理 RRM 测量时间/ms	转换时间/ms	上行/下行子帧率	休眠比
RRC-Idle	320	2	10 *	1	6	10	1	93.1%
	320	2	10 *	2	6	10	1	90.0%
	2560	2	10 *	1	6	10	1	99.1%
	2560	2	10 *	2	6	10	1	98.8%

（7）移动性

针对 Indoor Hotspot-NR、Dense Urban-NR、Rural-NR 和 Rural-LTE 场景先使用系统级仿真 SINR CDF（累积分布曲线）获得评估工作点，之后采用链路级仿真评估不同场景/移动速度下可满足的传输速率，如图 2-8 所示。

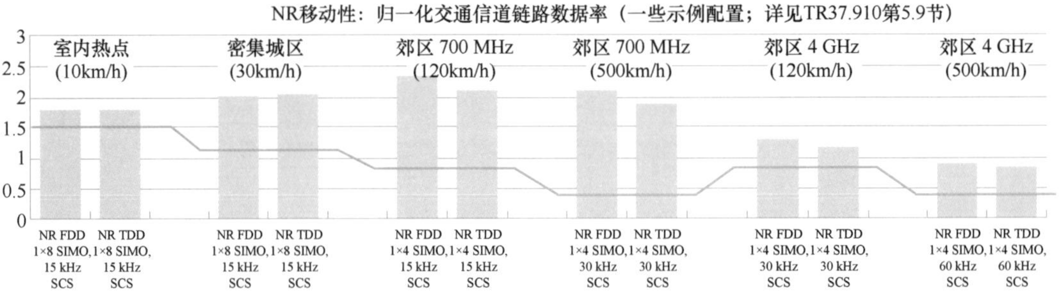

图 2-8　移动性

（8）用户面时延

考虑 NR 帧结构/灵活上下行时隙和 SUL 以及 LTE Short TTI（短 TTI）等技术，采用数值分析的方法分别计算 NR 和 LTE 的用户面时延，如图 2-9 所示。

（9）控制面时延

采用数值分析方法对 NR 和 LTE 用户面时延进行计算：对于 NR，引入 RRC_ INAC-TIVE 状态，和其他 UP（用户面）考虑的相关技术点，FDD 和 TDD 控制面时延约 11ms。LTE Rel-10 版本引入 RRC connection resume（RRC 连接恢复）过程等，FDD 和 TDD 控制面时延均可以满足 20 ms 的指标需求。

（10）切换中断时间

通过分析方法评估 NR 和 LTE 是否满足 0 ms 切换中断时间。NR 可在如下场景中满足 0 ms 切换中断时间。当 UE 在小区内移动时，Tx-Rx 波束对可能会发生变化，gNB 通过为不同时隙配置合适的波束确保 UE 连续无缝的数据传输；当 UE 在采用载波聚合的 PCell

（主小区）内移动时，该 UE 配置的 SCell（辅小区）集可能会发生变化，UE 可在变更过程中始终保持与 PCell 的数据传输；LTE 在 PCell 内切换和双连接场景中满足 0 ms 切换中断时间。

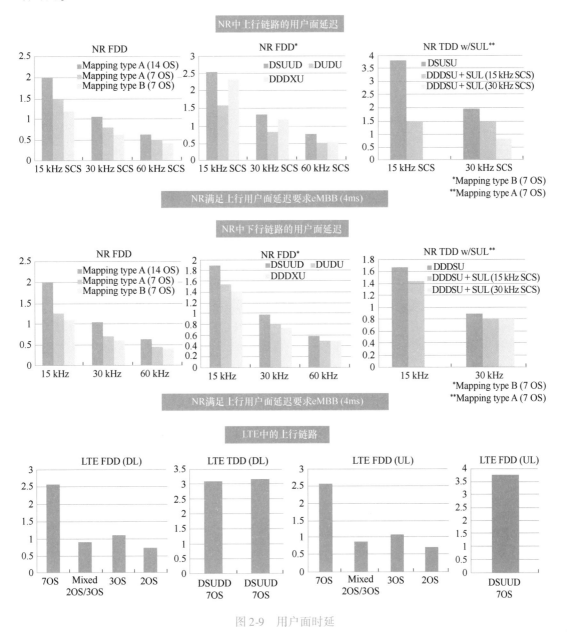

图 2-9　用户面时延

（11）可靠性
针对 UMa-URLLC 场景根据 NR 的传输流程，首先使用系统级仿真获得 SINR 工作点，之后采用链路级仿真对上下行信道的传输可靠性进行仿真，最后对 1 ms 内传输可靠性进行概率数值计算，结果满足 99.999% 的可靠性指标要求，如表 2-8 所示。

表 2-8　可靠性

4 GHz NR FDD 下行链路配置

天线配置	分配	子载波间隔/kHz	Channel	Channel model A	Channel model B
2 ×2 SU-MIMO	14 个符号，时隙聚合	60	NLOS	99.999899%	99.99991%
2 ×2 SU-MIMO	4 个符号，HARQ re-tx	30	NLOS	99.999898%	99.99995%
2 ×2 SU-MIMO	4 个符号，one shot	30	NLOS	99.99971%	99.99969%
2 ×4 SU-MIMO	7 个符号，one shot	30	NLOS	>99.9999%	>99.9999%
32 ×8 SU-MIMO	14 个符号，one shot	30	NLOS	>99.9999%	–

（12）连接数密度

针对 UMa-mMTC 场景根据 NR 和 LTE 的协议步骤，使用链路级和系统级或者全系统级进行仿真，当 10 s 内数据包传输完成认为成功接收，在中断率小于 1% 时仿真得到可以支持的最大连接数密度。NR、NB-IoT、eMTC 均能满足 1000000 设备/km² 的 KPI 指标，如表 2-9 所示。

表 2-9　连接数密度

连接数密度评价结果（全缓冲法）

技术特性	ISD/m	方案和天线配置	子载波间隔/kHz	Channel model A		Channel model B	
				连接密度/（device/km²）	所需的带宽/kHz	连接密度/（device/km²）	所需的带宽/kHz
NR	500	1 ×2 SIMO OFDMA	15	35569150	180	35082937	180
	1732			1267406		1529707	
NB-IoT	500	1 ×2 SIMO	15	43691789	180	43626653	180
	1732			2335319		2376936	
eMTC	500	1 ×2 SIMO	15	35235516	180	34884438	180
	1732			1212909		1511989	

3. Compliance templates

基于 3GPP Rel-15 标准和本次提交的自评估初步结果，针对 SRIT 和 RIT 分别从业务、频谱和技术性能指标上进行总结，两者均可以满足 ITU-R M. 2411 中对 IMT-2020 在上述三方面提出的要求。3GPP 5G 标准的 "国际认证" 离不开 ITU 自评估，这依靠着自评估者台上极少的线上讨论时间，台下充足的线下和邮件讨论，当然更多的是在这些背后默默编码/调试/运行的时间。最后，附上为 3GPP 的 ITU 自评估事业奉献的贡献者，如图 2-10 所示。

图 2-10　3GPP ITU 自评估贡献者

2.1.3　都是 NR，为什么差那么远

NR 第一个版本的核心部分于 2018 年 6 月结题，2018 年 12 月 NR 性能部分结题（不包括 late drop），如表 2-10 所示。

表 2-10　Rel-15 标准冻结时间

标题	REL	Leading WG	Other impacted WGs	开始日期	完成日期
核心部分：新无线接入技术	REL-15	RAN1	RAN2，RAN3，RAN4	March 17	June 18
性能部分：新无线接入技术	REL-15	RAN4	–	March 17	Dec. 18

亚欧美运营商的预商用和商用宣告接踵而至，各厂商的研发重点也已全面转向 NR。IMT-2020（5G）系统已于 2020 年商用。记得几年前，大家说起 LTE 的时候，就会感慨，Rel-9 及以后引入的功能都是可选，不同公司的研发和部署路标各不相同。那么至少说明，LTE Rel-8 的部署情况还是类似的。如果当年两家 LTE 运营商碰面，要讨论的大概就是，你用了什么频点？哪个双工方式？几发几收？那么现在呢？假如两家运营商碰面，可聊的话题似乎多了很多，如图 2-11 ~ 图 2-16所示。

图 2-11　子载波间隔

图 2-12　网络架构：SA/NSA　　　　　图 2-13　双连接网络架构

图 2-14　eMBB/URLLC 使用频率　　　　图 2-15　大规模天线

两个芯片厂商碰面，可以讨论图 2-17 和图 2-18 所示的这些问题。NR 引入了 UE feature list（UE 特征列表），将所有的 feature（特征）分为三类，包括：① Mandatory without capability signaling，这部分是最基本的功能，是所有 UE 都必须支持的；② Mandatory with capability signaling，次重要的功能，虽然是必选，但是要求 UE 在某个时间节点之前必选；在此之前，UE 若不支持某功能，将相应的 capability bit 置 0 即可；③ Optional with capability signaling，就是可选的功能，支持置 1，不支持置 0。

图 2-16　TDD 帧结构　　　　　　　图 2-17　终端功能必选/可选

什么？你觉得终端侧这么多特征都不是必选，必选特征的时间节点还不一定，好像不同手机差别会很大。那么基站侧的实现有没有那么大差别？是的，基站厂商因为具有对网络的控制权，所以没有在 3GPP 层面讨论过可选/必选的事情。因为很多特征都是基于 BS declaration（基站申明）的。也就是说，如果基站厂商宣称自己实现了，就去执行相应的测试；如果没有，也就没有了。

图 2-18　终端功能

两个基站厂商碰面，可以讨论哪些问题呢，如图 2-19 和图 2-20 所示。

图 2-19　PUCCH 格式　　　　　图 2-20　PRACH 格式

所以都是 NR，都是 2020 年商用，两个厂商却能差那么远，第一个版本就将面临产业链分化的可能。究竟谁的 NR 更优？NR 和 LTE 又是哪家强？不同 PUCCH 格式的基本特性见表 2-11。

表 2-11　不同 PUCCH 格式的基本特性

上行控制信道格式	OFDM 符号长度	比特数	所占的 RB 个数	DMRS	基本功能
0	1~2	≤2	1	No	● 低 PARP 序列选择，即：循环移位的选择取决于要传输的信息 ● 跳频可以在 2 符号的 PUCCH 中使用

（续）

上行控制信道格式	OFDM 符号长度	比特数	所占的 RB 个数	DMRS	基本功能
1	4 ~ 14	≤2	1	● 低 PARP 序列 ● UCI 和 DMRS 是时分复用的，即占用不同的符号	● UCI 是 BPSK 或 QPSK 调制 ● UCI 在频域与低 PAPR 序列相乘，在时域与 OCC 相乘 ● 可以启用跳频
2	1 ~ 2	>2	1 ~ 16	● 伪随机序列 ● UCI 和 DMRS 是 FDM 复用，即占用不同的 RE	● UCI 是 QPSK 调制的 ● 跳频可以在 2 符号的 PUCCH 中使用
3	4 ~ 14	>2	1, 2, 3, 4, 5, 6, 8, 9, 10, 12, 15, 16	● 低 PARP 序列 ● UCI 和 DMRS 是 TDM 多路复用，即占用不同符号 ● 额外的 DM-RS 可以配置为 PUCCH 长度为 10 或更多的符号	● UCI 是 QPSK 或 2-BPSK 调制 ● 采用了变换预编码（DFT） ● 可以启用跳频
4	4 ~ 14	>2	1		● UCI 是 QPSK 或 2-BPSK 调制 ● 在离散傅里叶变换（DFT）之前应用基于 OCC 的扩展 ● 采用了变换预编码（DFT） ● 可以启用跳频

注：格式 1/2/3/4 可以在多个时隙上重复。

不同 PRACH 格式的基本参数见表 2-12。

表 2-12　不同 PUCCH 格式的基本参数

格式	ZC 序列长度	子载波间隔/kHz	时序长度	CP 长度	是否支持高速场景 restricted sets
0	839	1.25	24576κ	3168κ	Type A, Type B
1	839	1.25	$2 \times 24576\kappa$	21024κ	Type A, Type B
2	839	1.25	$4 \times 24576\kappa$	4688κ	Type A, Type B
3	839	5	$4 \times 6144\kappa$	3168κ	Type A, Type B
A1	139	$15 \times 2^{\mu}$	$2 \times 2048\kappa \times 2^{-\mu}$	$288\kappa \times 2^{-\mu}$	—

（续）

格式	ZC 序列长度	子载波间隔/kHz	时序长度	CP 长度	是否支持高速场景 restricted sets
A2	139	$15 \times 2^{\mu}$	$4 \times 2048\kappa \times 2^{-\mu}$	$576\kappa \times 2^{-\mu}$	–
A3	139	$15 \times 2^{\mu}$	$6 \times 2048\kappa \times 2^{-\mu}$	$864\kappa \times 2^{-\mu}$	–
B1	139	$15 \times 2^{\mu}$	$2 \times 2048\kappa \times 2^{-\mu}$	$216\kappa \times 2^{-\mu}$	–
B2	139	$15 \times 2^{\mu}$	$4 \times 2048\kappa \times 2^{-\mu}$	$360\kappa \times 2^{-\mu}$	–
B3	139	$15 \times 2^{\mu}$	$6 \times 2048\kappa \times 2^{-\mu}$	$504\kappa \times 2^{-\mu}$	–
B4	139	$15 \times 2^{\mu}$	$12 \times 2048\kappa \times 2^{-\mu}$	$936\kappa \times 2^{-\mu}$	–
C0	139	$15 \times 2^{\mu}$	$2048\kappa \times 2^{-\mu}$	$1240\kappa \times 2^{-\mu}$	–
C2	139	$15 \times 2^{\mu}$	$4 \times 2048\kappa \times 2^{-\mu}$	$2048\kappa \times 2^{-\mu}$	–

2.1.4　5G 语音技术

谈到 5G，大家脑海中的第一反应是 5G 将支持三大应用场景，满足一堆超级 KPI 指标，而且有望成为未来社会发展的通用平台。而作为通信技术发展最初的基石，语音传输在 5G 中是如何被考虑的，又会做哪些可能的技术增强？

1. 语音技术回顾

2G/3G 系统主要面向语音而设计，语音传输基于电路交换（Circuit Switching，CS）的方式。4G 时代，传统的电路交换技术被更为高效的分组交换（Packet Switching，PS）所取代。语音方案出现不同分支，具体如下。

（1）CSFB（电路域回落）方案

作为一种由 CS 域语音向全 IP 语音的过渡技术，在 LTE 网络部署初期，CSFB 可以更为有效地利用既有的 2G/3G 网络资源。

（2）SGLTE/SVLTE（语音和 LTE 并发）方案

其允许同时使用 LTE 数据和 CS 语音以及 SMS 服务，但因采用双收发器而带来终端成本的增加。

（3）CSFB with Dual Rx（双收 CSFB）方案

与单收 CSFB 相比，双收下终端能同时在两个网络待机，实现双待，同时不需要像 Single Rx CSFB（单接收 CSFB）方案那样在网络侧增加网元和接口，但该方案产业链较弱，最终没有发展起来。

（4）SRLTE（Single Radio LTE）方案

终端虽只有一套收发信机，但可以同时接收 LTE 网络和 CS 域网络的信息，在两个网络待机。作为苹果公司的终端方案，其主要应用于 CDMA 运营商的 LTE 网络中。

（5）VoLTE

LTE PS 域语音方案，包括包头压缩、TTI 绑定及半静态调度等技术。

（6）SRVCC（单一无线语音呼叫连续性）

语音业务在 LTE 覆盖范围内采用 VoLTE 技术承载，在呼叫过程中移动出 LTE 覆盖范围时同 MSC 进行切换以支持语音业务连续性。

2. 5G 语音技术

5G 部署初期覆盖受限，语音业务极大依赖于日趋成熟的 VoLTE 网络。结合 5G 更为多样的网络架构及更高的用户体验需求，5G 时代的语音承载将有以下几种可能。

（1）VoLTE

此时，语音业务仍由 LTE/EPC 提供。对于 NSA 组网（如 Option 3）来说，用户锚点在 LTE/EPC 上，语音主叫和被叫流程同 4G VoLTE 完全相同。而对于 SA 组网（如 Option 2）来说，若终端支持双待且采用 4G/5G 双注册，则可以同时进行 VoLTE 和 5G 数据传输。否则，若终端单注册到 5G，当有语音主被叫时，需要进行 EPS 回落。此时语音接续时延将与系统间切换时延有关，为了支持语音快速切换，4G 和 5G 网络之间需要具备 N26 接口，如图 2-21 所示。

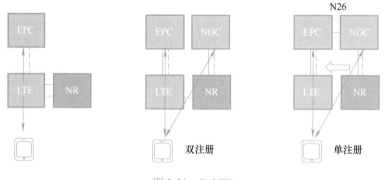

图 2-21 VoLTE

（2）VoNR

需求层面，3GPP 分析了 VoLTE 与其他语音业务在用户体验上的比较。例如，由于设计上固定时延、半静态抖动缓存空间等方面的限制，VoLTE 低分值 MOS 比例比微信要高。随着负载增加，由于丢包率增加，VoLTE 低分值 MOS 比例也比 UMTS 要高，如图 2-22 所示。

	Tested hours	MOS<3.0	Low MOS#	E2E delay
VoLTE	1 h	1.45%	0.33%	151
Wechat	1 h	0.32%	0.16%	724

图 2-22 VoNR

标准层面，3GPP Rel-15 SA 已经明确了对 IMS 语音业务的支持，后续 Rel-16 将可能进一步探讨 RAN 侧的增强，包括丢包率和覆盖上的优化等。HK_岛离负载 MOS 与路损比较如图 2-23 所示。

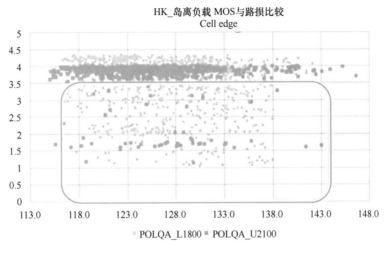

图 2-23　MOS vs Pathloss

2.1.5　5G——理论界的旧船票，工程界的新狂欢

1G 频分多址，2G 时分/码分多址，3G 码分多址，4G 正交频分多址。过去 40 余年，移动通信得到了迅猛的发展。1G 到 4G 每一代移动通信的演进都伴随着多址方式的革新。而 5G 沿用了 4G 的 OFDM 正交频分多址接入，链路性能仍基于香农理论。不禁有人要问，在经历高速发展之后，移动通信是否已面临理论突破的瓶颈？

（1）5G 之理论

5G，说它是理论界的旧船票，似乎并不为过。除了多址核心技术延用 4G，数据信道的 LDPC 编码在工业界早已广泛应用，大规模天线在 LTE + 标准中已反复打磨。至于最亮眼的新朋友控制信道 Polar 码，第一次商用就是在 5G 这个大舞台，其实际性能倒是值得期待。但整体来说，从理论的角度，在 5G 时代看到的新词汇并不多。

（2）5G 之工程

5G 在理论方面发挥平稳，相比之下，在工程实现方面的表现就可圈可点了。2018 年完成核心标准，2019 年即在多国启动（预）商用。随着多厂家发布商用芯片和终端产品，更宣告了 5G 在移动通信产业有史以来第一次实现系统设备和终端同时成熟。如此快的产品实现和网络部署步伐，其背后更是 5G 在工程实现方面的多个突破。

（3）6 GHz 以上高频段：从军用到民用

高频段通信以前用过吗？用过。在民用系统里规模应用过吗？没有。虽然从标准的角度，5G 能够同时支持低频和高频，特别对高频的大带宽利用、多天线支持、波束管理等进行了专门设计与优化，如图 2-24 所示。但面向产品和测试，功耗、小型化、成本、良品率、以及成熟的测试方法，都是毫米波在民用之路上正在解决的一个个挑战。以功放为例，为有效地支持高频通信，获取更优的效率、噪声、线性度等指标，GaAs 等第二代半导体在工业界已逐步成熟，基站侧也在进一步探索 GaN 等第三代半导体的应用。同时，在组网方面，NLOS 径下的覆盖距离，空气、建筑、降雨等对传播环境的致命影响，都是 5G 前行要解决的问题。是止步于固定无线接入，还是扩展到室内热点部署？让我们期待 5G 高频通信在未来几年交付的答卷。

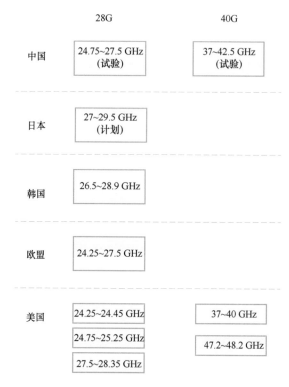

图 2-24　各国家和地区 5G 高频通信频段

（4）3 ~ 6 GHz 中频段：从非主流到主流

说起来，高频段是困难重重。然而，3 ~ 6 GHz 中频段，也并不是那么轻松愉快。LTE 的主流频段都在 3 GHz 以下，甚至很多运营商的语音覆盖都基于 1 GHz 以下频段。当年在 3GPP 讨论 LTE 3.5 GHz 的射频指标时，厂家就认为频点变高、实现难度增加，不能直接复用 2 GHz 频段的指标。当时，对于 LTE，3.5 GHz 还只被视为一个小众的非连续覆盖频段。而到了 5G，3.5 GHz 成为绝对的主流，国内也有两家运营商分得了该频段。而从实现角度，5G 的 3.5 GHz 频段新增了一个额外的难点——大带宽。LTE 3.5 GHz 频段的带宽是 200 MHz，5G 3.5 GHz 的带宽则扩展到了 500 MHz（中国、韩国、欧洲）到

900 MHz（日本），如图 2-25 所示。大带宽对射频实现和带内/带外性能都是挑战。3GPP 终端的部分射频指标，也对 3.3 GHz 以下和 3.3 GHz 以上分别进行了定义。

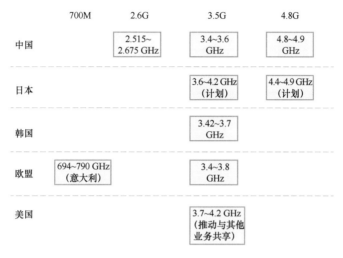

图 2-25　各国家和地区中频段使用情况

（5）基站多天线：从 8 端口到 64 端口

LTE 商用网络的最大天线端口是 8。大规模天线从 LTE + 经历了多个版本的研究和标准化，然而并未真正意义上地商用。3GPP 5G 大规模天线标准复用了很多 LTE + 的输出，也算是让 LTE + 的标准工作没有完全变为纸面工作。因为大规模天线已在 5G 时代实现商用，以 192 天线振子、64 端口为代表的典型配置，早已被镶入各厂家的产品路标。大规模天线在 5G 得以商用，缘于 TDD 系统的广泛应用、中高频段的覆盖需求等因素；也得益于工程上在降低成本、重量和散热，以及处理能力等方面的提升。

（6）终端多天线：从"1 发 2 收"到"2 发 4 收"

1）1 发 2 收，LTE 终端的典型天线配置：下行终端 4 收和 8 收在 LTE + 中逐步引入，但并不普及。2 发对于 LTE + 标准也是耳熟能详，包括上行 MIMO、LTE 两个频段的 DC 双连接、带间 CA 载波聚合等，都是基于两套发射机的；但从产品实现角度，2 发对 LTE 则一直是高端的存在。

2）2 发 4 收，5G 终端最初的标配：3GPP 规定 5G 在 2.6 GHz 和 3.5 GHz 频段必须支持终端 4 接收天线，运营商的网络规划可以基于 4 收终端。同时，双发送天线、DC 双连接（LTE 与 5G 或 5G 两个频段双连接）等，这些在 LTE + 标准就引入的功能，终于在 5G 得以落地。多天线的扩展，标准上看到的只是几个数字的变化。从工程实现上，则意味着对天线隔离度、射频及前端实现、基带能力、功耗控制等全面的提升。

（7）上行波形：从单载波到多载波

LTE 下行采用 CP-OFDM，上行采用 DFT-S-OFDM，如表 2-13 所示。上行采用 DFT-S-

OFDM 的原因大家都知道，如表 2-14 所示。基站靠高成本和大体积完成的事情，终端往往做不到。而 5G 上行则同时支持 CP-OFDM 和 DFT-S-OFDM，且都为终端必选，这是工程上又一个进步。

表 2-13   LTE 和 5G 波形对比

	LTE	5G
下行链路	CP-OFDM	CP-OFDM
上行链路	DFT-S-OFDM	CP-OFDM、DFT-S-OFDM

表 2-14   各波形适用场景和优势

波　　形	适 用 场 景	优　　势
DFT-S-OFDM	单流传输	1. 峰均功率比较低，功放效率更高 2. 低信噪比时，链路性能较好，边缘性能优
CP-OFDM	单流传输 多流传输	1. 基站频域调度更加灵活 2. 高信噪比时，链路性能较好

（8）频谱利用率：从 90% 到 98.3%

LTE 频谱利用率为 90%，例如：20 MHz 信道带宽时，最多可用 100 个资源块、18 MHz 带宽。同样是 OFDM 波形，NR 可通过基带加窗（时域）和滤波（时域/频域）技术，实现高达 98.3% 的频谱利用率，例如：3.5 GHz 频点、30 kHz 子载波时，最多可用 273 个资源块。98.3%，离 90% 似乎也没那么远；但离 100%，真的已经很近。

（9）基带计算能力：从 170 Mbit/s 到 2.5 Gbit/s

若 LTE 采用 64QAM，2 个数据流，100 个 PRB（20 MHz 带宽、15 kHz 子载波间隔），12 子载波/PRB，12 个 OFDM 符号/ms，则数据速率约为 170 Mbit/s。若 NR 采用 256QAM，4 个数据流，273 个 PRB（100 MHz 带宽、30 kHz 子载波间隔），12 子载波/PRB，12×2 个 OFDM 符号/ms，则数据速率约为 2.5 Gbit/s。170 Mbit/s 到 2.5 Gbit/s，近 15 倍数据速率的提升，给基带计算能力带来的挑战，不言而喻。

（10）处理时延：从 4 ms 到 0.4 ms

基带处理量上去了，但处理时延却降低了。以下行为例，LTE 时，对于子帧 n 接收到的下行数据，在子帧 n+4 反馈 ACK/NACK。即传播时延加处理时间，一共有 4 ms。那么 5G 呢？5G 终端有两种处理能力，capability 1 是对于普通终端的，capability 2 是对于 URLLC 终端的。对于普通终端，当子载波间隔为 30 kHz 时，根据导频位置的不同，PDSCH 处理时延为 10~13 个 OFDM 符号，也就是 0.36~0.46 ms。从 4 ms 到 0.36~0.46 ms，又是一个数量级的跨越。

（11）写在最后

即使理论上的突破并不亮眼，但工程上的创新，足以使 5G 成为这一代移动通信工作者值得骄傲的作品。工程上的进步，带来了 5G 性能的提升，使 5G 在数据速率、频谱效率、端到端时延等各方面，取得成倍或成数量级的提升。但同时，也带来了很多问题。功耗、复杂度、成本，都是 5G 在大规模商用之前，需要探讨和厘清的问题。5G，商用在即，而大规模商用，是否又真的着急？

2.1.6　5G 理论峰值速率的计算

1. 5G 峰值速率

5G 性能指标，大家耳熟能详。其中，各家比拼的性能关键便是 5G 峰值速率，如图 2-26所示。根据 ITU-R M.［IMT-2020. TECH PERF REQ］的介绍，峰值数据速率是在理想条件下可达到的最大数据速率，可以理解为系统最大承载能力的体现。针对 eMBB 场景，峰值速率的最低要求：下行链路峰值速率为 20 Gbit/s；上行链路峰值速率为 10 Gbit/s。

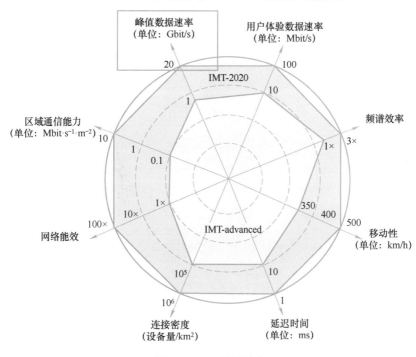

图 2-26　5G 关键性能

2. 5G 理论峰值速率的粗略计算

关于 5G 理论峰值速率的粗略计算有很多思路，各有千秋，以某些配置为例进行介绍，帮助大家理解 5G 理论峰值速率及其相应的计算。在计算理论峰值速率之前，需要确定以下参数的数值。

资源块 PRB 数目：以目前 5G sub-6 GHz 频段为例，最多传输的 PRB 数目如表 2-15 所示。其中，系统带宽 100 MHz，子载波间隔 30 kHz 的 5G 系统，最多传输的 PRB 数目为 273。

表 2-15　PRB 数目

子载波间隔/kHz	5 MHz	10 MHz	15 MHz	20 MHz	25 MHz	30 MHz	40 MHz	50 MHz	60 MHz	80 MHz	90 MHz	100 MHz
	N_{RB}	N_{RB}	N_{RB}	N_{RB}	N_{RB}	N_{RB}	N_{RB}	N_{RB}	N_{RB}	N_{RB}	N_{RB}	N_{RB}
15	25	52	79	106	133	160	216	270	–	–	–	–
30	11	24	38	51	65	78	106	133	162	217	245	273
60	–	11	18	24	31	38	51	65	79	107	121	135

OFDM 符号（Symbol）数目：以 30 kHz 的子载波间隔为例，表 2-16 摘选自 3GPP TS 38.211 协议。由表 2-16 可知，循环前缀（CP）的类型是 Nomal CP（普通 CP），查找 Nomal CP 对应的表格。

表 2-16　子载波间隔

μ	$\Delta f = 2^{\mu} \cdot 15/\text{kHz}$	循环前缀
0	15	Normal
1	30	Normal
2	60	Normal, Extended
3	120	Normal
4	240	Normal

由表 2-17 可知，每个时隙的 OFDM 符号数是 14，以 30 kHz 的子载波为例，则每个时隙占用的时间是 0.5 ms。考虑到部分资源需要用于发送参考信号，此处扣除开销部分做近似处理，认为 3 个符号用于参考信号的发送，剩下 11 个符号用于数据传输。实际网络的开销计算更为复杂，此处不做过多介绍。当然，峰值速率与帧结构紧密相关。

表 2-17　子载波间隔和符号数对应关系

μ	N_{symb}^{slot}	$N_{slot}^{frame,\mu}$	$N_{slot}^{subframe,\mu}$
0	14	10	1
1	14	20	2
2	14	40	4
3	14	80	8
4	14	160	16

3. 帧结构

常见的帧结构配置包括图 2-27 中的 2.5 ms 双周期和图 2-28 中的 5 ms 单周期。

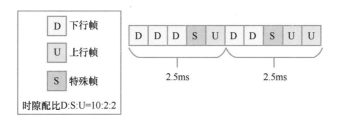

图 2-27　2.5 ms 双周期帧结构

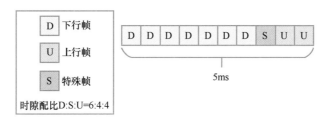

图 2-28　5 ms 单周期帧结构

基于上述配置，以下进行 5G 上行理论峰值速率的粗略计算：

（1）上行基本配置，2 流，64QAM（一个符号 6 bit）

2.5 ms 双周期帧结构：由 2.5 ms 双周期帧结构可知，在特殊子帧时隙配比为 10∶2∶2 的情况下，5 ms 内有（3 + 2×2/14）个上行时隙，则每毫秒的上行时隙数目约为 0.657 个。上行理论峰值速率的粗略计算为 273RB × 12 子载波 × 11 符号（扣除开销）× 0.657/ms × 6 bit（64QAM）× 2 流 = 284 Mbit/s。

5 ms 单周期帧结构：由 5 ms 单周期帧结构可知，在特殊子帧时隙配比为 6∶4∶4 的情况下，5 ms 内有（2 + 4/14）个上行时隙，则每毫秒的上行时隙数目约为 0.457 个。上行理论峰值速率的粗略计算为 273RB × 12 子载波 × 11 符号（扣除开销）× 0.457/ms × 6 bit（64QAM）× 2 流 = 198 Mbit/s。

（2）下行基本配置，4 流，256QAM（一个符号 8 bit）

2.5 ms 双周期帧结构：由 2.5 ms 双周期帧结构可知，在特殊子帧时隙配比为 10∶2∶2 的情况下，5 ms 内有（5 + 2×10/14）个下行时隙，则每毫秒的下行时隙数目约为 1.28 个。下行理论峰值速率的粗略计算为 273RB × 12 子载波 × 11 符号（扣除开销）× 1.28/ms × 8 bit（256QAM）× 4 流 = 1.48 Gbit/s。

5 ms 单周期帧结构：由 5 ms 单周期帧结构可知，在特殊子帧时隙配比为 6∶4∶4 的情况下，5 ms 内有（7 + 6/14）个下行时隙，则每毫秒的下行时隙数目约为 1.48 个 bit/s。下行理论峰值速率的粗略计算为 273RB × 12 子载波 × 11 符号（扣除开销）× 1.48/ms × 8 bit（256QAM）× 4 流 = 1.7 Gbit/s。

2.1.7　毫米波标准有哪些区别

苹果发布的 iPhone 12 系列手机，开始支持 5G。相较于美版 iPhone，由于尚未商用等原因，中国大陆版 iPhone 12 系列当时并不支持 5G 毫米波（mmWave），如图 2-29 和图 2-30对比所示。

蜂窝网和无线网	Model A2172*	5G NR (Bands n1, n2, n3, n5, n7, n8, n12, n66, n71, n77, n78, n79)
		5G NR 毫米波(频带 n260, n261)
		FDD-LTE (Bands 1, 2, 3, 4, 5, 7, 8, 12, 13,

图 2-29　型号 A2172

蜂窝网和无线网	型号 A2400*	5G NR (频段 n1, n2, n3, n5, n7, n8, n12, n66, n77, n78, n79)
		FDD-LTE (频段 1, 2, 3, 4, 5, 7, 8, 12, 13,

图 2-30　型号 A2400

图 2-29 和图 2-30 均摘自 Apple 美国和中国官网的手机参数，可见国行版不支持 mmWave。尽管这点差别并不会在多大程度上影响大家购买的热情，但是毫米波相较于 Sub-6 GHz，在 3GPP NR 标准中，有什么区别？

（1）频段、频带及双工方式

NR 标准以 Frequency Range（FR）来区分这两个频段，FR1 目前指 410～7125 MHz 的频段，FR2 即毫米波（mmWave）的 24250～52600 MHz 频段。目前 FR1 里共定义了 n1～n90 中间的 38 个频带，包括 FDD、TDD 及 SUL 专用频带。目前 FR2 包含四个频带，分别是 n257、n258、n260 和 n261，都是 TDD 频带。

（2）FR2 的子载波间隔及支持带宽

由于 FR2 的载频更高，因此相同移速下的多普勒频移也更大，对于 OFDM 多址方式而言，也就需要更短的子载波周期来适应相干时间，更短的子载波周期也就意味着频域更大的子载波间隔。因此，FR2 支持 60 kHz 和 120 kHz 的 SCS，以及 50 MHz、100 MHz、200 MHz 的大带宽。此外 120 kHz SCS 下还可选支持 400 MHz 带宽。

（3）模拟波束管理

5G 在毫米波频段，一般采用大规模天线的窄波束赋形来应对高频所带来的路径损耗，因此需要更高精度的波束扫描。波束扫描是 5G NR 所引入的波束管理技术的一部分，主要通过基站在一定时间内用不同的波束发送同步广播块（SSB）的方式，使 UE 可以测量并寻找其所在位置最强的波束。5 ms 内，FR1 支持 4/8 个 SSB 的发送，而 FR2 则支持 64 个。

4. PRACH 信道

FR1 由于覆盖距离远，支持长前导序列格式（Format 0-3）和短前导序列格式（Format A B C）。FR2 由于覆盖距离小，仅支持短前导序列格式（Format A B C）。

5. UE 能力上报

UE 可以支持在 FR1 和 FR2 上报不同的能力，如：是否支持与周期 TRS（Tracking Reference Signal，跟踪导频）相连的非周期的 TRS 接收、是否支持下行 DMRS 时域、是否支持 1 前置 + 3 额外的结构、是否支持 almost contiguous UL CP-OFDM（近似连续的上行 CP-OFDM）传输等。对于一些能力，UE 只需要在 FR2 上报，如：是否支持下行 256QAM 调制（FR1 为必选）、是否支持上行波束管理等。

在支持毫米波的基础上，NR 在 Rel-17 版本还进行了进一步增强，例如：FR2 多波束操作的增强；将现有的 NR 频段扩展至 71 GHz，以及其带来的参数集和参考信号的调整。

尽管毫米波在真正商用之前，还需要解决包括覆盖成本、用户体验、政策等问题，但是其大带宽所带来的高速率还是非常令人期待的。

2.2　R15 物理层标准介绍

2.2.1　极化码——从理论到标准

2016 年 11 月 17 日，3GPP RAN1 #87 会议确定了华为等公司主推的极化码（Polar 码）方案为 5G eMBB 场景控制信道编码方案，实现了中国在核心编码技术标准化上的重大突破。随后 3GPP 对极化码进行了标准化工作，从 Study Item（研究项目）到 Work Item（工作项目），极化码最终以标准的形式呈现在世人面前，这也标志着极化码从刚提出时仅仅理论可行的技术方案完美转化成了被业界所承认的实用工程技术。为使大家更好地了解极化码，本书将从理论和标准两个方面介绍极化码，先介绍学术论文中极化码的基本原理，再以此为基础从协议的角度解读 3GPP 对极化码进行的实用性改进。

1. 理论——论文中的 Polar 码

Erdal Arikan 教授在 2008 年的国际信息论 ISIT 会议上首次提出信道极化（Channel Polarization）的概念，接着在 2009 年发表了一篇名为 "Channel Polarization：A Method for Constructing Capacity-Achieving Codes for Symmetric Binary-Input Memoryless Channels" 的文章，更加详细地阐述了信道极化，并基于信道极化提出了一种针对二进制离散无记忆信道的极化编码方案，该方案被严格理论证明可以达到香农极限。

（1）基本原理

信道极化包含信道联合（Channel Combination）和信道分裂（Channel Splitting）两个

部分。通过信道极化，$N = 2^n$个独立的二进制离散无记忆信道 W 先按照一定的方式合并为一个 N 维的信道 W_N，然后再分裂为 N 个等效信道。随着 N 的不断变大，分裂后的等效信道逐渐走向两个极端，其中一部分等效信道的信道容量趋近于 1，另一部分等效信道的信道容量趋近于 0。假设信道 W 的对称容量为 $I(W)$，论文中通过理论证明 N 个等效信道中信道容量趋近于 1 的等效信道比例为 $I(W)$，信道容量趋近于 0 的等效信道比例为 $1 - I(W)$。根据信道极化理论，论文中设计了长度为 N 的极化码的编码方案，即在信道容量趋近于 1 的等效信道上放置待传输的信息比特，在信道容量趋近于 0 的等效信道上放置收发端已知的冻结比特。当 N 趋于无穷大时，信道容量为 1 的等效信道个数为 $N \times I(W)$，可以证明在这些信道上发送的数据能够被接收端使用连续干扰消除（Successive Cancellation Decoding）完美解出，因此 Polar 码的可达传输速率为 $R = N * I(W)/N = I(W)$，即达到了香农极限。

（2）编码流程

下面结合具体的信道极化方案，介绍论文中提出的极化码编码流程。基于递归的信道联合方案如图 2-31 所示，其中 R_N 为比特反转排序操作。经过信道联合，N 个独立信道 W 的输入比特可以写成如下形式。

$$x_1^N = u_1^N \boldsymbol{G}_N$$

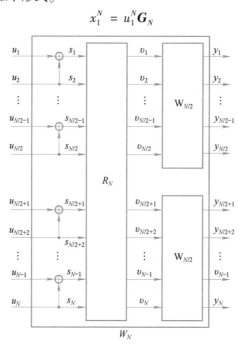

图 2-31　基于递归的信道联合方案

其中，u 表示编码前的输入比特（包括信息比特和冻结比特）；H_N 表示生成矩阵（根据码长 N 可以确定）。信道分裂方案如下。

$$W_N^{(i)}(y_1^N, u_1^{i-1} \mid u_i) \triangleq \sum_{u_{i+1}^N \in x^{N-i}} \frac{1}{2^{N-1}} W_N(y_1^N \mid u_1^N)$$

根据信道 W 的转移概率，可以计算出信道分裂后的每个等效信道的错误概率。在错误概率趋近于 0 的等效信道上放置信息比特，在错误概率趋近于 1 的等效信道上放置收发端已知的冻结比特，即可得到编码前的输入比特，再将其与生成矩阵相乘，完成极化码编码流程。

2. 标准——3GPP 的极化码

论文中提到的极化码仅仅在理论层面上可行，在工程实现上还存在诸多因素限制其实施，例如：等效信道的错误概率与信道相关且计算复杂度高、输出编码序列长度只能是 2 的整次幂等。接下来，结合 3GPP TS 38.212 标准中极化码编码流程的相关描述，解读标准协议对极化码进行的实用性改进。

（1）码块分割和 CRC 添加

3GPP 的极化码编码流程中，在信道编码之前需要做"准备工作"，即将待编码的比特序列进行码块分割和添加 CRC。码块分割将过长的待编码比特序列分成最多两个等长的码块。每个码块后添加 CRC 能够使得接收端校验解调后的数据，从而判断是否正确接收。

（2）信道编码

接下来分别对每个码块序列进行信道编码，包括交织和编码两个步骤。交织步骤中 3GPP 标准给定了一个统一的交织模式，即交织前后序列中比特位置的对应关系。根据交织器输入的比特数，可以从统一的交织模式中得到一个子交织模式用于比特交织。交织使得 CRC 对应的比特分散到整个码块序列中。编码步骤确定信息比特和冻结比特的位置，将交织后的序列填入信息比特位置、零填入冻结比特位置，再与生成矩阵相乘完成编码。

论文中确定信息比特和冻结比特的位置需要分别计算每个等效信道的错误概率，计算过程十分复杂。此外，每个等效信道的错误概率还与信道的转移概率有关，对于时变的无线信道，若信道发生改变，则需重新计算等效信道错误概率，进一步增加了工程实现难度。3GPP 对极化码信息比特和冻结比特的位置选择进行了改进，采用了华为提出的 Beta-expansion 算法，按照极化权重度量等效信道可靠性并给等效信道排序。通过综合考虑各种无线信道对等效信道可靠性的影响，3GPP 给出了一张码长为 1024 的固定的比特（信道）可靠性表，如表 2-18 所示（TS 38.212 中的表 5.3.1.2 – 1），Q 表示编码前比特（信道）的位置，$W(Q)$ 表示的是信道分裂后比特（信道）可靠性大小。编码时根据编码长度确定其母码长度（2 的整次幂），选择小于母码长度的 Q 及其对应 $W(Q)$ 组成一张子表，通过表 2-18 可以得到各等效信道的可靠性排序，快速完成信息比特和冻结比特的位置选择。

（3）极化序列比特可靠性表（部分）

此外，3GPP 还在极化码中加入了奇偶校验（Parity Check）比特，接收端在解调到该类比特时即可进行校验，快速发现解调中的错误，而不必等到信息全部解调完之后再进行校验，提高了解码效率。

表 2-18　码长为 1024 的固定的比特（信道）可靠性表

W ($Q_i^{N_{max}}$)	$Q_i^{N_{max}}$	W ($Q_i^{N_{max}}$)	$Q_i^{N_{max}}$	W ($Q_i^{N_{max}}$)	$Q_i^{N_{max}}$	W ($Q_i^{N_{max}}$)	$Q_i^{N_{max}}$	W ($Q_i^{N_{max}}$)	$Q_i^{N_{max}}$	W ($Q_i^{N_{max}}$)	$Q_i^{N_{max}}$	W ($Q_i^{N_{max}}$)	$Q_i^{N_{max}}$	W ($Q_i^{N_{max}}$)	$Q_i^{N_{max}}$
0	0	128	518	256	94	384	214	512	364	640	414	788	819	896	966
1	1	129	54	257	204	385	309	513	654	641	223	769	814	897	755
2	2	130	83	258	298	386	188	514	559	642	663	770	439	898	859
3	4	131	57	259	400	387	449	515	335	643	692	771	929	899	940
4	8	132	521	260	608	388	217	516	480	644	835	772	490	900	830
5	16	133	112	261	352	389	408	517	315	645	619	773	623	901	911
6	32	134	135	262	325	390	609	518	221	646	472	774	671	902	871
7	3	135	78	263	533	391	596	519	370	647	455	775	739	903	639
8	5	136	289	264	155	392	551	520	613	648	796	776	916	904	888
9	64	137	194	265	210	393	650	521	422	649	809	777	463	905	479
10	9	138	85	266	305	394	229	522	425	650	714	778	843	906	946
11	6	139	276	267	547	395	159	523	451	651	721	779	381	907	750
12	17	140	522	268	300	396	420	524	614	652	837	780	497	908	969
13	10	141	58	269	109	397	310	525	543	653	716	781	930	909	508
14	18	142	168	270	184	398	541	526	235	654	864	782	821	910	861
15	128	143	139	271	534	399	773	527	412	655	810	783	726	911	757
16	12	144	99	272	537	400	610	528	343	656	606	784	961	912	970
17	33	145	86	273	115	401	657	529	372	657	912	785	872	913	919
18	65	146	60	274	167	402	333	530	775	658	722	786	492	914	875
19	20	147	280	275	225	403	119	531	317	659	696	787	631	915	862
20	256	148	89	276	326	404	600	532	222	660	377	788	729	916	758
21	34	149	290	277	306	405	339	533	426	661	435	789	700	917	948
22	24	150	529	278	772	406	218	534	453	662	817	790	443	918	977
23	36	151	524	279	157	407	368	535	237	663	319	791	741	919	923
24	7	152	196	280	656	408	652	536	559	664	621	792	845	920	972
25	129	153	141	281	329	409	230	537	833	665	812	793	920	921	761
26	66	154	101	282	110	410	391	538	804	666	484	794	382	922	877
27	512	155	147	283	117	411	313	539	712	667	430	795	822	923	952
28	11	156	176	284	212	412	450	540	834	668	838	796	851	924	495
29	40	157	142	285	171	413	542	541	661	669	667	797	730	925	703
30	68	158	530	286	776	414	334	542	808	670	488	798	498	926	935
31	130	159	321	287	330	415	233	543	779	671	239	799	880	927	978
32	19	160	31	288	226	416	555	544	617	672	378	800	742	928	883
33	13	161	200	289	549	417	774	545	604	673	459	801	445	929	762
34	48	162	90	290	538	418	175	546	433	674	622	802	471	930	503
35	14	163	545	291	387	419	123	547	720	675	627	803	635	931	925

（4）速率匹配

在信道编码之后还需要做些"收尾工作"，即速率匹配，包括子块交织、比特选择以及比特交织三个步骤。其中子块交织将编码后的序列分成 32 个子块再按照固定模式进行交织；比特选择将挑选子块交织后的一部分比特进行传输；比特交织将比特选择后的序列进行交织以应对传输中的突发错误。

论文中构造的极化码的长度只能是 2 的整次幂，而 3GPP 标准中的编码流程通过速率匹配能够输出任意长度的传输序列，更好地适应工程实现中有限资源的传输需求。具体来讲，速率匹配有重复（Repetition）、打孔（Puncture）以及截短（Shortening）三类方法。①若传输序列长度大于等于编码后的序列长度，则可通过循环重复编码后的序列，使其长度达到传输序列长度；若传输序列长度小于编码后的序列长度，则需进行比特选择，挑选出一部分比特进行传输（信道编码时只在被选中的位置上放置信息比特）。②编码速率较低时可采用打孔的方法，不传输一部分可靠性低的等效信道上的信息，接收端对于这些不传输的比特是未知的，解调时相应的 LLR 设置成 0。③编码速率较高时可采用截短的方法，不传输一部分可靠性高的等效信道上的信息，接收端对于这些不传输的比特是已知的，解调时相应的 LLR 设置成一个较大的值。通过上述三类方法，速率匹配能够输出任意长度的序列，并且对接收端解调性能的影响较小。最后将每个码块速率匹配后的序列依次级联，即可完成 3GPP 的极化码编码流程。

2.2.2　让你看懂 4G/5G 的同步与广播差异

通信工程师都知道通信系统的基础是同步和广播信道，同步信道和广播信道是 4G、5G 通信系统最基础的信道，但是这两个信道在 4G 和 5G 系统中的设计差异的确很大。

（1）4G 信道位置和长度

LTE 的 PSS/SSS（主同步信号/辅同步信号）序列长度为 62，频域映射到载波中心的 62 个子载波上，时域映射在 1 ms 子帧的第 6 和第 7 个符号；LTE 的 PBCH（广播信号）长度为 40bit，对信号进行编码和重复，形成 1920bit，频域映射在载波中心的 72 个子载波上，时域映射在 1 ms 子帧的第 8 至第 11 个符号，如图 2-32 所示。

（2）5G 信道位置和长度

5G NR 系统的 PSS/SSS/PBCH 合称叫 SSB（同步信号块），SSB 占 4 个 OFDM 符号（记为符号 k 到 $k+3$）。其中 PSS、SSS 序列长度 127，频域映射 127 个子载波，映射位置对应 synchronization raster（同步栅格）；时域映射第 $k+0$ 和 $k+2$ 符号。NR PBCH 则频域映射到 240 个子载波，映射位置对应 synchronization raster；时域映射到第 $k+1$，$k+2$，$k+3$ 符号位置。k 的位置由频段和载频来确定。因此 5G 系统的 SSB 位置不是严格固定的，而 4G 的 PSS、SSS、PBCH 位置是固定的，如图 2-33 所示。

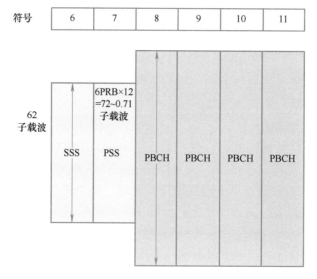

图 2-32　LTE 同步与广播信道

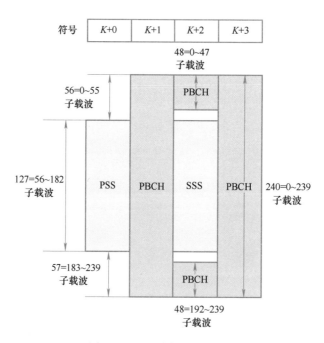

图 2-33　NR 同步与广播信道

（3）4G 信道发送时间与周期

LTE 的 PSS、SSS 是在 10 ms 帧的第 0 个子帧和第 5 个子帧发送，10 ms 内发送两次。
LTE 的 PBCH 是每隔 10 ms 发送一次，在第 0 个子帧发送，以 40 ms 为周期发送 4 次

PBCH，每次发送的 PBCH 既可以单独解调获得完整 PBCH 内容，也可以集合 40 ms 的
PBCH 进行联合解调以获得更好的 PBCH 解调性能，如图 2-34 所示。

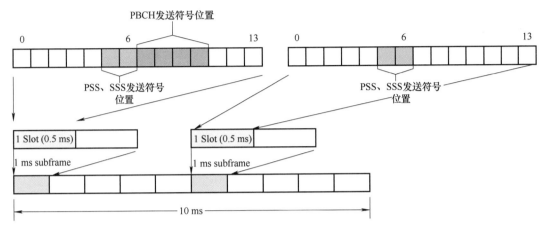

图 2-34　LTE 同步与广播信道发送时间与周期

（4）5G 信道发送时间与周期

5G 的 SSB 周期默认每 20 ms 传输一次，在 10 ms 子帧中的下行 1 ms 子帧上，可以有
2 个下行时隙（以 30 kHz 载波间隔为例），每个下行时隙可以有 2 个发送 SSB 的位置（5G
系统 SSB 发送位置可配，这里是举例），因此 1 ms 子帧共有 4 个 SSB 发送位置，具体是否发
送 4 次 SSB 由基站决定，但是终端在这 4 个位置都需要检测 SSB，如图 2-35 所示。

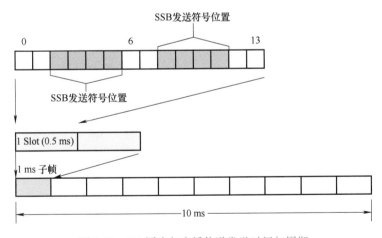

图 2-35　NR 同步与广播信道发送时间与周期

（5）4G 与 5G 广播信道内容比较

4G 和 5G 系统信息由于系统设计不同，存在很大差异，除了系统帧号，就没有相同
的项，如表 2-19 所示。

表 2-19　LTE 与 NR 广播信道内容比较

LTE	NR
dl-Bandwidth（下行带宽）	subCarrierSpacingCommon（子载波间隔）
Phich-Config（PHICH 信道配置）	Ssb-SubcarrierOffset（通过该参数获得公共资源块子载波 0 的位置，并且和 pdcch-ConfigSIB1 共同帮助 UE 获得 SIB1 信息）
systemFrameNumber（系统帧号）	SystemFrameNumber（系统帧号）
schedulingInfoSIB1（SIB1 的位置）	dmrs-TypeA-Position（first）指示 DM-RS 的位置
systemInfoUnchanged（指示在一个系统信息有效期周期内，系统信息是否有改变）	pdcch-ConfigSIB1（决定 CORESET 和必要的 PDCCH 参数）
	cellBarred（系统是否阻止用户接入）
	intraFreqReselection（控制终端小区重选）

2.2.3　5G 标准如何实现低时延高可靠

国际电信联盟无线电通信局 ITU-R 确定 5G 三大主要的应用场景：增强型移动宽带（eMBB）、低功耗大连接（mMTC）、低时延高可靠（URLLC），如图 2-36 所示。

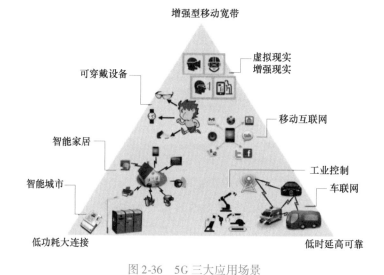

图 2-36　5G 三大应用场景

低时延高可靠场景针对时延高度敏感类型的业务应用，包括车联网、AR（增强现实）、VR（虚拟现实）、触觉互联网、工业控制等。低时延高可靠场景应满足如下时延和可靠性的需求：用户面单程空口时延为 0.5 ms，在 1 ms 单程空口时延下传输 32 字节的数据包的可靠性达到 99.999%。3GPP 将低时延高可靠的标准化分为 V2X 和 URLLC 两部分。

V2X 面向车联网应用，包括 V2N、V2V、V2P 和 V2I。URLLC 面向车联网之外的其他低时延高可靠应用。

1.　V2X

3GPP V2X 标准制定分为三个阶段。第一阶段和第二阶段 V2X 是基于 LTE 协议的 LTE-V 技术。第三阶段 V2X 是基于 NR 协议的新空口技术。目前第一阶段 Rel-14 LTE-V 和第二阶段 Rel-15 LTE-V 增强的标准化工作已经完成。Rel-16 NR V2X 的标准化工作已于 2018 年 6 月启动。

2.　URLLC

URLLC 的标准化分为基于 LTE 的演进技术和基于 NR 的新空口技术。

（1）低时延

LTE 从 Rel-14 开始讨论低时延方案，2016 年 6 月，3GPP RAN 全会通过了 LTE 低时延 WI 立项，包括 sTTI（shortened TTI）以及减少终端基于 1 ms TTI 的处理时间。2017 年 12 月该立项完成标准化工作，最终低时延功能在 LTE Rel-15 正式定义，协议支持一个 sTTI 包含 2 个或 7 个符号。

（2）高可靠性

2017 年 6 月，3GPP RAN 全会通过了基于 LTE 的低时延高可靠 WI 立项 Rel-15 LTE HRLLC，重点关注高可靠性。立项内容包括上下行控制信道和数据信道的增强，如引入压缩模式的 DCI（下行控制信息）格式、PDCCH（物理下行控制信道）重复传输、Blind/HARQ-less（无 HARQ）数据信道重复传输、PUCCH（物理上行控制信道）重复传输、新的 CQI/MCS 表格、上行功控等。由于时间关系，2018 年 3 月 3GPP RAN 全会决定对该立项的内容进行范畴缩减，仅保留 Blind/HARQ-less 数据信道重复传输等少数功能，并于 2018 年 6 月完成标准化工作。

3.　NR Rel-15 URLLC

新空口 NR 从一开始的 Rel-14 SI 立项就讨论了 URLLC 相关技术，并在 Rel-15 WI 立项中完成第一阶段的标准化工作。

（1）低时延

在时延方面，NR Rel-15 定义了灵活子载波间隔配置、微时隙（Mini-Slot）、自包含帧结构（Self-Contained Frame Structure）、上行免调度传输（Configured Grant Transmission）和终端快速处理能力等技术。

1）灵活子载波间隔配置：载频 6 GHz 以下，NR 可支持 15 kHz、30 kHz 和 60 kHz 的灵活子载波间隔配置；载频 6 GHz 以上，NR 可支持 60 kHz、120 kHz 的灵活子载波间隔配置。增加子载波间隔可以减少符号长度，从而减少单个时隙的时长，降低时延。

2）Mini-slot（短时隙）：和 LTE 中的 sTTI 相似，NR 引入短时隙，一个下行短时隙包含 2/4/7 个符号，一个上行短时隙包含 1～14 个符号。

3）自包含帧结构：在自包含帧结构中，下行数据 PDSCH 传输和上行 ACK/NACK 可在同一个时隙内完成，上行调度指示 UL grant 和上行数据 PUSCH 传输可在同一个时隙内完成。

4）上行免调度传输：NR Rel-15 支持基站配置用户上行免调度传输，用户在没有收到 UL grant（上行允许）时，可在配置的资源上发起上行数据 PUSCH 传输。

5）终端快速处理能力：NR Rel-15 根据终端的处理能力定义了两个 UE capability（终端能力）。UE capability #1 为普通处理能力的终端，UE capability #2 为具有快速处理能力的终端。

（2）高可靠性

在可靠性方面，NR Rel-15 引入 PUCCH/PUSCH 重复传输技术，支持上行 PUCCH/PUSCH 最多 8 次重复传输。2017 年 12 月全会通过了 NR Rel-15 中 URLLC 可靠性的研究内容，包括新的 CQI/MCS 表格、引入压缩模式的 DCI 格式和 PDCCH 重复传输等。最终引入新的 CQI/MCS 表格达成共识，在目标 BLER（误码块率）为 10% 的原表格基础上增加目标 BLER 为 10^{-5} 的新表格，从而提高可靠性。经过激烈的讨论，是否定义新的 DCI 和采用 PDCCH 重复传输没有达成共识。

4. NR Rel-16 URLLC

2018 年 6 月，3GPP 通过了 NR URLLC 增强 SI 立项。NR Rel-16 URLLC 面向的应用场景主要包括 AR/VR、工业自动化、智能交通、智能电网，研究重点在可靠性，并将可靠性需求从 99.999% 提高至 99.9999%。SI 立项的研究方向包括以下内容。

1）PDCCH 增强：定义压缩模式等。

2）PUCCH 增强：一个时隙内传输多个承载 HARQ-ACK 的 PUCCH 等。

3）PUSCH 增强：基于短时隙的重复传输增强。

4）定义新的终端处理能力：进一步降低终端处理时延。

5）上行免调度增强：多套上行免调度参数配置。

6）eMBB/URLLC 上行复用：定义机制支持 eMBB 和 URLLC 上行复用，如 eMBB 取消发送或上行功率控制。

2.2.4 不容错过的大规模天线（Massive MIMO）知识点

1. 如何通俗易懂地理解大规模天线

MIMO 可以理解为"路"，通信之路，而 Massive MIMO（MM）便是团结一帮 MIMO 之路，打造 MIMO "帝国"。其中 "Massive" 意味着天线数目达到上百根的数量级。目前常见的天线数目有 64 根、128 根、192 根甚至更多。早先，瑞典 Lund 大学研制出一套 128 天线的原型样机，当然这只是 MM 雏形，如图 2-37 所示。设备发展的趋势必然是小型化、集成化、灵活性。经过一代代产品的改良和技术演进，扬长避短，目前国内比较成熟的商用版本是 192 振子、64 通道的 MM 设备。

图 2-37　瑞典 Lund 大学 ——大规模天线测试平台展示图

2. Massive MIMO 的魅力和优势

Massive MIMO 被认为是未来 5G 网络最具潜力的传输技术。随着天线数目的增加，形成多个并行的数据传输通道，实现在相同的时频资源内同时为多个用户提供服务，从而能够提供更大的分集增益和复用增益，显著提高系统信道容量和频谱效率。理论研究和初步性能评估表明，在基站天线数目接近无穷大的情况下，信道之间逐步接近正交，而噪声和干扰将趋于消失。另外，大规模天线可以在垂直和水平维度实现波束赋形，通过控制每个通道的发射信号的相位和幅度，产生具有特定指向的波束，从而提升覆盖，与此同时，也能有效起到干扰抑制的作用，如图 2-38 所示。Massive MIMO 增益来源总结为：分集增益、复用增益、波束赋形增益。

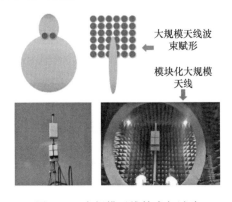

图 2-38　大规模天线技术与试验

3. Massive MIMO 明星产品

说到 Massive MIMO 设备，目前国内最炙手可热的必然是 192 振子、64 通道的明星产品，如图 2-39 所示。各设备厂商的产品实现略有差异，但基本参数指标类似，如表 2-20 所示。Massive MIMO 明星产品：192 天线振子，垂直 12 个天线振子，水平 16 个天线振子（双极化）；垂直方向，1 个 TxRU 包含 3 个天线振子，因此垂直维度共 4 个 TxRU，可以通过调整其幅值和相位实现垂直维度的波束赋形；水平方向，1 个 TxRU 包含 1 个天线振子，因此水平维度共 16 个 TxRU，同样可以通过调整其幅值和相位实现水平维度的波束赋形。正是由于 Massive MIMO 波束的灵活配置，提供了足够的空间自由度，从而实现了系统容量和小区覆盖性能的提升。

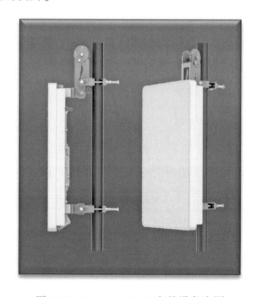

图 2-39　Massive MIMO 产品设备实图

表 2-20　Massive MIMO 设备基本参数表

天线振子	射频通道	设备功率	重置/kg	可调下倾角	支持最大传输流数（UL）	支持最大传输流数（DL）
192	64	200W	30 ~ 45	数字下倾	≥8	≥16

4. Massive MIMO 建模和仿真

（1）天线阵列建模

大规模天线的建模，在原有 2D 阵列天线的基础上，引入天线面板（Panel）、射频通道（TxRU）、天线振子（Element）的概念，以便于直观描述 Massive MIMO 天线特性，如图 2-40 所示。

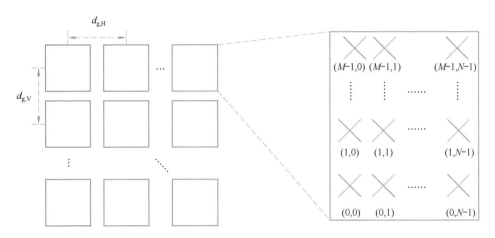

图 2-40　大规模天线阵列示意图

天线面板可描述为 (M,N,P,M_g,N_g)，其中 M 表示每个面板上每列的天线振子数，N 表示每个面板上每行的天线振子数，P 表示天线极化类型，$P=1$ 表示均匀阵列天线，$P=2$ 表示双极化天线，M_g 表示每列的面板数量，N_g 表示每行的面板数量。另外，（d_H，d_V）表示相邻天线振子的水平和垂直间距，（d_g，H，d_g，V）表示相邻天线面板的水平和垂直间距。

上述参数能够描述天线的相对物理位置关系，为天线 Pattern（图案）的数学建模提供依据，如表 2-21 所示。

表 2-21　天线 Patteren 参数

参　　数	值
天线振子垂直辐射图	$A_{E,V}(\theta'') = -\min\left[12\left(\dfrac{\theta''-90°}{\theta_{3dB}}\right)^2, SLA_V\right], \theta_{3dB}=65°, SLA_V=30$
天线振子水平辐射图	$A_{E,H}(\varphi'') = -\min\left[12\left(\dfrac{\varphi''}{\varphi_{3dB}}\right)^2, A_m\right], \theta_{3dB}=65°, A_m=30$
三维天线振子图的组合方法	$A''(\theta'',\varphi'') = -\min\left\{-\left[A_{E,V}(\theta'')+A_{E,H}(\varphi'')\right], A_m\right\}$
天线元件 G 的最大方向增益	8 dBi

（2）仿真参数

基于合理的仿真假设，制定相应的仿真建模方法，确定仿真参数，如表 2-22 所示，从而得出该仿真条件下的仿真性能，为技术研究和网络部署提供指导性意见。

（3）各公司性能仿真结果对比

多家公司参与 Dense Urban、ISD = 200 m 部署场景下的 ITU 自评估工作，在统一的仿真参数和信道校准良好的情况下，提交 Massive MIMO 性能仿真结果。对于 TDD- 4 GHz-32TxRU 基站设备，各公司性能仿真结果对比情况如图 2-41 所示。从各公司的仿真结果来看，虽然略有差异，但均能满足 ITU 性能指标的要求。

表 2-22　Massive MIMO 仿真参数

参　　　数	值
场景	UMa-200m
每个 TRxP 的射频通道数	64/32/16
每个终端的射频通道数	4
每个 TRxP 的总发射功率	43 dBm for 20 MHz
UE 功率级别	23 dBm
BS 天线高度	25 m
UE 天线高度	UMa：Outdoor UEs：1.5 m Indoor UTs：3（nfl-1）+ 1.5；nfl ~ uniform（1，Nfl）where Nfl ~ uniform（4，8）
UE 分布	80% indoor，20% outdoor（in car）
UE 密度	10 UEs per TRxP

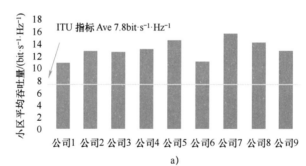

a)

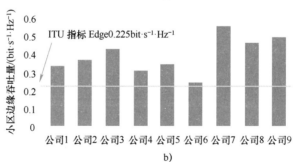

b)

图 2-41　各公司性能仿真结果对比

a）小区平均吞吐量　b）小区边缘吞吐量

NR-MIMO 与 LTE 相比，有以下优点：支持更加灵活的参考信号配置；支持波束管理（包括波束扫描、波束上报、波束选择、波束失败恢复等）；支持高频；支持更加精确的 CSI 测量和上报，从而获得更加优异的 MU-MIMO 性能增益。

5．标准进展

Rel-16 NR eMIMO 的 WI 工作在 RAN#80 全会上通过，该 WI 在 RAN1 领域的研究内容包含以下几个方面。

（1）CSI 增强，支持 MU-MIMO

减少 TypeII 码本的开销和复杂度，以及研究秩（Rank）大于 2 的基于 DFT 压缩的 Type II 码本扩展。

（2）Multi-TRP/panel 传输增强，提升理想和非理想回传传输的可靠性和鲁棒性

1）下行：基于 PDCCH 的 Multi-TRP/panel 传输增强，同时支持 single-PDCCH 和 multiple-PDCCH。

2）上行：制定基于 PUCCH 或者参考信号的 Multi-TRP/panel 的传输增强方案；研究满足 URLLC 指标的 Muti-TRP 技术，明确 URLLC 应用场景。

（3）Multi-beam 增强，主要考虑 FR2

上行和下行波束选择方案的增强，以期减少时延和开销；SCell beam failure recovery（辅小区波束失败恢复）；L1-SINR（层 1 SINR）测量和上报。

（4）其他

上行满功率传输方案和 Low PAPR 的参考信号设计。

2.2.5　NR 中的 Type1 Single Panel（类型 1 单面板）码本

（1）首先，码本是做什么用的

MIMO 预编码的性能依赖于发端对信道信息的掌握。对 FDD 而言，gNB 对下行信道信息的获取，只能依赖于 UE 的信道估计和有限的信息上报，基于精确信道信息的预编码对 gNB 是不现实的。因此，标准规定了收发两端已知的预编码矩阵（即码本）集合，由 UE 上报码本序号供 gNB 进行信道信息获取，即基于有限信道反馈的预编码。

（2）NR 中的码本是如何设计的

本书介绍比较基本的 Type1 Single Panel Codebook，支持最大 8 层、32 端口的传输，其将天线划分为 $N_1 O_1 N_2 O_2$ 个波束，其中 N_1 和 O_1 分别表示天线在第一维度相同化方向的端口数，以及对该维度的过采样系数；$N_2 O_2$ 分别表示天线在第二维度相同化方向的端口数，以及对该维度的过采样系数。上报的 PMI 由 i_1，i_2 两部分构成唯一的预编码矩阵。其中，i_1 包含 $i_{1,1}$，$i_{1,2}$（2，3，4 层传输时还包括 $i_{1,3}$）为宽带上报；根据高层配置的 CSI 上报方式可选为宽带或子带上报。以上参数的意义及映射方式将在下面阐述。

层数为 1 或 2 时，根据 codebookMode（码本模式）有两种上报方式，如表 2-23 和表 2-24 所示。

表 2-23　码本上报 codebookMode = 1

codebookMode = 1			
$i_{1,1}$	$i_{1,2}$	i_2	
$0,1,\cdots,N_1O_1-1$	$0,\cdots,N_2O_2-1$	$0,1,2,3$	$W_{i_{1,1},i_{1,2},i_2}^{(1)}$

$$\text{where } W_{l,m,n}^{(1)} = \frac{1}{\sqrt{P_{\text{CSI-RS}}}}\begin{bmatrix} v_{l,m} \\ \varphi_n v_{l,m} \end{bmatrix}.$$

表 2-24　码本上报 codebookMode = 2

codebookMode = 2, $N_2 > 1$					
$i_{1,1}$	$i_{1,2}$	i_2			
$0,1,\cdots,\dfrac{N_1O_1}{2}-1$	$0,1,\cdots,\dfrac{N_2O_2}{2}-1$	$W_{2i_{1,1},2i_{1,2},0}^{(1)}$ 0	$W_{2i_{1,1},2i_{1,2},1}^{(1)}$ 1	$W_{2i_{1,1},2i_{1,2},2}^{(1)}$ 2	$W_{2i_{1,1},2i_{1,2},3}^{(1)}$ 3
$i_{1,1}$	$i_{1,2}$	i_2			
$0,1,\cdots,\dfrac{N_1O_1}{2}-1$	$0,1,\cdots,\dfrac{N_2O_2}{2}-1$	$W_{2i_{1,1}+1,2i_{1,2},0}^{(1)}$ 4	$W_{2i_{1,1}+1,2i_{1,2},1}^{(1)}$ 5	$W_{2i_{1,1}+1,2i_{1,2},2}^{(1)}$ 6	$W_{2i_{1,1}+1,2i_{1,2},3}^{(1)}$ 7
$i_{1,1}$	$i_{1,2}$	i_2			
$0,1,\cdots,\dfrac{N_1O_1}{2}-1$	$0,1,\cdots,\dfrac{N_2O_2}{2}-1$	$W_{2i_{1,1},2i_{1,2}+1,0}^{(1)}$ 8	$W_{2i_{1,1},2i_{1,2}+1,1}^{(1)}$ 9	$W_{2i_{1,1},2i_{1,2}+1,2}^{(1)}$ 10	$W_{2i_{1,1},2i_{1,2}+1,3}^{(1)}$ 11
$i_{1,1}$	$i_{1,2}$	i_2			
$0,1,\cdots,\dfrac{N_1O_1}{2}-1$	$0,1,\cdots,\dfrac{N_2O_2}{2}-1$	$W_{2i_{1,1}+1,2i_{1,2}+1,0}^{(1)}$ 12	$W_{2i_{1,1}+1,2i_{1,2}+1,1}^{(1)}$ 13	$W_{2i_{1,1}+1,2i_{1,2}+1,2}^{(1)}$ 14	$W_{2i_{1,1}+1,2i_{1,2}+1,3}^{(1)}$ 15

$$\text{where } W_{l,m,n}^{(1)} = \frac{1}{\sqrt{P_{\text{CSI-RS}}}}\begin{bmatrix} v_{l,m} \\ \varphi_n v_{l,m} \end{bmatrix}.$$

以 2 层 2D 码本为例，$i_{1,1}$，$i_{1,2}$ 指定第一层所使用的波束（组）；k_1 k_2 由 $i_{1,3}$ 指定，表示第二层数据所使用的波束（组）相对第一层波束（组）的偏移，根据天线阵列的设置不同，最多有 4 个位置可选（对应于在第一和第二维度上的偏移），具体映射表可见 TS 38.214 中的表 5.5.5.5.1 - 3；对于 mode1 而言，i_2 只用于对另一个极化方向的相位调整，只包含 1 bit；对于 mode2，i_2 还用于在确定的波束组中指定所使用的波束，包含 3 bit。例如，$i_2 = 0$，2，4，6 分别代表在一个 2×2 的波束组中的四个波束。为保证正交，两个所选波束在候选组内的相对位置相同。因此，相对于 mode 1 而言，尽管可以选择的波束相同，但 i_2 的取值更多，每个子带可以一定范围内自己选择波束。

层数为 3 或 4 时，没有 codebookMode 的区别，但根据端口数的不同有两种上报方式，如表 2-25 所示。

表 2-25　三层或四层的码本上报方式

codebookMode $=1-2$，$P_{CSI-RS} \geq 16$				
$i_{1,1}$	$i_{1,2}$	$i_{1,3}$	I_2	
$0,\cdots,\dfrac{N_1 O_1}{2} - 1$	$0,\cdots,N_2 O_2 - 1$	$0,1,2,3$	$0,1$	$W^{(3)}_{i_{1,1},i_{1,2},i_{1,3},i_2}$
where $W^{(3)}_{l,m,p,n} = \dfrac{1}{\sqrt{3P_{CSI-RS}}} \begin{bmatrix} \tilde{v}_{l,m} & \tilde{v}_{l,m} & \tilde{v}_{l,m} \\ \theta_p \tilde{v}_{l,m} & -\theta_p \tilde{v}_{l,m} & \theta_p \tilde{v}_{l,m} \\ \varphi_n \tilde{v}_{l,m} & \varphi_n \tilde{v}_{l,m} & -\varphi_n \tilde{v}_{l,m} \\ \varphi_n \theta_p \tilde{v}_{l,m} & -\varphi_n \theta_p \tilde{v}_{l,m} & -\varphi_n \theta_p \tilde{v}_{l,m} \end{bmatrix}$				

端口数大于或等于 16 时，如表 2-25 所示，将同一极化方向上的天线端口一分为二，$i_{1,1}$ 与 $i_{1,2}$ 指定波束；$i_{1,3}$ 和 i_2 分别对端口分组和极化方向进行相位调整。端口数小于 16 时，码本设计与 5 层以上的码本类似，$i_{1,1}$ 与 $i_{1,2}$ 指定一个确定的波束，不同层间通过由 $i_{1,3}$ 指定的波束偏移和相位调整实现正交。

层数大于或等于 5 时，码本的设计比较简单，没有 codebookMode 的区别，也没有 16 端口以上时对于端口的分组。不同层通过正交波束和正交相位的方式复用，其中正交波束间的相对位置固定，如表 2-26 所示。

表 2-26　层数大于或等于 5 的码本

	$i_{1,1}$	$i_{1,2}$	I_2	
$N_2 > 1$	$0,\cdots,N_1 O_1 - 1$	$0,\cdots,N_2 O_2 - 1$	$0,1$	$W^{(5)}_{i_{1,1},i_{1,1}+O_1,i_{1,1}+O_1,i_{1,2},i_{1,2}+O_2,i_2}$
其中 $W^{(5)}_{l,l',l'',m,m',m'',n} = \dfrac{1}{\sqrt{5P_{CSI-RS}}} \begin{bmatrix} v_{l,m} & v_{l,m} & v_{l',m'} & v_{l',m'} & v_{l'',m''} \\ \varphi_n v_{l,m} & -\varphi_n v_{l,m} & v_{l',m'} & -v_{l',m'} & v_{l'',m''} \end{bmatrix}$				

以 5 层 2D 码本设计为例，可见层 1 与层 2、层 3 与层 4 使用相同波束，但相位正交；$i_{1,1}$ 与 $i_{1,2}$ 指定一个确定的波束而不是波束组；层 3 与层 1 仅在第一维度固定相隔 O_1，层 5 与层 3 仅在第二维度固定相隔 O_2。除了可能比较常用的 Type1 Single Panel Codebook 之外，为了适应未来更加灵活的天线阵面部署方式和演进，NR 还设计了针对多天线阵面的 Type1 Multi-Panel Codebook、针对高精度反馈的 Type2 Codebook，以及 Port Selection Codebook 等。

2.2.6 QCL 的自白书

大家好！我是 QCL，英文全名 Quasi Co-Location，中文译名准共址。想必大家对我并不熟悉，尽管在标准协议里总能看到我活跃的身影，但其实并不清楚我是做什么的。就是那种明明很熟悉，却叫不上名的尴尬。

（1）我是谁？——QCL 的介绍

通俗来讲，两个天线端口的特性比较接近，某天线端口符号上的信道特性可以从另一个天线端口推导出，具体包括多普勒偏移、多普勒扩展、平均时延、时延扩展、空间 Rx 参数等。追本溯源，QCL 的诞生来源于 CoMP（协同多点传输）技术、Multi-TRP/Panel 的出现，涉及多个站点或者天线面板朝向不同的多个扇区。例如，当 UE 接收不同站点发出的信号时，各个接入点在空间上的差异会导致信道参数的差别。因此，NR 系统引入新的 QCL 参数，配置不同参考信号之间的信道特性关系，可用于表征波束对信道特性的影响。所谓两个端口在某些大尺度参数意义下是 QCL 的，就是指大尺度参数一致，尽管实际物理位置或对应的天线面板朝向存在差异，UE 都可认为这两个端口是准共址关系。与 LTE 的 QCL 机制类似，针对部分典型场景，从简化信令的角度出发，规范 TS 38.214 的第 5.1.5 章中，定义了 4 种 QCL 的类型，如表 2-27 所示。

表 2-27 QCL 类型

类 型	特 性	备 注
QCL-Type A	多普勒偏移、多普勒扩展、平均时延、时延扩展	对目标信道的描述比较全面，获得信道估计信息
QCL-Type B	多普勒偏移、多普勒扩展	针对 6 GHz 以下的低频场景
QCL-Type C	多普勒偏移、平均时延	粗略的大尺度信息，可用于辅助 TRS 的接收，用于进一步精确的时频域同步
QCL-Type D	空间 Rx 参数	主要针对 6 GHz 以上频段，从参考信号继承波束信息，辅助 UE 波束赋形；隐性指标波束

（2）从哪来——QCL 的配置

高层通过 TCI-State 配置 QCL，如图 2-42 所示。其中，TCI（Transmission Configuration Indicator）用于配置一到两个下行参考信号之间的准共址关系，是 DCI 中用于指示天线端口准共址关系的字段。最大支持 128 个 TCI State。其中 QCL-Info 配置为 QCL-TypeD 时，{Spatial Rx parameter} 表示波束信息，可认为这两个参考信号的波束类似，部分信道参数近似相同。

```
1   TCI-State :: = SEQUENCE
2   {
3       tci-StateId     TCI-StateId,
4       qcl-Type1       QCL-Info,
5       qcl-Type2       QCL-Info
6       ...
7   }
8
9   QCL-Info :: = SEQUENCE
10  {
11      cell            ServCellIndex
12      bwp-Id          BWP-Id
13      referenceSignal CHOICE
14      {
15          csi-rs      NZP-CSI-RS-ResourceId,
16          ssb         SSB-Index
17      },
18      qcl-Type        ENUMERATED {typeA, typeB, typeC, typeD},
19      ...
20  }
```

```
ControlResourceSet :: = SEQUENCE
{
   controlResourceSetId          ControlResourceSetId,
   ...
   tci-StatesPDCCH-ToAddList     SEQUENCE(SIZE (1..maxNrofTCI-StatesPDCCH)) OF TCI-StateId
   tci-StatesPDCCH-ToReleaseList SEQUENCE(SIZE (1..maxNrofTCI-StatesPDCCH)) OF TCI-StateId
   tci-PresentInDCI              ENUMERATED {enabled}
   ...
}
        PDSCH-Config :: = SEQUENCE
        {
          ...
          tci-StatesToAddModList    SEQUENCE (SIZE(1..maxNrofTCI-States)) OF TCI-State
          tci-StatesToReleaseList   SEQUENCE (SIZE(1..maxNrofTCI-States)) OF TCI-StateId
          ...
        }
```

图 2-42　QCL 配置

（3）到哪去——QCL 的用途

配置各种参考信号之间可能的 QCL 关系，对于一种参考信号，可以确定其能够从何种参考信号中获得何种类型的信道参数。在 Multi-TRP/Panel 传输过程中，UE 通过端口之间的 QCL 关系确定其大尺度参数之间的差异，并进行相应的物理层操作。因此，QCL 在 FR2 的应用非常广泛，在信道估计、时频域同步等方面有着举足轻重的作用。QCL 参数的指示，总体上通过 RRC 高层配置，MAC CE 激活配置，并在 DCI 中指示。具体参考信号之间可能的 QCL 关系，可查协议，此处不再赘述。核心思想就是，需要用什么就查什么。

2.2.7　CP 通信科普篇

（1）CP 是什么？

循环前缀（Cyclic Prefix，CP）是将 OFDM 符号尾部的信号复制到头部构成的循环结构。CP 包括常规（Normal）CP 和扩展（Extended）CP 两种类型。3GPP TS 38.211 协议引入了灵活的参数集，定义了不同子载波间隔的 CP 类型。其中，只有子载波间隔为 60 kHz 可以支持扩展 CP，其余子载波间隔均只支持常规 CP。

（2）CP 的长度

根据 3GPP TS 38. 211 协议 5.3 节描述，CP 长度计算公式如下。

$$N_{\text{CP,1}}^{\mu} = \begin{cases} 512\kappa \cdot 2^{-\mu} & \text{扩展循环前缀} \\ 144\kappa \cdot 2^{-\mu} + 16\kappa & \text{循环扩展 } l = 0 \text{ 或 } l = 7 \times 2^{\mu} \\ 144\kappa \cdot 2^{-\mu} & \text{循环扩展 } l \neq 0 \text{ 且 } l \neq 7 \times 2^{\mu} \end{cases}$$

其中

$$\kappa = T_s/T_c = 64$$

$$T_s = 1/(\Delta f_{\text{ref}} \cdot N_{\text{f,ref}}), \Delta f_{\text{ref}} = 15 \text{ kHz}, N_{\text{f,ref}} = 2048$$

$$T_c = 1/(\Delta f_{\text{max}} \cdot N_{\text{f}}), \Delta f_{\text{max}} = 480 \text{ kHz}, N_{\text{f}} = 4096$$

以子载波间隔为 30 kHz，包含 14 个 OFDM 符号为例，则子载波间隔配置参数 $u = 1$，且仅支持 Normal CP。对于一个时隙内的 Normal CP 长度之和计算如下。

$$N_{\text{CP,1}}^{\mu} = \begin{cases} 144\kappa \cdot 2^{-\mu} + 16\kappa = 144 \times 64/2 + 16 \times 64 = 5632 & l = 0 \text{ 或 } l = 7 \cdot 2^{\mu} \\ 144\kappa \cdot 2^{-\mu} = 144 \times 64/2 = 4608 & l \neq 0 \text{ 且 } l \neq 7 \cdot 2^{\mu} \end{cases}$$

$$\text{length}_{\text{Normal-CP}} = \left(\sum_{l=0}^{13} N_{\text{CP,1}}^{\mu} \right) \times T_c = 65536 \times T_c = 33.3 \ \mu s$$

一个时隙内的 CP 总长度为 33.3 μs，其开销占比为：33.3 μs/0.5 ms×100% =6.67%。

（3）CP 的优势

无线信号经过多条传输路径到达接收端，这些路径具有不同的距离、环境、地形和杂波，因此在时域上产生不同的延迟，称为多径效应。多径效应引起符号间干扰（Inter-Symbol Interference，ISI）和载波间干扰（Inter-Carrier Interference，ICI）。

在 OFDM 系统中，各个子载波时域正交，频谱相互重叠，因而具有较高的频谱利用率。由于无线信道的多径效应，从而使符号间产生干扰，为了消除符号间干扰，可以在符号间插入保护间隔。插入保护间隔的一般方法是符号间置零，即发送第一个符号后停留一段时间，不发送任何信息，接下来再发送第二个符号。在 OFDM 系统中，这样虽然减弱或消除了符号间干扰，但是破坏了子载波的正交特性，会产生子载波间干扰，导致这种方法在 OFDM 系统中并不适用。因此，循环前缀应运而生。通过使用循环前缀，将 OFDM 符号尾部的信号复制到头部，相当于插入保护间隔，起到消除 OFDM 符号间干扰的目的。同时，加上 CP 后，接收端收到的时延扩展部分是信号的尾部，在 FFT 窗口内还是一个完整的信号。根据 FFT 的循环卷积特性，只要是完整的信号，内积就为 0，从而保证了子载波之间的正交特性。在符号间加入保护时间间隔（Guard Period，GP），可以保证无码间串扰；保护间隔内填充循环前缀，可以保证子载波正交特性。有结果表明，当循环前缀的长度大于或等于信道冲击响应长度时，可以有效消除 ISI 和 ICI。

（4）CP 的劣势

当然，CP 也不是万能的。CP 虽然能解决时延扩展带来的 ISI 和 ICI，但是时延扩展带来的频选衰落该均衡还是要均衡，并且 CP 不能解决由频偏带来的 ICI 问题。使用 CP 的最直接原因在于消除 ISI 和 ICI 干扰，但是 CP 参数的选择除了要考虑 ISI 和 ICI 的影响外，还要考虑覆盖半径以及带宽资源。毕竟 CP 开销也是不容忽视的，需要选择合理参数，最大可能提升系统性能。

2.3 R15 协议栈与网络架构

2.3.1 SA 与 NSA 架构

在 2019 年 MWC（Mobile World Congress）上海展会上，中国移动董事长杨杰表示，从 2020 年 1 月 1 日起，我国将不允许只支持 NSA（Non-Standalone，非独立模式）的 5G 手机入网，SA 是 5G 的发展方向，中国会尽快过渡到 SA（Standalone，独立模式）。作为 SA 组网的坚定支持者，中国电信也表示将按照 5G 发展的核心要义和本质要求，坚持 SA 组网方向，加快推进 5G 创新发展。SA 显然成为中国 5G 商用的重要标志，这也正是对手机发布"禁 NSA"令的原因所在。

（1）SA 与 NSA 的区别？

对于 NAS 和 SA 的区别，可通过图 2-43 来简明阐述。

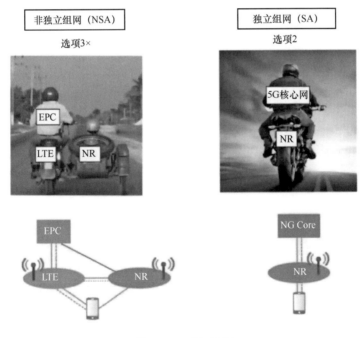

图 2-43 NSA 与 SA

可以看出，NSA 和 SA 最明显的区别在于 NSA 沿用 4G 的核心网，而 SA 使用的是 5G 核心网。在接入网部分，NSA 需要手机与 LTE 和 NR 基站同时连接，但 SA 仅需要连接到 NR 基站。那么问题来了，中国为什么要大力发展 SA 组网，以至于要求 2020 年初终端必须支持 SA 模式呢？

（2）SA 的优势

首先要提到的是 5G 最核心的网络切片技术需要 5GC 的支持，通过网络切片技术可以实现 5G 网络对新兴业务的灵活部署与 QoS 保证。不仅在 ToC 市场扩大服务种类，还向 ToB 市场拓展业务类型，实现运营商新的经济增长点。网络切片还可以提高网络资源分配和网络功能编排的效率，极大减少运营成本。

其次是用户体验，SA 组网能够为用户提供更高带宽和更低时延的业务体验。例如新兴的 VR/AR 技术、4K 超清视频直播业务、云业务等。由于在 NSA 组网下，终端天线要在 LTE 和 NR 基站保持双连接，而 SA 组网下终端所有的天线都能分配给 NR 基站使用，因此 NSA 组网在上下行速率上远低于 SA 组网。在时延方面以切换时延为例，NSA 控制面锚点在 LTE 基站，如果 LTE 基站的改变发生切换时需要首先释放原锚点 LTE 基站所连接的辅 NR 基站，再执行 LTE 和 LTE 基站的切换，最后为新锚点 LTE 基站添加辅 NR 基站。这样烦琐的流程大大提高了切换的时延，而 SA 组网下的 NR 基站切换独立于 LTE，因此同频切换和异频切换的时间比 NSA 要短。

2.3.2　从 SDAP 层看 5G 之新

随着 5G 商用步伐的加快，人们对 5G 的兴趣也越来越浓厚，大家都很期待 5G 能带来哪些新的体验。从标准的视角来看，5G 用户面协议栈在分组数据汇聚协议（Packet Data Convergence Protocol，PDCP）层上多加了一个业务数据适配协议（Service Data Adaptation Protocol，SDAP）层，如图 2-44 和图 2-45 所示。它会给 5G 带来哪些新的变化？

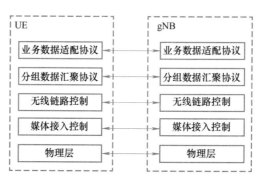

图 2-44　5G 用户面协议栈

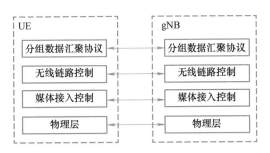

图 2-45　4G 用户面协议栈

1. SDAP 层简介

SDAP 专门为连接 5G-CN 的用户设计。SDAP 层结构如图 2-46 所示。

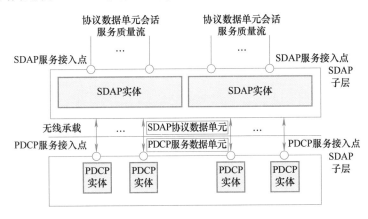

图 2-46　SDAP 层结构

SDAP 层由 RRC 层配置，其主要功能是完成 QoS Flow（Quality-of-Service Flow，服务质量流）到 DRB（Data Radio Bearer，数据无线承载）的映射。一个或多个 QoS 流可以映射到同一个 DRB 上，而对于上行数据一个 QoS 流在某一时刻只能映射到一个 DRB。可以看到 SDAP 层是连接 QoS 和 DRB 的关键环节，QoS 指标的顺利落地离不开 SDAP 层的参与。既然 SDAP 层与 QoS 有关，那么 5G QoS 模型是什么样的？

随着"万物互联"时代的到来，新型业务层出不穷，5G 网络需要满足千变万化业务的 QoS 需求，因此需要在更细粒度对 QoS 进行细分，QoS 流是 5G 新引入的一个概念，通过 QFI（Quality-of-service Flow Identifier，QoS 流标识）进行标识，多个需求相同或相近的 QoS 流可以映射到同一个 DRB 上进行承载，对于每个 QoS 流的特性用一组 QoS 参数如 5QI（5G Qos 标识）、ARP（分配与保持优先级）等进行刻画，标识了 QoS 流的速率、延迟、优先级、丢包率等。5G QoS 模型如图 2-47 所示。

有了 QoS 模型，SDAP 层如何根据 QoS 对上下行的数据进行处理？

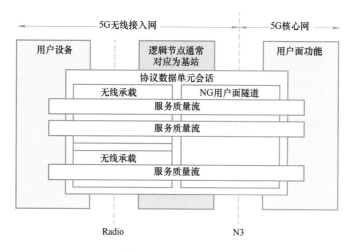

图 2-47　5G QoS 模型

2. SDAP 流程

（1）上行数据传输

一个发送 SDAP 实体接收到一个来自上层 QoS 流的 SDAP SDU（Service Data Unit，服务数据单元）时，如果没有存储该 QoS 流到 DRB 的映射规则，则将这个 SDAP SDU 映射到默认 DRB 上；否则将该 SDAP SDU 映射到满足映射规则的 DRB 上。

上行 SDAP PDU（Protocol Data Unit，协议数据单元）的格式分为带包头和不带包头两种，如图 2-48 和图 2-49 所示。图中"D/C"指示这个 SDAP PDU 是数据 PDU 还是控制 PDU；"R"是保留位；"QFI"是 QoS 流标识。

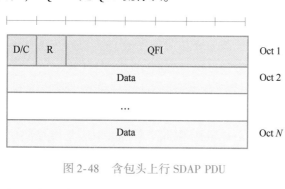

图 2-48　含包头上行 SDAP PDU

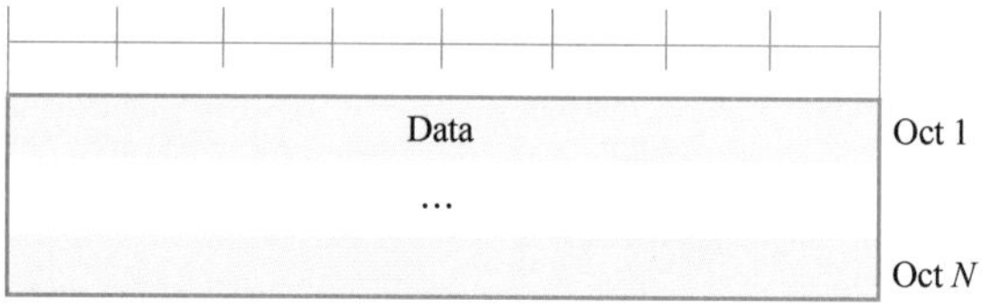

图 2-49　不含包头上行 SDAP PDU

（2）下行数据传输

一个接收 SDAP 实体收到来自下层的 SDAP PDU 时，如果这个 SDAP PDU 所在的 DRB 配置了 SDAP 包头，进行反射 QoS Flow 到 DRB 的映射处理，利用下行 SDAP PDU 包头导出 QoS 流和 DRB 的映射，进行 RQI（Reflective QoS Indication，QoS 映射指示）处理（上报 NAS 层 RQI 和 QFI），去除 SDAP data PDU 的包头，提取 SDAP SDU；否则（没有配置 SDAP 包头），从 SDAP data PDU 中提取 SDAP SDU，将提取出来的 SDAP PDU 递交给上层。配置了 SDAP 包头的 SDAP PDU 格式如图 2-50 所示。图中"RDI"指示 QoS 流到 DRB 的映射是否需要更新；"RQI"指示 SDF 到 QoS 流映射规则的变更是否需要通知 NAS 层；"QFI"是 QoS 流标识。

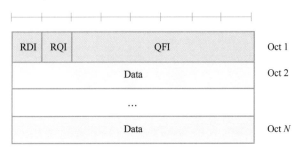

图 2-50 含包头下行 SDAP PDU

可以看到，SDAP 层的存在给 RAN 侧带来了更大的灵活性，能够对 QoS 实现更细粒度的控制，这使得 QoS 参数指标不仅仅停留在核心网，而且能够在 RAN 进行落地实现。有了 SDAP 层的支持，实现未来 5G 业务多样性的最后一公里指日可待。

2.3.3 看 38.331 不懂 ASN.1 怎么行

1. ASN.1 是什么？

随着通信系统的不断发展，通信系统中的协议结构变得越来越复杂，为了适应复杂的数据结构传输需求，在 3GPP 的层 3 消息体系中，使用 ITU-T 建议的 X.680 和 X.681 中定义的抽象语法描述 ASN.1（Abstract Syntax Notation One）来编码层 3 消息。

ASN.1 分为两个部分，即语法规则和编码规则，语法规则描述信息的内容，而编码规则则规定如何将信息编码为实际消息中的数据。

2. ASN.1 的语法规则

（1）ASN.1 的类型定义

< type name > : : = < type description >

< type name > 是一个以大写字母开头的标识符；

< type description > 可以基于基本类型，也可以是基于复合类型。

基本类型是 ASN.1 描述数据结构的基础，ASN.1 定义的数据类型有 20 多种，其中 RRC 信令中用到的基本类型包括以下几种。

1）整型（INTEGER），ASN.1 没有限制整型的位数，也就是说 INTEGER 可以是任意位数的整数。使用 INTEGER 定义新类型时可以对取值范围进行限制，如图 2-51 所示。

```
PhysCellId ::=                                    INTEGER (0..1007)
```

图 2-51 整型（INTEGER）

2）枚举（ENUMERATED）实际上是一组个数有限的整数值，可以给每个整型值赋予不同的意义，如图 2-52 所示。

```
Q-OffsetRange ::=                        ENUMERATED {
                                         dB-24, dB-22, dB-20, dB-18, dB-16, dB-14,
                                         dB-12, dB-10, dB-8, dB-6, dB-5, dB-4, dB-3,
                                         dB-2, dB-1, dB0, dB1, dB2, dB3, dB4, dB5,
                                         dB6, dB8, dB10, dB12, dB14, dB16, dB18,
                                         dB20, dB22, dB24}
```

图 2-52 枚举（ENUMERATED）

3）比特串（BIT STRING）是由 0 个或者多个比特组成的有序串，可以使用关键字 SIZE 限制比特串长度，如图 2-53 所示。

```
SL-DestinationIdentity-r12 ::=  BIT STRING (SIZE (24))
```

图 2-53 比特串（BIT STRING）

4）布尔型（BOOLEAN）取值为 true 或者 false。

5）八位串（OCTET STRING）类似比特串，是由 0 个或者多个 8 位位组组成的有序串，同样可以使用关键字 SIZE 限制比特串长度。

6）空（NULL）主要用于位置填充，如果无法得知数据的准确类型，简单的方法就是将这一数据定义为 NULL 类型，如图 2-54 所示。

```
headerCompression        CHOICE {
    notUsed              NULL,
    rohc                 SEQUENCE {
        maxCID           INTEGER (1..16383)          DEFAULT 15,
        profiles         SEQUENCE {
            profile0x0001        BOOLEAN,
            profile0x0002        BOOLEAN,
            profile0x0003        BOOLEAN,
            profile0x0004        BOOLEAN,
            profile0x0006        BOOLEAN,
            profile0x0101        BOOLEAN,
            profile0x0102        BOOLEAN,
            profile0x0103        BOOLEAN,
            profile0x0104        BOOLEAN
        },
        drb-ContinueROHC         BOOLEAN
    },
```

图 2-54 空（NULL）

复合类型是通过基本类型的组合而形成的较复杂的类型，3GPP 的 RRC 消息中主要使用了以下 3 种复合类型：结构类型（SEQUENCE）、列表类型（SEQUENCE OF）和选择类型（CHOICE）。

1）结构类型（Sequence）表示包含 0 个或者多个元素的有序列表。每个元素由元素名和元素类型组成；元素名是小写字母开头的标识符；元素类型可以是简单类型，也可以是自定义的类型，还可以是复合类型；并且结构类型中可能有扩展标记（...），可能有些元素为可选项（OPTIONAL）或者默认项（DEFAULT）。

以图 2-55 为例，PUCCH-Resource 这个类型的定义即用到了 SEQUENCE 结构，其元素 pucch-ResourceId、startingPRB 及 secondHopPRB 为自定义类型，元素 intraSlowFrequency Hopping 为枚举类型，元素 format 为后面将提到的 CHOICE 复合类型。

```
PUCCH-Resource ::=          SEQUENCE {
    pucch-ResourceId            PUCCH-ResourceId,
    startingPRB                 PRB-Id,
    intraSlotFrequencyHopping   ENUMERATED { enabled }                   OPTIONAL, -- Need R
    secondHopPRB                PRB-Id                                   OPTIONAL, -- Need R
    format                      CHOICE {
        format0                     PUCCH-format0,
        format1                     PUCCH-format1,
        format2                     PUCCH-format2,
        format3                     PUCCH-format3,
        format4                     PUCCH-format4
    }
}
```

图 2-55　结构类型（SEQUENCE）

对于一些可选项，3GPP 还通过 condition tag（以 – 开始，以 – 或者行尾结束）的方式标识出该元素出现的特定情况（Cond × × ×），以及当缺失该元素时 UE 的行为，即该 maintain（Need M）或是 release（Need R）相关配置。

2）列表类型（SEQUENCE OF）表示同一类型的集合，类似于 C ++ 中的数组，并且可以使用关键字 SIZE 限制规模大小，如图 2-56 所示。

```
CSI-AperiodicTriggerStateList ::=    SEQUENCE (SIZE (1..maxNrOfCSI-AperiodicTriggers)) OF CSI-AperiodicTriggerState
```

图 2-56　列表类型（SEQUENCE OF）

3）选择类型（CHOICE）表示一组类型中的一个，如图 2-57 所示。

```
CG-UCI-OnPUSCH ::= CHOICE {
    dynamic                     SEQUENCE (SIZE (1..4)) OF BetaOffsets,
    semiStatic                  BetaOffsets
}
```

图 2-57　选择类型（CHOICE）

（2）ASN. 1 的赋值

< value name > < type > :: = < value >

< value name > 是以小写字母开头的标识符；

< type > 可以是基本类型，也可以是自定义类型，331 中只使用到了基本类型；

< value > 可以是整数、字符串等。

3. ASN. 1 编码规则简单介绍

ASN. 1 共定义了五大编码规则：基本编码规则（Basic Encoding Rules，BER）、规范编码规则（Canonical Encoding Rules，CER）、分布式编码规则（Distinguished Encoding Rules，DER）、压缩编码规则（Packed Encoding Rules，PER）、XML 编码规则（XML Encoding Rules，XER）。

同其他编码规则相比，ITU-T X. 691 中定义的 UPER（Unaligned PER，非对齐 PER）因编码冗余最小、编码最紧凑、效率最高等优点，而被 3GPP RRC 层使用。这里，PER 编码又被分为对齐（Aligned）和非对齐（Unaligned）两种，非对齐的编码是按照比特进行的，各数据项之间没有填充的比特，因此编码更为精简。

要看 38. 331 学会 ASN. 1 语法就已足够，所以编码规则就简单介绍至此，至于 UPER 怎么编码，感兴趣的读者们可以自行研究。

2. 3. 4 NR RRC 状态详解

NR 中 RRC 状态有 3 种：RRC（Radio Resource Control，无线资源控制）空闲状态（RRC_ IDLE）、RRC 非激活状态（RRC_ INACTIVE）、RRC 连接状态（RRC_ CONNECTED）。各状态下的特征说明如下。

（1）RRC_ IDLE

1）PLMN 选择；

2）系统消息广播；

3）小区重选的移动性；

4）寻呼由 5GC 发起；

5）NAS（Non-Access Stratum，非接入层）配置用于 CN 寻呼的 DRX（Discontinuous Reception，不连续接收）。

（2）RRC_ INACTIVE

1）PLMN 选择；

2）系统消息广播；

3）小区重选的移动性；

4）寻呼由 NG-RAN 发起（RAN 寻呼）；

5）基于 RAN 的通知区域（RAN-based Notification Area，RNA）由 NG-RAN 管理；

6）NG-RAN 配置用于 RAN 寻呼的 DRX；

7）为终端建立 5GC 和 NG-RAN 之间的连接（包括控制面和用户面）；

8）UE 的接入层（Access Stratum，AS）上下文保存在 NG-RAN 和 UE 中；

9）NG-RAN 知道 UE 所在的 RNA 区域。

（3）RRC_ CONNECTED

1）为终端建立 5GC 和 NG-RAN 之间的连接（包括控制面和用户面）；

2）UE 的 AS 上下文保存在 NG-RAN 和 UE 中；

3）NG-RAN 知道 UE 所在的小区；

4）可以向/从 UE 传输单播数据；

5）网络控制 UE 的移动性，包括相关测量。

NR 中的 UE 状态转换示意图如图 2-58 所示。

UE 在某一时刻只有一种 RRC 状态，当 UE 处于 RRC_ INACTIVE 态时，终端可以通过 RRC 信令请求恢复信令无线承载（Signaling Radio Bearer，SRB）和数据无线承载（Data Radio Bearer，DRB），或者基站通过寻呼来使 UE 进入 RRC_ CONNECTED，具体流程如图 2-59 和图 2-60 所示。

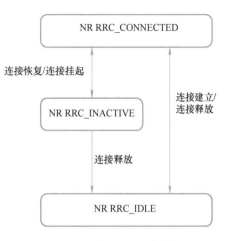

图 2-58　NR 中的 UE 状态转换图

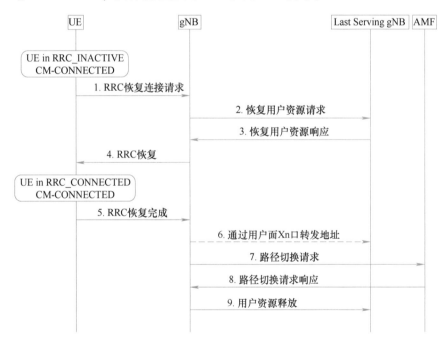

图 2-59　UE 触发的 RRC_ INACTIVE 到 RRC_ CONNECTED 状态转换示意图（UE 上下文检索成功）

具体步骤如下：

步骤 1　UE 从 RRC_INACTIVE 状态恢复，提供由 Last serving gNB 为 UE 分配的 I-RNTI；

步骤 2　如果 gNB 能够解析 I-RNTI 中包含的 gNB 标识，则向 Last serving gNB 请求提供 UE 的上下文数据；

步骤 3　Last serving gNB 提供 UE 的上下文数据；

步骤 4/5　gNB 和 UE 完成 RRC 连接的恢复；

（注：如果授权允许，用户数据也可以在步骤 5 中发送。）

步骤 6　为了防止 Last serving gNB 中缓存的用户下行数据丢失，gNB 需提供转发地址；

步骤 7/8　gNB 执行路径切换；

步骤 9　gNB 触发 Last serving gNB 处的 UE 资源的释放过程。

在步骤 1 之后，当 gNB 决定使用单独 RRC 消息立即拒绝恢复请求，且在没有任何重新配置的情况下将 UE 保持在 RRC_INACTIVE 状态下，或者当 gNB 决定建立新的 RRC 连接时，应使用 SRB0（无安全性）；相反的，当 gNB 决定重新配置 UE 时（例如，配置新的 DRX 周期或 RNA）或当 gNB 决定将 UE 转换到 RRC_IDLE 态时，应使用 SRB1（具有先前为该 SRB 配置的完整性保护和加密）。值得注意的是，SRB1 只能在检索到 UE 上下文后使用，即在步骤 3 之后。

当 UE 上下文检索失败时，UE 从 RRC_INACTIVE 到 RRC_CONNECTED 的触发转换是通过建立新的 RRC 连接完成的。

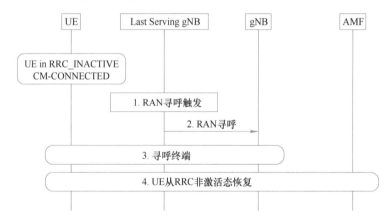

图 2-60　网络触发的 RRC_INACTIVE 到 RRC_CONNECTED 状态转换示意图

网络触发的 RRC_INACTIVE 到 RRC_CONNECTED 状态转换具体步骤如下：

步骤 1　发生 RAN 寻呼触发事件（下行用户面输出、5GC 下行信令等）；

步骤 2　触发 RAN 寻呼，在 last serving gNB 控制的小区中寻呼 UE，或者经由 Xn RAN Paging 流程在 RNA 区域内的其他 gNB 控制的小区中寻呼 UE；

步骤 3　使用 I-RNTI（INACTIVE Radio Network Temporary Identifier，INATIVE 无线网络临时标识）寻呼 UE；

步骤 4　如果寻呼消息成功到达 UE，则 UE 尝试从 RRC_ INACTIVE 恢复，具体流程详见 TS38.300 9.2.2.4.1 小结。

NR 在 RRC 层引入 RRC 非激活状态，可以达到时延和节约终端能耗的效果。当终端处于 RRC 非激活状态时，终端会保留最后一个服务小区工作的上下文，并允许终端在基于 RAN 的通知区域（RNA）范围内移动而不需要告知网络它具体在哪个小区。网络侧保持了 NG 接口连接，以及和终端一起保留了 NAS 信令连接，这使得终端可以采用 RRC 连接恢复过程快速恢复 SRB 和 DRB，进而直接开始发送或接收数据，降低了时延。

2.3.5　三招轻松辨别 3GPP CR 的后向兼容性

随着 5G 商用时间的临近，相应的网络设备、终端将投放到市场，所有的设备、终端都会根据标准的某一版本号（例如 2018 年 12 月份版本）进行实现。可是 3GPP 的标准还在持续更新，各公司会对标准提出 CR，对标准中错误、不明确的地方或性能、功能增强进行更新。

值得一提的是，对 CR 的评估很重要的一点就是后向兼容性，因为网络升级需要时间，终端出厂后只能采用 OTA 补丁方式进行更新，如果该 CR 是非后向兼容的，会对原来的产品产生影响，需要重点关注。

那么应如何判断后向兼容性？以下将解释 3 种轻松判断 CR 的后向兼容性的方法。

（1）看是否是对错误的修改

以下以一篇涉及 PDCP 层 Si 和 PUCCH-SpatialRelationInfoId 映射关系改变的 CR（标准修改建议）为例进行说明。在 3GPP 38.331 中 PUCCH-SpatialRelationInfoId 的取值范围是 (1,8)，在 3GPP 38.321 中与之对应的 Si 取值为 (0,7)。二者的映射关系是：PUCCH-SpatialRelationInfoId 取值为 i 时，相应 Si 为 1。例如 PUCCH-SpatialRelationInfoId 为 3 时，S3 为 1，如图 2-61 所示。

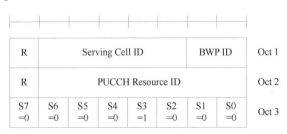

图 2-61　PUCCH-SpatialRelationInfoId

但是，显然由于两个参数的取值范围不同，PUCCH-SpatialRelationInfoId 为 8 时无法在 MAC CE 进行表征。

因此，本 CR 建议将映射关系修改为：Si 为 1 代表 PUCCH-SpatialRelationInfoId 取值为 $i+1$。

这个 CR 从内容上是非后向兼容的 CR，需要终端和网络的同时升级，才可以解决该问题。对于错误的修改一般需要引起重视，尤其是那些涉及最基本功能或数据传输的 CR，由于修改前后是不一样的，往往会造成非后向兼容的问题。但是，有的 CR 对应的问题在实际产品实现时是按照正确的方式来实现的，即使是非后向兼容的 CR，仅仅是把标准改正过来，对现网产品没有影响。

（2）看是否是对标准中不清楚的地方进行修改

以下以一篇涉及对 outOfOrderDelivery 描述澄清的 CR 为例。在 IE PDCP-Config 中对字段 outOfOrderDelivery 描述为仅在无线承载建立的时候被配置。但是 outOfOrderDelivery 的 Need Code 是"Need R"。原文如下：

outOfOrderDelivery   ENUMERATED｛true｝   OPTIONAL   – Need R

因此按照当前标准的描述，当 UE 收到的消息中没有配置这个字段时，原来配置的值会释放，会出现该字段被重新配置的可能。显然这种情况不是标准制定的初衷，UE 侧不支持顺序传输和非顺序传输之间的转换。

针对表述不清的问题，本 CR 建议对 outOfOrderDelivery 的描述进行更新，即如果是 out of order delivery，在 PDCP PDU 中一直有 outOfOrderDelivery 字段；如果是 in order delivery，在 PDCP PDU 中一直没有 outOfOrderDelivery 字段。

这种描述不明确的 CR 会导致在标准层面存在多种实现方式，很容易造成不同的厂商理解不同，因此是需要在标准撰写过程中尽量避免的。这类 CR 也是需要重视的，需要厂商的解决方案的对齐才能保证问题的最终解决。

（3）看是否是对原标准的增强

以下以一篇支持跨载波调度方案的 3GPP 文稿为例进行介绍。在 tci-PresentInDCI 字段加入了可用于配置调度小区控制资源的功能。在 PDCCH 配置方面，PDCCH-Config IE 中除了 searchSpacesToAddModList 和 searchSpaceToReleaseList 字段，其余都缺省。在 SearchSpace IE 中，对 nrofCandidates 字段增加了对跨载波调度指示备选数量和聚合级别的内容。在 searchSpaceId 字段添加了指示跨载波调度的搜索空间。

这篇 CR 的目的是在原来版本的基础上添加跨载波调度的新功能，属于锦上添花，不会对原有系统造成新的影响。

最后，需要说明的是 CR 对后向兼容性的影响涉及的因素很复杂，需要对问题进行综合分析，以上三种方法只是在大体上对 CR 进行了辨别，还需要对问题进行更为细致的研究和产业界充分的调研才能得到最终的结论。

2.3.6　浅析网络切片

国内三大运营商各自公布的 2018 年 9 月的运营数据报告显示：中国电信当月净增移动客户数 309 万，移动客户总数达到 2.94 亿；中国移动的移动客户总数净增客户数 352

万，总数达到 9.16497 亿；中国联通净增移动客户数 261 万，总数达到 3.10 亿。有了这些数字大家免不了对三大运营商进行比较，其实这种比较意义不大。通信行业的人口红利阶段已经过去，未来 5G 的竞争要在精细化运营方面下功夫，单纯比拼用户数量仅体现在量上，并没有对质进行改变。众多的 5G 技术中，网络切片在增加收入、减小成本方面都有着广阔前景，有望实现运营模式质的飞越，本书将带大家一起了解网络切片。

（1）什么是网络切片

大部分运营商和设备商都认为网络切片为 5G 时代提供了理想的网络架构，如图 2-62 所示，同一张网络对不同业务在网络拓扑、技术实现、资源分配等方面是不同的。这种差异化可以用切片体现出来。不同切片将运营商的物理网络划分为多个虚拟网络，每一个虚拟网络逻辑上相互隔离，根据不同的服务需求，比如时延、带宽、安全性和可靠性等来提供个性化服务，以灵活应对 5G 层出不穷的新型业务，为 5G 在垂直行业的渗透提供了网络架构基础。

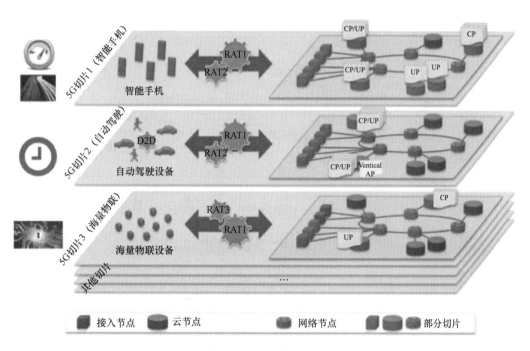

图 2-62　5G 网络切片概念

网络切片不是一个单独的技术，它是基于云计算、虚拟化、软件定义网络、分布式云架构等几大技术群而实现的，通过上层统一的编排让网络具备管理、协同的能力。从而实现基于一个通用的物理网络基础架构平台，能够同时支持多个逻辑网络的功能。网络切片包括有线和无线，只有同时实现无线侧和有线侧的网络切片才能确保切片性能端到端的交付，否则网络切片的整个概念就像今天实施的基于 VPN/VRF 的静态覆盖。网络切片不仅包括网络，还包括计算和存储功能。因为 5G 应用场景不仅仅需要通信资源，还需要计算和存储资源进行保障，这也符合未来 ICT 产业融合的趋势。

（2）为什么用网络切片

如图 2-63 所示，4G 网络的服务类型单一，仅为手机终端。但是，到了 5G 时代各种设备都会产生通信需求，例如车辆、传感器、移动设备等。这些设备都有自己特殊的需求，车辆需要高可靠、低时延的服务，传感器需要多连接、低功耗的服务，移动设备需要高速率的上网服务等。

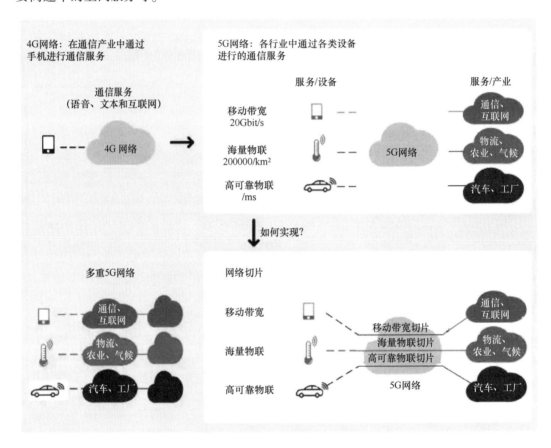

图 2-63　多个 5G 网络 vs 网络切片

如果针对每个业务特点建立专网进行支撑，既会付出极大的布网成本，也不能实时地跟进业务更新的需求。网络切片针对该问题提出了很好的解决方案，通过将网络虚拟化，基于同一个物理网络虚拟化多个逻辑专网，使网络能力更加灵活可配。

（3）网络切片的优点

网络切片的优点主要有以下几点。

1）未来的网络可通过网络切片技术实现从"one size fits all"向"one size per service"过渡。使得网络能够轻松支持三大场景的应用。

2）一旦某专网业务不具投资价值，运营商还能及时撤出，动态删除切片，有效降低客户投资的风险成本。

3）安全性方面，由于切片之间相互隔离，所以一个切片的错误或故障不会影响到其他切片的通信。

（4）总结

虽然网络切片为 5G 提供了广阔的前景，但是也面临着诸多的挑战，例如无线网和核心网如何进行切片的匹配，如何将网络切片技术与 SDN（Software Defined Network，软件定义网络）和 NFV（Network Functions Virtualization，网络功能虚拟化）结合起来以实现无线设备与物理控制器之间的点对点连接等。网络切片前景很光明，但也任重道远，整个行业也会持续关注它的动态走向。

2.4　频谱与射频

2.4.1　5G 基站辐射变大了

提到辐射，不禁有人望而生畏，立刻联想到医院里 X 光室的警告：当心电离辐射！也因此发生过有人认为运营商的手机基站有辐射，拒绝增设基站，甚至破坏基站的事件。为了纠正误解和打消疑虑，网络上也有很多媒体和公众号发表的科普辐射的概念。那么对于 5G，由于基站发射功率的增大，是不是辐射就变大了？或者说对人体有害了呢？接下来，本书从电磁辐射和 3GPP 射频指标的角度来详细探讨 5G 基站辐射问题。

（1）辐射的概念

辐射可以分为两种：电离辐射和非电离辐射，如图 2-64 所示。

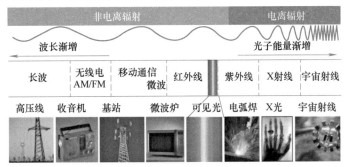

图 2-64　电离辐射和非电离辐射

电离辐射是由于原子和分子的电离化产生的（如 α 射线、β 射线、γ 射线，或者化学元素周期表中那些排在后面的不稳定的放射元素），这种辐射在超过一定剂量的情况下，会改变人体组织，确实是有危险的，也就是致癌的。

而非电离辐射则包括了我们日常生活所能接触到的无线电波、微波和可见光等的辐射，这些辐射的能量水平是对人体无害的。因为相比之下最大的辐射源就是太阳，有数据显示，太阳对地球表面的辐射功率能超过 1000 W/m²，而我国现行的对于移动通信基站的电磁辐射要求则是 0.4 W/m²。

实际上，根据有关 4G 移动通信的辐射测试数据显示，在距离基站 50m 处，基站的辐射量为 0.0041 W/m²，远远小于 0.4 W/m² 的法规要求。

看到这里，估计大家对基站的辐射问题已经不再担心，但是有人不禁会想，既然移动通信的这点电磁辐射和太阳相比基本可以忽略，我们为何不增大 5G 宏基站发射功率，让电磁波能够连续穿墙，实现小区的深度覆盖，解决地下室和隧道等地方信号弱的问题，真正实现全世界无死角呢。下面我们就来详细讨论一下 5G 基站发射功率。

（2）5G 基站发射功率

5G 基站发射总功率因为带宽的增加确实是增大了，但是增大的功率是有限的。一是受限于基站的功耗，而功耗就代表着将产生电费，有数据显示，5G 基站的功耗将是 4G 基站的 4 倍以上。基站功率的有限增大以及大规模天线技术的采用，其中一个主要目的是为了对抗 5G 主流频段 3.5 GHz 的高路径损耗，保障其覆盖能力不低于 4G。这里假设 5G 基站的发射功率为 200 W，天线增益为 29 dBi，详细的链路计算如图 2-65 所示。经过计算，在距离天线 35 m 的球面位置上，接收到的功率水平为 0.0009 W/m²。由此可见，5G 基站增大的功率和天线增益消耗在了高路径损耗上，实际用户接收到的功率，也就是我们前文一直在说的辐射与 4G 相比则是在一个量级上。

图 2-65　基站辐射链路计算

　　二是受限于法规要求，这里说的法规不仅是指基站对人的辐射要求（这个辐射指基站发射的有用信号功率），也包括了基站之间、基站和其他系统之间的辐射要求（这个辐射指有用信号泄漏到其他频率上的功率），也就是发射区域外的辐射要求。以下将详细解读后者，即 3GPP 38.104 协议规定的基站的辐射要求。

　　基站辐射要求（Unwanted Emission）主要包括三个部分：频谱模板（Operating Band Unwanted Emission，OBUE）、邻道泄漏抑制比（Adjacent Channel Leakage Ratio，ACLR）和杂散（Spurious Emission，SE）。频谱模板、ACLR 和杂散的作用区域如图 2-66 所示。

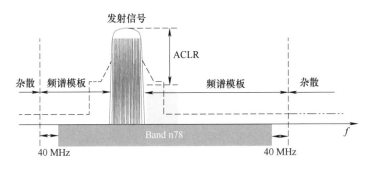

图 2-66　3GPP Band n78（3.5 GHz）辐射要求示意图

　　从图 2-66 中可以看到，Band n78 的频谱模板要求作用于靠近发射信道的区域附近，起始于带外下边界 –40 MHz，终止于带外上边界 +40 MHz，主要用来约束由于信号调制和 PA 非线性所产生的非线性产物。Band n78 频谱模板的具体指标要求如图 2-67 所示。

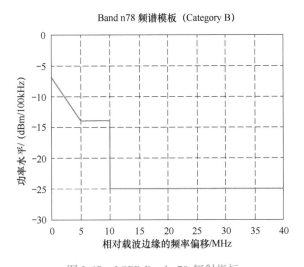

图 2-67　3GPP Band n78 辐射指标

　　杂散与频谱模板相接应，作用于频谱模板以外的区域，用来约束各类非理想效应产物，包括谐波和互调分量。Band n78 的杂散要求如表 2-28 所示。

表 2-28　**Band n78 杂散要求**（Category B）

杂散频率范围	杂散要求/dBm	测量带宽/Hz	注意事项
9 ~ 150 kHz	−36	1000	Note 1，Note 4
150 ~ 30 MHz		10000	Note 1，Note 4
30 ~ 1 GHz		10^5	Note 1
1 ~ 12.75 GHz		10^6	Note 1，Note 2
12.75 GHz 工作频段频率上限边缘的 5 次谐波（单位：Hz）	−30	10^6	Note 1，Note 2，Note 3

Note 1：测量带宽参考 ITU-R SM. 329［2］，s 4.1.

Note 2：频率上限参考 ITU-R SM. 329［2］，s 2.5 table 1.

Note 3：仅适用于工作频段频率上限边缘的 5 次谐波大于等于 12.75 GHz.

Note 4：杂散的频率范围仅适用于 BS type 1-C 和 BS type 1-H.

ACLR 是指发射有用信号的信道的平均功率与相邻信道上辐射的平均功率的比值，其应用区域和频谱模板的区域是重叠的，或者说包含在频谱模板的区域内，主要作用是评估本运营商系统对相邻信道的异运营商的共存影响，在标准中规定低频段（<6 GHz）基站的 ACLR 指标是 45 dBc，这个要求比经过换算的频谱模板要求严格。

根据以上 3GPP 基站辐射要求，发现在低频段（<6 GHz）NR 的辐射指标基本上重用了 LTE 的辐射指标，这也是 NR 实际的功率谱密度（总的平均功率/占用的频率资源）和 LTE 一样，甚至会比 LTE 小的一个原因。

（3）小结

移动通信基站的辐射水平不仅要满足基站对人的辐射要求，同时也要满足 3GPP 规定的全球通用的基站对邻系统或其他系统的辐射要求。本书首先澄清了基站辐射与电离辐射的本质区别，定性说明了基站辐射是无害的；然后通过链路计算，定量地给出了 5G 基站对人的辐射水平；最后详细解读了 3GPP 对于 5G 基站辐射的射频指标要求。通过以上分析，5G 基站对人的辐射与 4G 基站在一个量级上，射频指标要求基本与 4G 是相同的，同时基站设备在商用和入网前，都要经过针对这些要求的严格测试。所以大家完全不用担心移动通信基站的辐射问题了。

2.4.2　三分钟带你解读 5G 频谱定义

（1）引言

关于国内运营商的 5G 频谱划分方案在 5G 试商用期间一直是讨论热点。本节将回顾在 3GPP 标准中 NR 频谱的定义过程，从另外一个视角看待 NR 频谱划分所考虑的方方面面。

（2）LTE 频谱划分所带来的挑战——全球漫游

根据不完全统计，在制定 NR 新频谱初期，LTE 有 51 个频段，超过 800 个载波聚合组合，当然这个数据现在已经进一步增长了。图 2-68 给出了一些具体的数字统计。试想为了实现全球漫游，终端需要支持这么多的频段甚至组合，这对于终端的实现集成度和复杂度都是极大的挑战，或者说只有部分终端能够完全实现 LTE 系统的全球漫游。同时，在标准上为了支持这些频段和载波聚合组合，各个版本的协议和技术报告动辄几十页甚至上百页，极大地增加了标准工作的负荷。

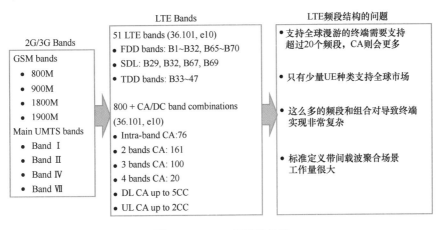

图 2-68　LTE 频谱的挑战

（3）NR 新频谱定义的大方向——天下一统

鉴于 LTE 频谱划分出现的问题，NR 新频谱在定义初期，3GPP 国际组织成员们就达成了一致的初衷：考察将多个频率范围合并成独立频谱的可能性，并且鼓励各个成员公司提供备选频率范围。随后在 2017 年 1 月召开的 NR 小型会议上，各个公司根据自己的频谱现状和需求，提供了备选频率范围，根据对汇总的结果统计发现：在 1.5 GHz、3.5 GHz、4.5 GHz 附近的频率范围具有重叠和合并的可能性。这里 1.5 GHz 在国内没有采用，我们暂且不提，3.5 GHz 和 4.5 GHz 就是我们通常听到的 C 波段了。

C 波段是指用于商业卫星通信的频段，通常的定义为 Standard C-Band，大部分卫星通信都使用的这个频段。但是在不同区域又有各自具体的定义，包括 Super Extended C-Band，以及按照 ITU 的频谱区域划分定义的 C-Band，如表 2-29 所示。

表 2-29　用于卫星通信的 C 波段

C 波段定义		
频段（Band）	发射频率/GHz	接收频率/GHz
Standard C-Band	5.850 ~ 6.425	3.625 ~ 4.200
Super Extended C-Band	6.425 ~ 6.725	3.400 ~ 3.625
INSAT	6.725 ~ 7.025	4.500 ~ 4.800
Russian C-Band	5.975 ~ 6.475	3.650 ~ 4.150
LMI C-Band	5.725 ~ 6.025	3.700 ~ 4.000

众所周知，C 波段是被大多数国家和区域所采用的频段，其频率范围大概从 3.4 GHz 到 4.8 GHz，但是每个区域也只是采用了其中的某段范围用于卫星通信，那么其余的频段则可以考虑分配给移动通信系统。具体的分配情况举例如图 2-69 所示。图中深色表示已经被应用或者正式计划应用于 IMT 的频率，浅色表示地方机构还在考虑应用于 IMT 的频率。根据频率划分统一的原则，后面又经过多次会议的讨论，最终 NR 低频段的新频谱的定义为 n77（3.3 ~ 4.2 GHz）、n78（3.3 ~ 3.8 GHz）和 n79（4.4 ~ 5.0 GHz）。

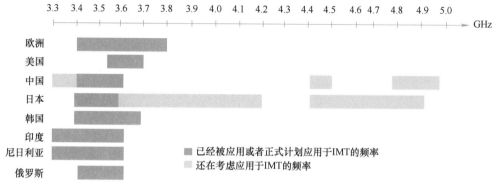

图 2-69　用于移动通信的 C 波段频谱划分

（4）NR 频段划分的另一种考虑——LTE 频段重耕

除了定义 NR 新的频谱，将现有的 LTE 频段重耕为 NR 频段，不失为一种加速 5G 部署的方法，因为这样不仅可以利用 LTE 网络部署时的覆盖性能评估，甚至可以重用 LTE 的某些设计（如天线和射频单元）。同时，LTE 的低频频谱具备更好的覆盖和穿透优势，这也是 NR 的某些业务场景如 URLLC 所要考虑的重要因素。在 3GPP 标准上采取了由运营商牵头和提议的形式来确定 LTE 重耕到 NR 的频段，3GPP 38.101 - 1 v16.1.0 已经定义的 LTE 重耕到 NR 的频段如表 2-30 所示的 n1 频段到 n90 频段，这里编号不连续是为了和 LTE 的编号保持一致。

表 2-30　6 GHz 以下的 NR 频段

NR 频段	上行频段 BS 接收 / UE 发射 $F_{UL\_low} \sim F_{UL\_high}$	下行频段 BS 发射 / UE 接收 $F_{DL\_low} \sim F_{DL\_high}$	双工模式
n1	1920 ~ 1980 MHz	2110 ~ 2170 MHz	FDD
n2	1850 ~ 1910 MHz	1930 ~ 1990 MHz	FDD
n3	1710 ~ 1785 MHz	1805 ~ 1880 MHz	FDD
n5	824 ~ 849 MHz	869 ~ 894 MHz	FDD
n7	2500 ~ 2570 MHz	2620 ~ 2690 MHz	FDD

（续）

NR 频段	上行频段 BS 接收 / UE 发射 $F_{UL\_low} \sim F_{UL\_high}$	下行频段 BS 发射 / UE 接收 $F_{DL\_low} \sim F_{DL\_high}$	双工 模式
n8	880 ~ 915 MHz	925 ~ 960 MHz	FDD
n12	699 ~ 716 MHz	729 ~ 746 MHz	FDD
n14	788 ~ 798 MHz	758 ~ 768 MHz	FDD
n18	815 ~ 830 MHz	860 ~ 875 MHz	FDD
n20	832 ~ 862 MHz	791 ~ 821 MHz	FDD
n25	1850 ~ 1915 MHz	1930 ~ 1995 MHz	FDD
n28	703 ~ 748 MHz	758 ~ 803 MHz	FDD
n29	–	717 ~ 728 MHz	SDL
n303	2305 ~ 2315 MHz	2350 ~ 2360 MHz	FDD
n34	2010 ~ 2025 MHz	2010 ~ 2025 MHz	TDD
n38	2570 ~ 2620 MHz	2570 ~ 2620 MHz	TDD
n39	1880 ~ 1920 MHz	1880 ~ 1920 MHz	TDD
n40	2300 ~ 2400 MHz	2300 ~ 2400 MHz	TDD
n41	2496 ~ 2690 MHz	2496 ~ 2690 MHz	TDD
n48	3550 ~ 3700 MHz	3550 ~ 3700 MHz	TDD
n50	1432 ~ 1517 MHz	1432 ~ 1517 MHz	TDD
n51	1427 ~ 1432 MHz	1427 ~ 1432 MHz	TDD
n65	1920 ~ 2010 MHz	2110 ~ 2200 MHz	FDD
n66	1710 ~ 1780 MHz	2110 ~ 2200 MHz	FDD
n70	1695 ~ 1710 MHz	1995 ~ 2020 MHz	FDD
n71	663 ~ 698 MHz	617 ~ 652 MHz	FDD
n74	1427 ~ 1470 MHz	1475 ~ 1518 MHz	FDD
n75	–	1432 ~ 1517 MHz	SDL
n76	–	1427 ~ 1432 MHz	SDL
n77	3300 ~ 4200 MHz	3300 ~ 4200 MHz	TDD
n78	3300 ~ 3800 MHz	3300 ~ 3800 MHz	TDD
n79	4400 ~ 5000 MHz	4400 ~ 5000 MHz	TDD
n80	1710 ~ 1785 MHz	–	SUL
n81	880 ~ 915 MHz	–	SUL
n82	832 ~ 862 MHz	–	SUL

（续）

NR 频段	上行频段 BS 接收 / UE 发射 $F_{UL\_low} \sim F_{UL\_high}$	下行频段 BS 发射 / UE 接收 $F_{DL\_low} \sim F_{DL\_high}$	双工 模式
n83	703 ~ 748 MHz	–	SUL
n84	1920 ~ 1980 MHz	–	SUL
n86	1710 ~ 1780 MHz	–	SUL
n89	824 ~ 849 MHz	–	SUL
［n90］	2496 ~ 2690 MHz	2496 ~ 2690 MHz	TDD

（5）小结

本节首先介绍了 LTE 频谱划分所带来的挑战——频段众多、全球漫游困难。然后鉴于该问题，给出了 5G NR 频谱在定义之初重点考虑的两个方面：①主流新频谱尽可能通用；②重耕 LTE 现有频谱，充分利用现有器件单元。通过回顾 3GPP 5G 频谱的定义过程，希望能够带给 6G 频谱研究一点参考。

2.4.3 5G 频谱相对于 4G 有哪些提升

（1）频谱资源提升

5G 相比于 4G，不仅扩展了低频频谱，同时也增加了高频频谱。由于低频和高频差异很大，特别是对于 24 GHz 以上的毫米波波段，无论是射频器件和实现，或是射频指标的测量方法（全空口测试），都与低频相差很大。因此 3GPP 标准将 5G 频谱划分为两段，具体如表 2-31 所示。

表 2-31 频率范围定义

频率范围定义	相应频率范围/MHz
FR1（Frequency Range1，频率范围 1）	410 ~ 7125
FR2（频率范围 2）	24250 ~ 52600

3GPP 更具体的频谱划分是通过数字命名的，用来表示不同的频段（Band），3G 采用的是罗马数字，4G 采用的是阿拉伯数字，5G 延续 4G 的表示方法，只不过在前面加了字母 n。截至目前，协议 38.104 v16.1.0 版本规定的 5G 频谱如表 2-32 和表 2-33 所示。需要注意的是，NR 的频段号码设计最大支持 512 个，其中 n1 到 n256 用来定义中低频 FR1，n257-n512 用来定义高频 FR2。

（2）频谱利用率提升

说到频谱利用率，就要先提一下信道带宽相关的定义：信道带宽（Channel Bandwidth）限定了允许通过该信道的频率通带范围，也就是通常所说的带宽（5 MHz、10

MHz、15 MHz……）。不是所有的信道带宽都可以用来传输数据资源，由于信道外的辐射要求限制，实际有效的传输资源带宽是小于信道带宽的，这里将最大的传输资源带宽称作传输带宽配置（Transmission Bandwidth Configuration，TBC），这个缩写曾多次出现在标准讨论文稿中。显而易见，存在于信道带宽和传输带宽配置之间的这部分频谱则称之为保护带，带宽利用率即为 TBC 在信道带宽的占比，具体如图 2-70 所示。

表 2-32　NR FR1 频段定义

NR 频段	Uplink（UL）operating band BS receive／UE transmit $F_{UL,low} \sim F_{UL,high}$	Downlink（DL）operating band BS transmit／UE receive $F_{DL,low} \sim F_{DL,high}$	Duplex mode
n1	1920～1980 MHz	2110～2170 MHz	FDD
n2	1850～1910 MHz	1930～1990 MHz	FDD
n3	1710～1785 MHz	1805～1880 MHz	FDD
n5	824～849 MHz	869～894 MHz	FDD
n7	2500～2570 MHz	2620～2690 MHz	FDD
n8	880～915 MHz	925～960 MHz	FDD
n12	699～716 MHz	729～746 MHz	FDD
n14	788～798 MHz	758～768 MHz	FDD
n18	815～830 MHz	860～875 MHz	FDD
n20	832～862 MHz	791～821 MHz	FDD
n25	1850～1915 MHz	1930～1995 MHz	FDD
n28	703～748 MHz	758～803 MHz	FDD
n29	–	717～728 MHz	SDL
n30	2305～2315 MHz	2350～2360 MHz	FDD
n34	2010～2025 MHz	2010～2025 MHz	TDD
n38	2570～2620 MHz	2570～2620 MHz	TDD
n39	1880～1920 MHz	1880～1920 MHz	TDD
n40	2300～2400 MHz	2300～2400 MHz	TDD
n41	2496～2690 MHz	2496～2690 MHz	TDD
n48	3550～3700 MHz	3550～3700 MHz	TDD
n50	1432～1517 MHz	1432～1517 MHz	TDD
n51	1427～1432 MHz	1427～1432 MHz	TDD
n65	1920～2010 MHz	2110～2200 MHz	FDD
n66	1710～1780 MHz	2110～2200 MHz	FDD
n70	1695～1710 MHz	1995～2020 MHz	FDD

（续）

NR 频段	Uplink（UL）operating band BS receive / UE transmit $F_{UL,low} \sim F_{UL,high}$	Downlink（DL）operating band BS transmit / UE receive $F_{DL,low} \sim F_{DL,high}$	Duplex mode
n71	663 ~ 698 MHz	617 ~ 652 MHz	FDD
n74	1427 ~ 1470 MHz	1475 ~ 1518 MHz	FDD
n75	–	1432 ~ 1517 MHz	SDL
n76	–	1427 ~ 1432 MHz	SDL
n77	3300 ~ 4200 MHz	3300 ~ 4200 MHz	TDD
n78	3300 ~ 3800 MHz	3300 ~ 3800 MHz	TDD
n79	4400 ~ 5000 MHz	4400 ~ 5000 MHz	TDD
n80	1710 ~ 1785 MHz	–	SUL
n81	880 ~ 915 MHz	–	SUL
n82	832 ~ 862 MHz	–	SUL
n83	703 ~ 748 MHz	–	SUL
n84	1920 ~ 1980 MHz	–	SUL
n86	1710 ~ 1780 MHz	–	SUL
n89	824 ~ 849 MHz	–	SUL
[n90]	2496 ~ 2690 MHz	2496 ~ 2690 MHz	TDD

表 2-33　NR FR2 频段定义

NR 频段	上行和下行频段 BS 发射/接收 UE 发射/接收 $F_{UL,low} - F_{UL,high}$ $F_{DL,low} - F_{DL,high}$	双工模式
n257	26500 ~ 29500 MHz	TDD
n258	24250 ~ 27500 MHz	TDD
n260	37000 ~ 40000 MHz	TDD
n261	27500 ~ 28350 MHz	TDD

对于 LTE，除了 1.4 MHz 带宽以外，其余带宽的利用率都为 90%，以 20 MHz 带宽为例，对应的 TBC 则为 18 MHz，即 100RB。说到这里不禁有人要问，为什么 LTE 的带宽利用率是 90%，怎么来的呢？这要追溯到 LTE 诞生的时候，笔者翻阅了标准讨论的历史文稿，想象了一下当时的场面：为了与 WiMAX 竞争，3GPP 加速了 LTE

的标准化过程，90% 的频谱利用率在物理层设计时就已经由各个公司的标准大咖们统一敲定，然后这个讨论又到了射频频谱会场，频谱的专家们一测量发现除了 1.4 MHz 不行，需要更大的保护带，其余都可以满足射频指标要求，并且还有点余量，余量就留给后面接着提高吧……于是就有了 5G 对于带宽利用率的进一步提升，最高可达 98.28%。NR FR1 的 TBC 定义和对应的保护带以及带宽利用率如表 2-34 ～表 2-36 所示。

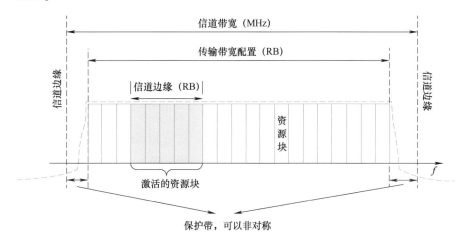

图 2-70　信道带宽和传输带宽配置的定义

表 2-34　NR FR1 TBC 定义

SCS /kHz	BS / UE 信道带宽 /MHz												
	5	10	15	20	25	30	40	50	60	70	80	90	100
	RB 个数												
15	25	52	79	106	133	160	216	270	–	–	–	–	–
30	11	24	38	51	65	78	106	133	162	189	217	245	273
60	–	11	18	24	31	38	51	65	79	93	107	121	135

表 2-35　NR FR1 最小保护带

SCS /kHz	BS / UE 信道带宽 /MHz												
	5	10	15	20	25	30	40	50	60	70	80	90	100
	保护带宽 /kHz												
15	242.5	312.5	382.5	452.5	522.5	592.5	552.5	692.5	–	–	–	–	–
30	505	665	645	805	785	945	905	1045	825	965	925	885	845
60	–	1010	990	1330	1310	1290	1610	1570	1530	1490	1450	1410	1370

表 2-36　NR FR1 带宽利用率

SCS/ kHz	BS / UE 信道带宽 /MHz												
	5	10	15	20	25	30	40	50	60	70	80	90	100
	带宽利用率												
15	90.0%	93.6%	94.8%	95.4%	95.8%	96.0%	97.2%	97.2%	–	–	–	–	–
30	79.2%	86.4%	91.2%	91.8%	93.6%	93.6%	95.4%	95.8%	97.2%	97.2%	97.7%	98.0%	98.3%
60	–	79.2%	86.4%	86.4%	89.3%	91.2%	91.8%	93.6%	94.8%	95.7%	96.3%	96.8%	97.2%

这里需要注意的是 5G 定义了最小保护带，而 4G 保护带则是固定的，这是因为 5G 保护带在某些情况下是非对称的。比如在 BS 侧物理层的设计有两点要求。

1）信道中心 DC 要与子载波的中心重合。（为什么要重合？因为载波泄露就让这个重合的子载波来承担，这个子载波压力很大。）

2）对于不同子载波间隔（SCS）传输的场景，传输资源之间的零号子载波要对齐。（为什么要对齐？高阶 SCS 的资源位置可以通过低阶参考 SCS 作为刻度来衡量。）

这里以 5 MHz SCS、15 kHz SCS 和 30 kHz SCS 的场景为例，对应关系如图 2-71 所示。

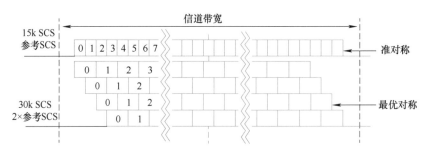

图 2-71　不同 SCS 的频域资源对应关系

图中 15 kHz SCS 为参考 SCS，30 kHz SCS 的传输资源在满足零号子载波对齐要求的前提下，可以有多种平移方式，最小保护带要求则限制了其中的某一种或经过优化以后为合规方案。

（3）终端频谱扫描速度提升

终端需要通过频段扫描来搜索信号，从而完成频率的锁定和注册接入网络，当然为了实现这一过程，需要对扫描的载波频点和扫描粒度进行定义。在某些情况下，载波频点可以理解为信道带宽的中心 DC，由于载波频点是一个浮点数，与整形类型相比，不便于空口的传输，因此在标准中规定使用载波频点号来表示对应的载波频点。

5G 的载波频点号定义为 NR-ARFCN（NR Absolute Radio Frequency Channel Number），即绝对无线频率信道号，范围为 [0, 3279165]，可以表示 0～100 GHz 的频率范围。无线

频率信道号定义了全局射频参考频率，而全局频率栅格则定义了射频参考频率的粒度，可以理解为频谱的最小刻度，其对应的关系如图 2-72 所示。

全局射频参考频率　　全局射频栅格　　无线频率信道号

$$F_{\text{REF}} = F_{\text{REF-Offs}} + \Delta F_{\text{Global}} (N_{\text{REF}} - N_{\text{REF-Offs}})$$

频率范围/MHz	ΔF_{Global} /kHz	$F_{\text{REF-Offs}}$ /MHz	$N_{\text{REF-Offs}}$	N_{REF}范围
0 ~ 3000	5	0	0	0 ~ 599999
3000 ~ 24250	15	3000	600000	600000 ~ 2016666
24250 ~ 100000	60	24250.08	2016667	2016667 ~ 3279165

图 2-72　无线频率信道号与参考频率对应关系

实际上对于很多频段，特别是小于 3 GHz 的频段，5 kHz 的全局频率栅格太小了，不利于频谱的快速扫描。进一步，为了表示各个频带的频率粒度，在全局频率栅格的基础上又引入了信道栅格 ΔF_{Raster}。信道栅格是全局频率栅格的一个子集，其颗粒度大于等于全局频率栅格。表 2-37 给出了 5G 各频带的无线频率信道号和信道栅格，其中 < > 所定义的步长即为信道栅格相对于全局频率栅格粒度扩展的倍数。篇幅所限，只截取部分表格。

表 2-37　NR FR1 部分频段的无线频率信道号和信道栅格

NR 频段	信道栅格粒度/ kHz	上行编号范围	下行编号范围
n1	100	384000 – < 20 > – 396000	422000 – < 20 > – 434000
n2	100	370000 – < 20 > – 382000	386000 – < 20 > – 398000
n3	100	342000 – < 20 > – 357000	361000 – < 20 > – 376000
n41	15	499200 – < 3 > – 537999	499200 – < 3 > – 537999
	30	499200 – < 6 > – 537999	499200 – < 6 > – 537999

至此，大家会发现 5G 信道栅格和 3G/4G 差不多（3G/4G 的信道栅格固定为 100 kHz），甚至有的还比 3G/4G 小，按照这样的栅格扫频，怎么会有提升呢，因为 5G 独立系统不再按照信道栅格扫频，而是通过更大粒度的同步栅格扫频同步块（同步块可以简单理解为终端接入网络的大门，在频谱上呈稀疏分布的一段频带资源）。

与前面描述的全局频率信道号和信道栅格定义方法类似，为定义同步块的载波频点和频率粒度，标准上给出了全局同步信道号和同步栅格，明确了全局同步信道号与同步块载波频点的唯一对应关系。实际的换算有些复杂，感兴趣的读者可以参考文献 R4-1808269，里面有详细的计算表格。

2.4.4 5G 频谱资源设计

1. 信道栅格（Channel Raster）

信道栅格定义为可以部署小区（至少理论上）的一系列特定频点。5G 将频谱资源划分为信道栅格与同步栅格，分别用来传输同步信号（i.e. SSB/PBCH-block）和其他信令（包括除同步信号外的其他信令）与数据信号。

（1）全局信道栅格（Global Channel Raster）

首先来看 NR 绝对无线频率信道号（NR Absolute Radio Frequency Channel Number, NR-ARFCN）。NR-ARFCN 是将 0～100 GHz 的频谱范围进行了编号，相当于一把全局的标尺，NR 工作频谱范围就可以通过该标尺方便地表示。3GPP 版本 17 标准规范给出的 NR-ARFCN 的定义如表 2-38 所示。在不同的频率范围，依据不同的粒度，全局信道栅格与绝对无线频率信道号——对应。

表 2-38　NR-ARFCN 定义

频率范围/ MHz	全局频率栅格/ kHz	起始频率	起始编号	编号范围
0～3000	5	0	0	0～599999
3000～24250	15	3000	600000	600000～2016667
24250～100000	60	24250.08	201667	201667～3279165

（2）NR 信道栅格（Channel Raster）

理论上，全局频率栅格都可以用来部署小区。但是实际上小区只能定义在特定频点。NR 信道栅格就是在全局频率栅格的基础上进一步进行定义，主要是选取了特定的频点以及配置了不同的栅格粒度。NR 信道栅格在 FR1 上的定义如表 2-39 所示。篇幅所限，只截取部分表格。

表 2-39　NR FR1 部分频段的无线频率信道号和信道栅格

NR 频谱	信道栅格粒度/ kHz	上行编号范围	下行编号范围
n1	100	384000 – <20> – 396000	422000 – <20> – 434000
n2	100	370000 – <20> – 382000	386000 – <20> – 398000
n3	100	342000 – <20> – 357000	361000 – <20> – 376000
n41	15	499200 – <3> – 537999	499200 – <3> – 537999
	30	499200 – <6> – 537999	499200 – <6> – 537999

以 n3 频段为例，该段频谱的起始频率对应的全局信道编号为 342000，相邻信道栅格间隔为 100 kHz，即 20 个绝对信道编号。信道栅格与全局信道栅格的关系可以通过图 2-73 表示。图中小刻度代表全局信道栅格，大刻度代表 Band n41 上 NR 信道栅格所处频点。

图 2-73　Band n41 信道栅格与全局频率栅格的关系

可以看出，在 FR1 频段，NR 信道栅格大部分采用了 100 kHz 作为信道栅格粒度。这样做的原因是因为该部分频段目前部署了成熟的 4G LTE 网络，5G 在此与 4G 保持一致，可以很好地保持与 4G 的兼容性。此外，在 FR2 频段，5G 采用了与该段频谱所采用的子载波间隔大小相对应的信道栅格粒度，可以在部署网络时体现 5G 的灵活性，而不必与 4G 进行绑定。

2. 同步栅格（Synchronization Raster）

同步栅格定义为发送同步信号（至少理论上）的一系列特定频点。终端通过同步信号来确定小区并与小区实现时频同步。可见同步栅格也必将是服务于信道栅格的。4G 将同步栅格与信道栅格绑定，即小区中心频点的位置也就是同步信号的位置。但是，5G 的带宽远远大于 4G 的系统带宽。若沿用 4G 的设计，将同步栅格的粒度设计为固定的 100 kHz，那么在上百兆的带宽上将会有过多的同步信号。可以预见终端将会在搜索同步信号的过程中浪费大量的时间与电量。为此，5G 将同步栅格与信道栅格进行解耦，分别进行定义。为了保证终端能够成功搜索到小区，只要保证在小区带宽中至少包含一个同步信号即可。

（1）全局同步栅格（Global Synchronization Raster）

类似于全局信道栅格与 NR 信道栅格之间的关系，NR 的同步栅格是定义在全局同步栅格上的。每个全局同步栅格对应一个全局同步信道编号（GSCN），具体如表 2-40 所示。

表 2-40　全局同步栅格与 GSCN 的对应关系

频率范围/ MHz	全局同步栅格	GSCN	GSCN 范围
0 ~ 3000	$N \times 1200$ kHz $+ M \times 50$ kHz； $N = 1 : 2499$，$M = \{1,3,5\}$（Default $M = 3$）	$3N + (M - 3)/2$	2 ~ 7498
3000 ~ 24250	3000 MHz $+ N \times 1.44$ MHz；$N = 0 : 14756$	$7499 + N$	7499 ~ 22255
24250 ~ 100000	24250.08 MHz $+ N \times 17.28$ MHz；$N = 0 : 4383$	$22256 + N$	22256 ~ 26639

由表 2-40 可以看出：在 0 ~ 3000 MHz 范围内，同步栅格的基本粒度是 1.2 MHz，两组同步栅格之间相隔 1.2 MHz。之所以说是两组，是因为除了由 N 决定的一个大的间隔之外。还有一个由 M 决定的正负 100 kHz 的偏移。在 3000 ~ 24250 MHz 范围，同步栅格的基本粒度是 1.44 MHz；在 24250 ~ 100000 MHz 范围，同步栅格的基本粒度是 17.28 MHz。

（2）NR 同步栅格（Synchronization Raster）

在全局同步栅格的基础上，可以进一步定义 NR 同步栅格。NR 同步栅格在 FR1 上的定义如表 2-41 所示。

表 2-41　NR 同步栅格配置 FR1

NR 频谱	SSB SCS/ kHz	SSB pattern	GSCN 范围
n1	15	Case A	5279 – <1> –5419
n3	30	Case A	4517 – <1> –4693
n5	15	Case A	2177 – <1> –2230
	30	Case B	2183 – <1> –2224

NR 同步栅格在 FR2 上的定义如表 2-42 所示。

表 2-42　NR 同步栅格配置 FR2

NR 频谱	SSB SCS/ kHz	SSB pattern	GSCN 范围
n257	120	Case D	22388 – <1> –22558
	240	Case E	22390 – <2> –22556
n260	120	Case D	22995 – <1> –23166
	240	Case E	22996 – <2> –23164

从表 2-41 和表 2-42 可以看出，大部分的 NR 同步栅格与全局同步栅格一致，但是在高频范围，NR 同步栅格会按一定比例放大栅格之间的间隔以减小终端同步搜索的次数。

2.4.5　5G 中不容忽视的终端自干扰问题

（1）NSA 5G NR

非独立式（NSA）5G NR 利用现有的 LTE 网络，在增加新的 5G 载波时，能够有效进行移动管理和提升覆盖，因此是 5G NR 初期部署的重要场景之一，因此受到运营商的广泛关注。在 NSA 的操作中，要求终端在上行保持双频双发（即在 LTE 频段和 NR 频段保持上行双链接），而由于射频器件的非线性等因素，上行的双发会带来互调和谐波干扰（注：即使是单发也有可能导致谐波干扰），造成接收端接收机灵敏度的下降。

（2）器件非线性

为什么会有谐波和互调问题呢？其实，无论对于谐波和还是互调干扰，其产生的原因都是射频器件的非线性。图 2-74 给出了理想功放（PA）与实际功放的简单对比，不难看出，理想的功放是将信号以一定的放大系数 a 对输入功率进行放大，而实际的功放在输入功率较低时能够保证线性的放大，而当输入功率较大时会进入非线性区，从而输出高阶变量。

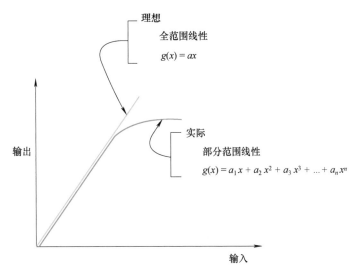

图 2-74　理想功放 vs 实际功放

如果假设输入的信号为 $\cos(f_0 t)$，根据上述的输出函数 $g(x)$ 和三角函数变换，可以得到如图 2-75 所示的表达式。

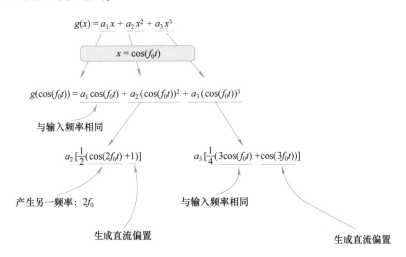

图 2-75　输出函数 $g(x)$ 非线性分量

大家应该已经发现，在经过功率放大后，由于存在非线性，出现了 $2f_0$，以及 $3f_0$ 的信号分量。因此，谐波的干扰就是终端在发送频段 f_0 上发射信号，同时如果其接收频段刚好为 $n \times f_0$（$n = 2,3,4\cdots$）时，接收机将会受到谐波影响，从而导致接收机灵敏度的下降。

互调的形成与谐波干扰有些相似，不同之处在于互调干扰是由于发射端多个分量的组合叠加形成的，例如，二阶互调为 $f2-f1$，三阶互调为 $2f2-f1$、$2f1-f2$，四阶互调为 $3f1-f2$、$3f2-f1$、$2f1-2f2$、$2f2-2f1\cdots$，可以看到越高阶的互调其组合方式越多，也就是说高阶互调所影响的频率范围更大。

（3）谐波/互调干扰影响

了解了谐波和互调干扰的形成原因，那这些干扰对终端性能会有多少影响呢？其实在 LTE 上行 2CC 的 CA 场景已经对一些存在谐波和互调干扰的频段组合进行了研究。比较典型的是 B3 + B42 的组合，由于 B3（1800 MHz）是全球重要的 LTE 频谱之一，而 B42（3400～3600 MHz）与目前 5G 重要的 sub-6 GHz 频谱 3300～3800 MHz 相近，因此可以看一下 LTE 中 B3 + B42 组合中谐波和互调对接收机灵敏度的影响，如图 2-76 和图 2-77 所示。

参考 3GPP 36.101 V14.3.0 中的表 7.3.1A-0a，可以看出二次谐波将会造成大约27 dB 的灵敏度下降。参考 3GPP 36.101 V14.3.0 中的表 7.3.1A-0f，可以看出二阶互调会造成 29.8 dB 的灵敏度下降，而四阶互调会造成 8 dB 的灵敏度损失。根据上述结果不难看出，存在谐波和互调的频段组合，将会对终端造成很大的性能损失。

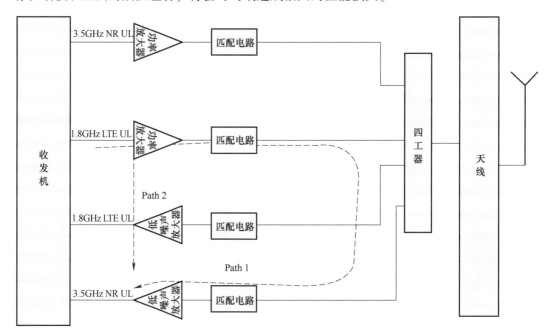

图 2-76　谐波对接收端的影响

（4）如何减少终端自干扰

造成终端自干扰的本质原因在于器件的非线性，因此，提高器件的性能是减少终端自干扰最根本的解决方法。但值得注意的是，目前终端自干扰带来的性能损失较大（最高达 29.8 dB），以目前的工艺水平，只能尽量对器件性能进行优化，想要完全解决上述所有的干扰问题比较困难，可以从高阶并且最大参考灵敏度下降（Maximum Sensitivity Degradation，MSD）较小的问题入手，优化相关指标。3GPP RAN4 在 R17 中针对该问题也进行讨论，以确定 5G NR 终端在上述自干扰问题存在时，其接收指标是否能够相比于 LTE 有进一步优化的空间。

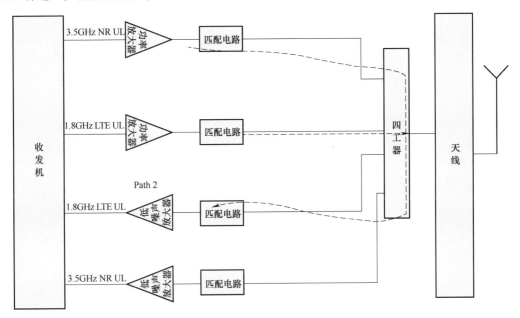

图 2-77　互调对接收端的影响

　　另外一种解决上述问题的思路是在终端侧不进行双频双发，即通过 TDM/FDM 的方式使上行进行单频单发，从而有效解决由于双发造成的互调问题。

　　对于终端自干扰问题的解决方法还在讨论中，但值得注意的是，由于新的 5G sub-6 GHz 频段都是大于 3 GHz 的频谱，与 2 GHz 以下的 LTE 频段的组合将会面临很多终端自干扰问题。因此，能否找到有效解决终端自干扰问题的方法将会是 NSA 能否大范围部署的重要依据和基础之一。在 RAN#77 全会上，通过了关于单频单发的结论，即当存在严重 MSD 的频段组合，终端不再必选支持双频双发，以避免互调干扰，如表 2-43 所示。

表 2-43　UE 支持双频双发要求

UE 特性	MSD	强制	可选
支持双频双发	轻微	X	
支持双频双发	严重		X
支持双频双发	中等	X	

第 3 章

5G 标准演进

3.1　Rel-16 标准

3.1.1　5G 新空口标准 Rel-16 技术演进路线

2018 年 6 月 13 日，在美国圣地亚哥举行的 3GPP RAN 80 次会议上，3GPP 首个完整的 5G 新空口（New Radio，NR）标准 Rel-15 版本正式冻结并发布。6 月 14 日，5G 新空口标准 Rel-16 版本技术演进路线确定。

（1）NR MIMO（Multiple Input Multiple Output，多入多出）

NR Rel-15 版本制定了 NR MIMO 的基本功能，定义了类型 I 和类型 II 码本，引入了波束管理机制。Rel-15 支持 MU-MIMO（Multi-User MIMO，多用户 MIMO）及 Multi-TRP（Multi-Transmission and Reception Point，多收发节点）传输，同时定义了相应的参考信号。Rel-16 MIMO 的研究方向聚焦于 Rel-15 之上的进一步增强，包括 MU-MIMO 增强、Multi-TRP 增强、波束管理增强等。

（2）NR V2X（Vehicle to Everything，车联网）

3GPP NR V2X 标准制定分为三个阶段。第一阶段和第二阶段 NR V2X 是基于 LTE（Long Term Evolution，长期演进）协议的 LTE-V 技术，分别对应于 Rel-14 V2X 和 Rel-15 eV2X。第三阶段 V2X 是基于 NR 协议的新空口技术，即 Rel-16 V2X，着重于满足 3GPP 定义的增强 V2X 应用场景，与 LTE V2X 形成互补关系。

（3）NOMA（Non-Orthogonal Multiple Access，非正交多址接入）

非正交多址技术的好处在于可以提高频谱效率、增加同时传输的连接数、降低传输时延、节省控制信令开销。非正交多址技术的讨论起始于 Rel-15，Rel-16 中继续研究其潜在技术方案。

（4）NR-U（NR-based Access to Unlicensed Spectrum，基于 NR 对非授权频谱的访问）

和 LTE 中定义的 LAA（Licensed Assisted Access，授权辅助接入）一样，NR-U 可以利用非授权频谱提升系统容量。

（5）NR Non Terrestrial Networks（NR 非地面网络）

不同于利用陆地上的基站来提供服务，非陆地网络利用卫星或者高空平台来提供服务。Rel-16 聚焦于相关解决方案研究，包括物理层的控制机制、随机接入和 HARQ（Hybrid Automatic Repeat reQuest，混合自动重传请求）、切换和系统架构等。

（6）RIM + CLI（Remote Interference Management + Cross-Link Interference，远端干扰管理＋交叉链路干扰）

在时分双工系统中，由于大气波导现象，本地基站的上行信号会受到远端基站下行信号的干扰。Rel-16 中重点研究识别造成强干扰的远端基站，以及相应的干扰抑制方案。

（7）NR UE 功耗

5G 大带宽等特性对 UE 的功耗提出较高的挑战，而 UE 的功耗很大程度上影响了用户体验。Rel-16 对 UE 工作在连接模式下降低功耗的方法展开研究，以提高用户体验。

（8）NR 定位

Rel-15 支持 RAT-independent（无线接入技术无关）的定位方法，Rel-16 聚焦更为精确的定位能力，包括 RAT-dependent 的定位方法和混合定位方法等。

（9）NR-NR DC（Dual Connectivity，双连接）

Rel-15 定义了 EUTRA-NR（Evolved UMTS Terrestrial Radio Access，演进的 UMTS 地面无线电接入）、NR-EUTRA DC 和 NR-NR DC，但不支持异步的 NR-NR DC。Rel-16 进一步聚焦异步的 NR-NR DC 方案。

（10）52.6 GHz 以上 NR 系统

Rel-15 标准支持最高频率至 52.6 GHz，Rel-16 将其频率范围扩展到 52.6 GHz 以上。

（11）IAB（Integrated Access and Backhaul，集成接入与回传）

随着网络密度的增加，运营商需要更多的回传资源，无线回传是一种潜在的方案。基于 NR 的无线回传技术在 Rel-15 中启动相关研究，Rel-16 继续进一步研究工作，并考虑无线接入和无线回传联合设计。

（12）URLLC（Ultra-reliable and Low Latency Communications，高可靠和低延迟通信）/Industrial IoT（工业物联网）

Rel-15 定义了一些缩短时延和提高可靠性的方案，能够支持一些基本的应用场景。Rel-16 聚焦进一步增强技术来满足更多的应用场景，比如工业制造、电力控制。

（13）NR 移动性增强

Rel-15 定义了 NR 独立组网移动性基本功能，Rel-16 对移动性进一步增强，研究内容包括提高移动过程的可靠性和缩短移动导致的中断。

（14）UE 能力

Rel-16 进一步研究 UE 上报终端能力的方法，以降低 UE 的上报信令开销。

（15）以 NR RAN 为中心的数据采集和利用

Rel-16 聚焦 SON（Self-Organizing Network，自组织网络）和 MDT（Minimization of Drive Test，最小化路测）等方面的技术研究。

3.1.2　NR Rel-16 对 URLLC 的增强

为满足工厂自动化（运动控制、控制到控制通信）、传输业（远程驾驶）和电力分配（智能电网）等应用场景的性能需求，NR Rel-16 的 URLLC 增强支持 0.5～1 ms 的更低时延和 99.9999% 的更高可靠性。为实现这一目标，Rel-16 主要从以下几个方面进行了增强和特性补充。

（1）PDCCH（Physical Downlink Control Channel，物理下行链路控制信道）增强

PDCCH 增强包括定义新的 DCI（Downlink Control Information，下行控制信息）格式：通过可配置的信息域大小，以支持更小的 DCI 大小，提升可靠性。此外，还引入了 PD-CCH 检测能力提升：基于跨度定义 PDCCH 盲检测次数上限和用于信道估计的不重叠 CCE（Control Channel Element，控制信道单元）个数上限，一个时隙总的盲检测能力增大，从而降低时延和保证可靠性。

（2）UCI（Uplink Control Information，上行控制信息）反馈增强

时隙内支持基于子时隙的多个可承载 HARQ-ACK 的 PUCCH（Physical Uplink Control Channel，物理上行链路控制信道）传输，减小 HARQ-ACK 反馈时延。同时针对不同业务的 HARQ 码本独立反馈，以减小反馈时延。

（3）PUSCH（Physical Uplink Shared Channel，物理上行链路共享信道）增强

设计 PUSCH 重复类型 B，针对一个传输块，基站发送一个上行授权或者上行免授权指示一个或多个名义 PUSCH 传输。终端在一个时隙中传输一个或者多个实际 PUSCH 副本，或者在连续多个可用的时隙中传输两个或者多个实际 PUSCH 副本，减小上行业务传输时延并提高可靠性。

（4）上行免授权调度增强

支持多套激活的上行免授权调度配置，使上行业务调度更及时。

（5）下行半持续调度增强

支持多套激活的下行半持续调度配置，使下行业务调度更及时。

（6）上行终端间多业务复用

一是引入上行取消指示：URLLC 上行业务到达可以取消另一个用户已经调度的 eMBB（Enhanced Mobile Broadband，增强移动宽带）业务，从而 URLLC 上行业务可以及时调度。二是上行功率控制增强：一个用户的 URLLC 业务与另一个用户已经调度的 eMBB 业

务传输冲突时，提高 URLLC 业务的上行发射功率，保证可靠性。

（7）上行终端内多业务复用

引入业务优先级指示。引入不同业务优先级间上行信道抢占规则，使得高优先级的业务先传输。

3.1.3　Rel-16 新特性：PUSCH 重复类型 B

如前文所述，Rel-16 中引入了重复类型 B 这一新特性，本节将对其展开进一步说明。

重复类型 B，具体所指即为在 uRLLC 和 eMTC（Enhance Machine Type Communication，增强型机器类型通信）中已经有所应用的迷你时隙传输机制，即以更小的时间资源（小于 1 个时隙）为单位进行传输，通过更加灵活的配置达到降低时延的目的。在 eMBB 的 PUSCH 中引入这一特性，还可以提高上行资源的利用率，增加 PUSCH 的最大重复次数，进一步提升系统的性能。

（1）重复类型 B 概述

重复类型 B 的描述可参见 3GPP Rel-16 版本协议 TS38.214 的 6.1.2 节。对于通过 DCI format 0_x 所指示时序的 PUSCH，如果 PUSCHRepTypeIndicator-ForDCIFormat0_x 字段被设置为"pusch-RepTypeB"，则 UE 将采用重复类型 B 来进行重传。否则 UE 仍采用重复类型 A 进行传输。

基于重复类型 B 的传输有可能会发生跨越时隙的情况。针对这种传输跨越时隙或者传输过程中遇到不可用的符号的情况，重复类型 B 引入实际重复的概念。重复类型 B 中将一次传输称为一次名义上的传输，即名义重复，当一次名义重复遇到上述情况时就将分为多个实际重复传输。同时每次实际重复都将为其配置新的 RV（Redundancy Version，冗余版本），并根据 TS 38.211 协议中的 DMRS（Demodulation Reference Signal，解调参考信号）映射类型 B 为其配置 DMRS 符号位置。RV 版本的具体选取可见表 3-1。

表 3-1　PUSCH 传输冗余版本

调度 PUSCH 的 DCI 中的 rv_{id}	用于第 n 次传输的 rv_{id}（重复类型 A）或第 n 次实际重复的 rv_{id}（重复类型 B）			
	模（n, 4）=0	模（n, 4）=1	模（n, 4）=2	模（n, 4）=3
0	0	2	3	1
2	2	3	1	0
3	3	1	0	2
1	1	0	2	3

为了更加直观描述重复类型 B 的机理，下面将举例说明。

（2）举例说明

例 1：跨时隙传输与不可用符号的处理，如图 3-1 所示。在图 3-1 中，S 时隙采用

DL：GP：UL为10：2：2 的配比，所有 UL 符号均可用。采用重复类型 B 后，传输的起始符号为 S 时隙的第一个符号，则通过配置一次 $S=1$，$L=27$ 的传输即可达到目的，这次传输将被分为两次符号长度分别为 2 和 14 的实际重复，充分利用了可用的资源，提高了上行链路的性能。

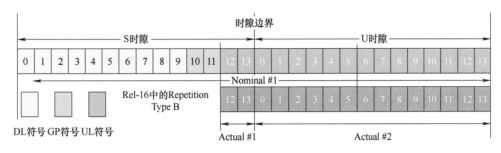

图 3-1　重复传输示例 1

例 2：充分利用所有可用符号进行数据传输。在图 3-2 中，S 时隙的配比 DL：GP：UL为 10：2：2，以 S 时隙的起始符号作为起点，则可配置 $S=12$，$L=4$，重复次数为 4 来尽可能多地利用上行资源。这就导致第一次名义重复跨越了时隙，必须拆分为 2 次实际重复；同时若假设 U 时隙的第 5 个符号不可用，则第二次名义重复也必须分为 2 次实际重复，同时由于符号 5 自己无法同时传输 DMRS 和数据，其不能用于传输任何数据。因此，在这种配置下，最终依照重复类型 B，本次传输被分为了符号长度分别为 2、2、2、4、4的 5 次实际重复进行传输。在本例中，通过重复类型 B 可以使得 S 时隙的符号得以被利用，但同时也导致了符号的浪费，优点和不足一目了然。

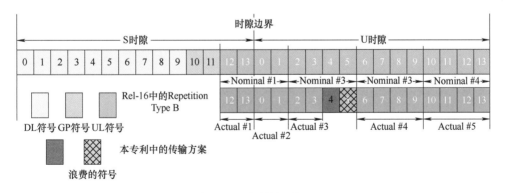

图 3-2　重复传输示例 2

Rel-16 新增的 PUSCH 重复类型 B 特性通过更小时间单位的调度，使得 PUSCH 的传输更灵活，时延更短，更充分地利用了上行资源，但在个别场景仍然会存在资源浪费的现象。在未来是否会针对其有进一步改进和增强，还须拭目以待。

3.1.4 了解非公共网络

非公共网络（Non-Public Network，NPN）是一种区别于公共网络的为特定用户提供服务的网络，在 3GPP 协议 TS 23.501 的定义中，非公共网络有以下两种类型。

- 独立组网的 NPN 网络：该网络不依赖于 PLMN（Public Land Mobile Network，公共陆地移动网络），网络由 SNPN（Standalone NPN，独立组网的 NPN）运营商运营。
- 非独立组网的 NPN 网络：即 PNI-NPN（Public Network Integrated NPN，公众网集成 NPN），该网络依赖于 PLMN 网络，由传统运营商运营。

下面分别介绍两种 NPN 网络的特点。

（1）SNPN

首先，由 PLMN ID（Public Land Mobile Network ID，公共陆地移动网络 ID）和 NID（Network Identifier，网络标识符）可以确定一个 SNPN，比如可以使用 PLMN ID + NID 的方式来作为一个 SNPN 网络的标识，订阅了某一 SNPN 服务的用户会配置相应的 SUPI（Subscriber Identifier，订阅者标识符）和订阅信息，存储在终端和核心网侧。

一个订阅 SNPN 服务的用户需要支持 SNPN 访问模式，配置为 SNPN 访问模式的用户只能通过 SNPN 接入网络，未配置为 SNPN 访问模式的用户可以执行 PLMN 选择流程。其中 SNPN 访问模式的配置方式（激活、去激活等）是交给终端来实现的。

在初始接入和小区重选过程中，NG-RAN（NG-Radio Access Network，5G 无线接入网）节点需要广播自身支持的 NID 和相应的 PLMN ID 信息（每个 NG-RAN 节点最多广播 12 个 NID），配置了 SNPN 访问模式的用户可以根据自己的订阅信息选择可接入的 SNPN 小区，核心网也可以根据用户的订阅信息对用户的身份进行鉴权。由于 SNPN 不依赖于 PLMN 的网络功能，因此不支持 SNPN 和 PLMN 网络间的切换。

（2）PNI-NPN

PNI-NPN 是通过 PLMN 网络来提供 NPN 服务，例如通过为 NPN 分配一个或多个网络切片实体来实现非公共网络功能。在该类型网络下，UE 具有对 PLMN 网络的订阅。

由于网络切片不能限制终端在其未授权的网络切片区域中尝试接入网络，因此可以选择闭合接入组（Cell Access Group，CAG）用于接入控制。CAG 代表一组可以接入一个或多个 CAG 小区的订阅用户组。

首先，可以由 PLMN ID 和 CAG ID 来确定一个 CAG，用户和 CAG 的关系与签约类似，启用 CAG 的小区只允许签约用户接入。用户在签约 CAG 时会在订阅信息中配置两个信息，一个是该用户支持的 CAG 列表（Allowed CAG list），该列表存储当前用户所能接入的全部 CAG 小区的 ID，另一个是该用户是否只能通过 CAG 小区接入网络的标识（CAG-Only Indication），配置了该标识的用户只能通过 CAG 小区接入网络。

在初始接入和小区重选过程中，NG-RAN 节点需要广播自身支持的 CAG ID 和相应的

PLMN ID 信息（每个 NG-RAN 节点最多广播 12 个 CAG ID），未配置 CAG 小区接入网络标识的 CAG 用户可以根据自己支持的 CAG 列表选择可接入的 CAG 小区，也可以选择订阅的公共 PLMN 小区接入网络。配置 CAG 小区接入网络标识的 CAG 用户只能根据自己支持的 CAG 列表选择可接入的 CAG 小区接入网络。核心网可以根据用户的订阅信息对用户的身份进行鉴权。

由于 PNI-NPN 依赖于 PLMN 的网络功能，因此对于未配置 CAG 小区接入网络标识的用户支持 PNI-NPN 和 PLMN 网络间的切换。其中从 CAG 小区到 PLMN 小区的切换需要基站或者核心网确认用户是否配置了 CAG 小区接入网络标识。从 PLMN 小区到 CAG 小区的切换需要基站或者核心网判断目标基站的 CAG ID 是否在用户支持的 CAG 列表中。

（3）NPN 的应用场景

介绍了上述 NPN 的技术，那么 NPN 有哪些实际应用场景呢？

首先，NPN 可以和工业互联网进行很好的融合，不管是 SNPN 还是 PNI-NPN，都可以实现端到端的资源隔离，为垂直行业提供专属接入网络，限制非垂直行业终端尝试接入专属基站或频段，保障垂直行业客户资源独享。同时 NPN 可以为局域网（Local Area Network，LAN）服务提供支持，可以满足一些企业、住宅、学校等对于可靠且稳定的私有网络的需求。

3.1.5　小包业务增强

（1）小包业务增强必要性

智能终端很多常用应用（如 Email 客户端、微信、App 商店等）的业务都是小包业务，这些小包业务的数据包不长，呈现周期性或规律地发送数据。

在当前 5G 系统中，由于小包业务发送周期较长，导致基站可能将终端 UE 置于空闲/不活跃状态，此时如果 UE 再有小包数据发送，则需要进入连接态发送数据，因为从空闲态到连接态将产生寻呼信令、无线资源控制（Radio Resource Control，RRC）/非接入层（Non-Access-Stratum，NAS）等控制信令开销，如果这种情况反复发生，则会导致系统大量信令开销和用户终端耗电增加。如果网络在小包业务下一直保持 UE 处于连接状态，则 UE 为了保持连接态控制，需要进行大量同频或异频信号测量，同样会导致 UE 功耗增加。

（2）小包业务增强方法

如果仔细研究小包业务的种类，可以注意到一些应用（如邮件客户端）会产生脉冲式数据包，而另外一些应用（如在线购物、微信）会产生数据包突发，不同种类小包业务的数据包差异很大。因此在进行小包传输增强时，这两类数据包发送类型均应考虑。当 UE 在空闲/不活跃状态下，系统应该研究通过支持不同的上行调度长度，支持不同长度的小数据包传输。

小数据包传输可以是移动端发起的业务或者是移动端终止的业务，小包业务增强需要同时考虑这两方面业务。对于一些业务类型如网络聊天，这类聊天的数据包往往是有规律地间隔发送的，此时连接可以保持活跃态，对 TCP（Transmission Control Protocol，传输控制协议）的小包业务可能需要对端的立刻 TCP 反馈，因此对于移动端发起的业务或者是移动端终止的业务也需要允许用户立即进行业务反馈。

对于小数据传输增强的解决方案，如果 UE 处于不活跃状态，则 UE 和基站可以具有 DRB（Data Radio Bearer，数据无线承载）的上下文，UE 可以通过 DRB 发送/接收小数据。如果 UE 处于空闲状态，由于 UE/网络没有 DRB 配置，小数据传输就可以依赖于 SRB（Signalling Radio Bearers，信令无线承载）（例如，通过将小数据附加到 SRB 的容器中）。然而，为了通过 SRB 安全地传输数据，需要一些独立组网工作。

另外，对于如何发送空闲/非活动 UE 的小数据的过程，由于 RAN（Radio Access Network，无线接入网）已经定义了 2 步 RACH（Random Access Channel，随机接入信道）过程，很多公司认为 2 步随机接入过程可以被重新用于小数据传输（如传输上行数据的消息 A 和下行数据的消息 B）。由于 2 步随机接入并不是所有 UE 都支持，所以需要考虑 4 步随机接入过程用于小包数据传输（如上行数据的消息 3 和下行数据的消息 4）。目前 MAC（Media Access Control，介质访问控制）只允许一个随机接入过程，为了发送分组突发，UE 可能需要考虑为每个分组逐个触发多个随机接入过程。因此，在不重新使用随机接入过程的情况下，使用一些预先分配的资源来支持几个连续的分组传输将有助于减少分组传输延迟。

（3）泛在的小包业务

随着物联网万亿级垂直行业市场正不断兴起，各领域应用需求不断涌现，小包业务将不仅仅限于用户终端 App 相关业务，而将与各领域无线网发展密切相关。埃森哲调查显示，预计到 2025 年，中国车联网市场规模将达 2162 亿美元，占全球车联网市场总额的四分之一。随着我国车联网、智慧城市、智能穿戴、智慧医疗、智慧家庭、智慧工厂等应用规模迅速扩张，小包业务也将迎来大爆发时代。

当前对于小包业务的增强不仅能够改善终端用户体验，也能够带来物联网小包业务性能提升，为垂直行业业务发展做好准备。

3.1.6　消除切换过程中的用户面中断时间

（1）切换概述

简单来讲，切换就是用户由一个基站的覆盖区移动到另一个基站的覆盖区。根据基站间是否存在 X2/Xn 接口，切换又分为基于 X2/Xn 接口的切换方式和基于 S1/NG 接口的切换方式。切换过程中最需要解决的问题之一就是减少用户面中断时间，那么用户面中断时间是如何造成的？

首先，以 E-UTRAN 系统中的用户面中断时间定义来解释，如图 3-3 所示，5G NR 系统下相关概念是类似的。

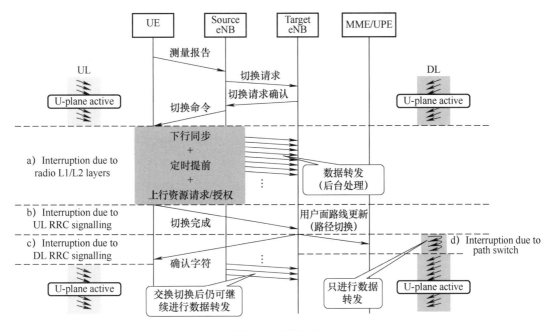

图 3-3　切换过程

图 3-3 出自 3GPP TR 25.912，对切换中各个过程描述得比较细致，用户面中断时间由四部分组成，分别用 a）、b）、c）和 d）在图中标识出来。

a）无线层流程：该部分由频率同步、下行同步、定时提前获取和上行资源请求组成，其中频率同步时延可以忽略不计。

b）上行无线资源控制信令：UE 侧到目标基站侧的信令传输，目标基站在收到该信令后下行用户面激活。

c）下行无线资源控制信令：目标基站侧到 UE 侧的信令传输过程，UE 侧收到该信令后上行用户面激活。

d）路径切换的转发时延：该部分只影响下行中断时间，如果转发的数据包在路径切换前在目标基站侧已经可用，那么这部分时延不会增加用户面中断时间。

基于上述模型，在切换过程中，上行用户面中断时间等于 $\{a+b+c\}$，下行用户面中断时间等于 $\max\{(a+b),d\}$。

（2）用户面中断时间

3GPP 技术报告中给出了 FDD（Frequency Division Duplex，频分双工）帧结构下每个延迟分量的估计平均值，具体见表 3-2。

表 3-2　用户面终端时间估计值

	组成部分	包括的因素	基于竞争接入的时间估计/ms	基于非竞争接入的时间估计/ms
(a)	无线层流程	– 下行同步时间，包括基带和射频的切换时间 – 上行资源请求和定时提前获取 – 上行资源调度	12 ± 2.5	12 ± 2.5
(b)	上行无线资源控制信令	– 发端的 RRC 消息编码 – RRC 在空口的传输 – 收端的 RRC 处理时间	6.5	0
(c)	下行无线资源控制信令	– 发端的 RRC 消息编码 – RRC 在空口的传输 – 收端的 RRC 处理时间	6.5	0
(d)	路径切换的转发时延	– 源 eNB 处理时间 – 基于 X2 接口的传输	5	5

基于表格不难计算出：

（1）基于竞争接入

- UL 中断时间 = 25 ms

- DL 中断时间 = 18.5 ms

（2）基于非竞争接入

- UL 中断时间 = 12 ms

- DL 中断时间 = 12 ms

当然上述这些数值只是切换中断时间的理论值，实际应用中用户面中断时间和终端的处理能力紧密相关，实测值和理论值会存在差异。

在 Rel-14 阶段，3GPP 研究了 RACH-less handover（无随机接入切换）和 Make-Before-Break（MBB）handover（先通后断切换）来减少切换中断时间，然而在 5G 实际应用场景中，某些服务可能需要更高可靠性和更低延迟，如远程控制、自动驾驶、自动工业控制，以及增强现实（AR，Augmented Reality）和虚拟现实（VR，Virtual Reality）等。对于此类服务，应尽可能保证移动性能，基于此，3GPP 通过了 E-UTRAN 移动性增强立项，目标之一是研究切换过程中的接近 0 ms 中断时间的切换方式。

（3）用户面零毫秒中断

3GPP 规定使用双激活协议（Dual Active Protocol Stack Handover，DAPS HO）实现用户面零毫秒终端。DAPS 切换的核心思想是切换过程中在 UE 成功连接到目标基站前继续保持和源基站侧的数据传输，其中下行传输过程表现为 UE 继续从源基站进行下行链路用户数据接收直到释放源小区；上行传输过程表现为在 UE 会继续向源基站进行上行链路用户数据传输直到 UE 完成到目标基站的 RACH 过程。

DAPS 切换的流程可以用图 3-4（图中省略了一些步骤）表示。

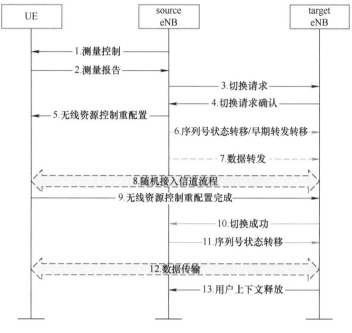

图 3-4　DAPS 切换流程

和传统切换过程相比，DAPS 切换过程增加了步骤 10 "切换成功" 用来指示源基站 UE 已经成功连接到目标基站，并且在步骤 11 "序列号状态转移" 发生前，源基站会继续给下行数据包分配 PDCP SN（Packet Data Convergence Protocol Serial Number，分组数据汇聚协议序号）（下行传输过程），或者源基站不会停止向 S-GW（Serving GateWay，服务网关）发送上行数据包（上行传输过程）。通过这种方式，使 UE 在切换过程中始终保持和基站（源基站或目标基站）的数据传输，在理想情况下，可以实现切换过程中用户面零毫秒中断时间的目标。

3.1.7　浅析 R16 移动性增强

（1）双激活协议栈切换

双激活协议栈（Dual Active Protocol Station，DAPS）切换的核心思想是切换过程中，在 UE 成功连接到目标基站前继续保持和源基站的连接和数据传输，其中下行传输过程表现为 UE 继续从源基站接收下行用户数据直至成功切换至目标小区；上行传输过程表现为 UE 会继续向源基站进行上行用户数据传输直到 UE 完成到目标基站的 RACH 过程。同时，在目标基站同意 DAPS 切换请求后，源基站就会将用户数据转发到目标基站侧，这样当

UE 成功连接到目标小区时，目标基站就可以和 UE 传输数据，通过这种方式，DAPS 切换下理论上用户面中断时延为 0 ms。

DAPS 的整体流程介绍如图 3-5 所示。

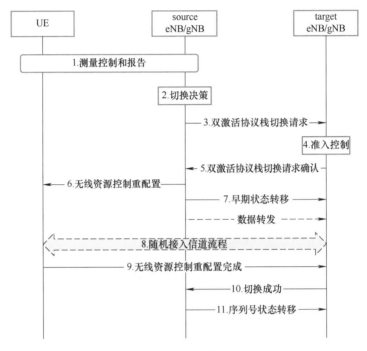

图 3-5　DAPS 整体流程

步骤 1：源基站配置 UE 进行测量，UE 测量周围小区并上报测量报告。

步骤 2：源基站决定是否使用 DAPS 切换，DAPS 切换是一个 per-DRB level 的配置，源基站可以根据业务对时延的敏感度将 UE 的部分 DRB 配置为 DAPS 切换。

步骤 3：若源基站决定针对某个/某些 DRB 使用 DAPS 切换，则发送切换请求信令给目标信令基站，切换请求信令中携带 DRB level 的 DAPS 请求信息。

步骤 4~5：目标基站进行接入控制，若同意 DAPS 切换，则反馈给源基站。

步骤 6：源基站通过 RRC Reconfiguration 消息配置 UE 进行 DAPS 切换，并携带 DRB level DAPS 相关配置信息。

步骤 7：源基站将用户数据以及用户数据对应的序列号状态信息转发到候选目标基站，序列号状态信息中包含源基站转发给目标基站的第一个 PDCP SDU（Service Data U-nit，服务数据单元）的 HFN（Hyper Frame Number，超帧号）和 PDCP-SN。

步骤 8~9：UE 向目标基站发起随机接入过程，同时保持和源基站的连接和数据传输，直至成功接入目标小区。

步骤 10~11：目标基站发送切换成功消息给源基站告知 UE 已经成功接入目标小区，

源基站反馈序列号状态信息。

后续流程与传统切换相同。

以上流程描述的是 X2/Xn 接口 DAPS 切换基本流程，在 R16 阶段，协议同样支持 S1/NG 接口 DAPS 切换流程。与 X2/Xn 接口类似，S1/NG 接口 DAPS 切换流程同样需要支持早期数据转发机制，因此增加了上行运行早期状态转移（源基站发给核心网）和下行运行早期状态转移（核心网发给目标基站）信令来携带 PDCP SN 状态信息。同样，为了告知源基站 UE 已经成功和目标基站建立了连接，目标基站通过切换通知信令告知核心网，核心网通过新引入的切换成功信令将该信息告知源基站。

（2）条件切换

条件切换（Conditional Handover，CHO）的核心思想是让 UE 来根据测量结果选择目标基站并发起切换执行过程，向目标小区发起随机接入。这样可以避免在 UE 和源基站进行信令交互，以及源基站和目标基站进行信令交互的时间内，由于无线链路状态变化导致的 UE 切换失败的情况发生。通过这种方式，CHO 提高了用户切换过程中的鲁棒性。

当然，条件切换也避免不了 UE 和基站间的信令处理，只是流程相对于传统切换做了调整，详细流程如图 3-6 所示。

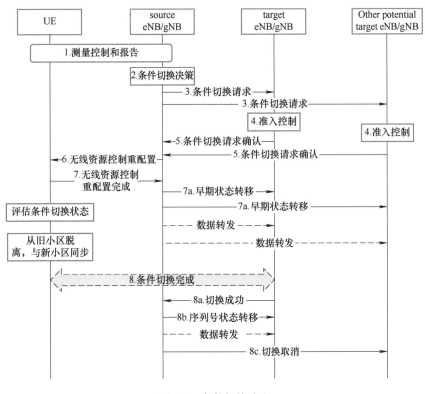

图 3-6　条件切换流程

步骤 1：源基站配置 UE 进行测量，UE 测量周围小区并上报测量报告。

步骤 2：源基站根据测量报告和 RRM（Radio Resource Management，无线资源管理）信息决定是否使用条件切换。

步骤 3：若源基站决定使用条件切换，则根据测量报告向满足切换条件的邻区基站发送 CHO Request 信令。

步骤 4 ~ 5：候选目标基站进行接入控制，若同意条件切换，则反馈 CHO Request Ack 给源基站。

步骤 6：源基站通过"无线资源控制重配置"消息下发条件切换配置给 UE，包含候选目标小区的切换执行条件，以及候选目标小区的配置参数。

步骤 7：UE 发送"无线资源控制重配置完成"消息给源基站，同时 UE 继续测量候选目标小区的状态。

步骤 7a：源基站决定本次切换使用早期数据转发还是晚期数据转发，若决定使用早期数据转发，则将用户数据以及用户数据对应的序列号状态信息转发到候选目标基站，序列号状态信息中包含源基站转发给目标基站的第一个 PDCP SDU 的 HFN 和 PDCP-SN。

步骤 8：UE 测量候选目标小区，当某一候选目标小区满足切换条件后，直接开始切换执行过程，断开与源基站的连接，向该目标小区发起随机接入，并成功接入目标小区。

步骤 8a：目标基站发送"切换成功"消息给源基站告知 UE 已经成功接入目标小区。

步骤 8b：源基站反馈 SN 状态信息给目标基站，若源基站选择使用晚期数据转发，则将用户数据转发到目标基站侧。

步骤 8c：源基站给其他候选目标基站发送"切换取消"消息，告知其释放预留资源和缓存数据。

从以上步骤不难看出，与传统切换相比，CHO 通过让 UE 来根据测量结果选择目标基站并发起切换执行过程，改善由于信令传输时延或信令传输失败导致的切换失败的情况发生。但是相比于传统切换也增加了基站间信令交互，同时由于候选目标基站需要为 UE 预留资源，尤其在使用了早期数据转发的情况下，候选目标基站需要缓存用户数据，这无疑增大了基站负载。

（3）移动鲁棒性优化

移动鲁棒性优化（Mobility Robustness Optimization，MRO）是网络自优化的一个重要组成部分，主要用来解决由于网络参数设置不合理导致的切换失败、无线链路失败、乒乓切换等情况。MRO 需要进行故障检测，其中移动性中的故障主要包含切换过晚、切换过早、切换到错误小区、乒乓切换。

1）切换过晚：UE 在小区 A 停留较长时间后发生 RLF（Radio Link Failure，无线链路失败）；UE 尝试在小区 B 发起重建流程。

2）切换过早：UE 在小区 A 成功切换至小区 B 后不久出现 RLF 或切换过程中出现切

换失败；UE 尝试在小区 A 发起重建流程。

3）切换到错误小区：UE 在小区 A 成功切换到小区 B 后不久出现 RLF 或切换过程中出现切换失败；UE 尝试在小区 C 发起重建流程。

4）乒乓切换：UE 在两个相邻小区之间短时间内频繁来回切换。

以下以切换到错误小区为例，介绍 MRO 是怎么工作的，如图 3-7 所示。

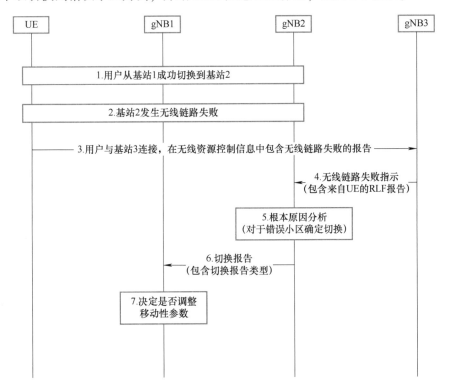

图 3-7　移动鲁棒性优化流程

步骤 1：UE 成功从 gNB1 切换到 gNB2。

步骤 2：UE 在切换到 gNB2 很短时间内发生了无线链路失败。

步骤 3：UE 测量周围小区，成功与 gNB3 建立连接，并通过 RRC 消息发送 RLF report 给 gNB3。

步骤 4：gNB3 对 RLF report 中的信息进行分析，若 UE 发生 RLF 的小区不是自己的服务小区，则将 RLF report 通过 RLF indication 信令发送给 gNB2。

步骤 5：gNB2 根据收到的 RLF report 进行故障检测，分析出是一个 Handover to a wrong cell 故障。

步骤 6：gNB2 将故障分析结果、RLF report 及其他移动性相关信息通过 Handover report 信令发送给 gNB1。

步骤 7：gNB1 决定是否修改相关配置。

MRO 通过统计无线链路失败报告、切换报告以及 UE 移动性相关信息等，分析故障原因，进而调整网络参数，改善由于参数配置不合理导致移动性失败的问题，通过网络的这种自主分析自动调整的机制，可以减少网络优化和管理过程中人工的干预程度，节省人力资源。

3.1.8 NR R16 IIoT 关键技术

为了更好地支持工厂自动化、配电等垂直行业应用，NR Rel-16 通过两个课题来进行无线接入网技术增强，其中课题 URLLC 研究物理层增强、课题 IIoT（Industrial Internet of Things，工业物联网）研究层二层三增强。以下将简单介绍 IIoT 引入了哪些关键技术。

（1）PDCP（Packet Data Convergence Protocol，分组数据汇聚协议）数据重复增强

为了提高空口传输的可靠性，Rel-16 支持在 3 个或 4 个逻辑信道上发送重复数据，即最多 4 路数据重复。基于载波聚合的数据重复，重复数据可在单个 gNB 下最多 4 个不同的服务小区进行传输。基于双连接的数据重复，重复数据可在两个 gNB 的服务小区进行传输，如 MN（Master Node，主节点）的 2 个服务小区和 SN（Secondary node，辅节点）的 2 个服务小区，或者 MN 的 3 个服务小区和 SN 的 1 个服务小区。

（2）RAN 对高层双连接的支持

通过复制 PDU（Protocol Data Unit，协议数据单元）会话来提高端到端传输的可靠性。NG-RAN 保证 PDU 会话及其对应的冗余 PDU 会话的数据走两个独立的传输路径，例如可以 PDU 会话走 MN 而冗余 PDU 会话走 SN，或者还可以在同一个 NG-RAN 节点里使用独立的路径。

（3）精确时间参考点发送

gNB 通过单播或广播 RRC 信令将粒度为 10 ns 的时间参考点信息发送给 UE，以支持时间敏感通信（TSC，Time Sensitive Communication）应用严格的同步精确度要求。

（4）调度增强

对于 UE，一个 BWP（Bandwidth Part，部分带宽）最多支持 8 个并行的 SPS（Semi-Persistent Scheduling，半永久性调度）配置，以及最多 12 个激活的 CG（Configured Grant，配置授权），以便更有效地支持更多种多样周期的确定性业务。

（5）时间敏感通信辅助信息

核心网向 gNB 提供业务特征信息，例如突发数据到达时间、周期，以辅助 gNB 调度。

（6）以太网头压缩

TSC 业务常常是承载在小型以太网帧（如 20～50B，由于以太网帧最小长度为 64B，填充后为 64B）里的，而以太网帧头部通常是 14～22B，对以太网帧头部进行压缩，可以较好地提高空口的数据传输效率。R16 NR PDCP 和 EUTRA PDCP 均支持以太网头压缩

EHC（Ethernet Header Compression，以太网头压缩）功能。

（7）UE 上行资源重叠时的优先级处理

同一个服务小区下，当 UE 获得了多个上行授权而不同的上行授权在时域发生重叠，UE 可以根据授权的优先级和/或授权所支持的逻辑信道的优先级来决定使用哪个授权。

3.1.9　无线网络和 AI

AI（Artificial Intelligence，人工智能）和无线网络的融合已经成为无线通信发展的方向之一，通过将人工智能技术引入无线通信网络，可以更好地应对更加复杂的异构网络以及更加多样的通信场景，复杂的异构无线网络产生海量的数据，AI 算法可以基于这些数据进行分类、统计和推理，进而给出分析、预测和推荐等结论。

在国际标准化组织中，无线网络大数据收集以及 AI/ML（Machine Learning，机器学习）技术的应用已经取得了不错的进展，相关的标准化工作已经部分完结或正在进行当中，想必会对未来的网络建设产生一定的指导意义。

1. AI 应用于无线网络的标准化研究现状

3GPP 多个工作组已经开始研究无线网络大数据收集和分析解决方案，其中 3GPP SA2 工作组将 AI 引入 5G 核心网架构，新增了一个网元 NWDAF（Network Data Analytics Function，网络数据分析功能），如图 3-8 所示。该网元是一个数据感知分析网元，通过其他 NF（Network Function，网功能）、AF（Application Function，应用功能）、OAM（Operation Administration and Maintenance，操作管理和维护）或者 RAN（Radio Access Network，无线接入网络）收集原始数据，并对原始数据进行智能分析，输出分析结果给 NF、AF、OAM 等，用于优化网络和业务。其应用场景涵盖网络切片选择、QoS（Quality of Service，服务质量）决策、移动性管理、负载均衡、UPF（User Plane Function，用户面功能）选择、网络性能预测等。

3GPP SA5 工作组目前正在研究 OAM 的数据管理分析（Management Data Analytics，MDA），MDA 具备处理和分析网络以及服务事件原始数据的能力，并提供分析报告（可能包含推荐决策）来保障网络的服务质量，如图 3-9 所示。其中原始数据可能包含性能测量报告、Trace/MDT/RLF/RCEF（Resource Control Enforcement Function，资源控制执行功能）报告、QoE（Quality of Experience，体验质量）报告、告警、配置数据以及 AF 的服务体验数据等。MDA 可以在准备、调试、运行、终止流程中协助网络的管理工作，例如 MDA 可以识别影响网络或服务性能的问题，或者提前发现可能导致网络性能下降的诱因，同时 MDA 还可以协助预测网络或服务的需求，以便及时更新资源供给或网络部署。MDA 应用场景包含覆盖问题优化、无线资源拥塞控制、跨切片资源利用优化、用户服务保证、故障处理、移动性管理、负载均衡、能量优化、寻呼优化等。

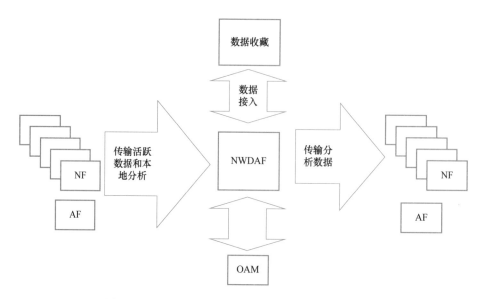

图 3-8　网络自动化总体架构示意图（出自 TR23.791）

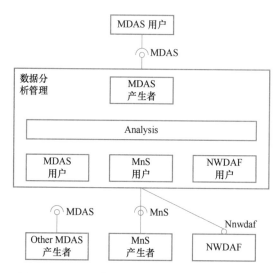

图 3-9　MDA 总体功能示意图（出自 TR28.809）

3GPP RAN3 工作组目前也正在研究无线网络大数据和智能化，该课题意在通过用例研究 RAN 的智能化框架，并分析对现有协议接口的影响，讨论无线网络数据的收集，并基于 AI 技术讨论系统优化方案，主要应用场景包含节能、业务疏导、移动性优化、负载均衡、物理层配置优化等。

另一国际标准化组织 O-RAN 联盟设计的架构相比 3GPP 无线网络架构进一步开放了前传接口，并新引入了 Non-Real-Time RIC（Radio Intelligent Controller，无线智能控制器）

和近实时 RAN 智能控制器（Near-Real-Time RIC）两个智能控制器，同时新增了 A1、E2、O1、O2 等接口，如图 3-10 所示。在 O-RAN 的架构里，AI 是一个核心技术，通过将 AI 技术和 RAN 架构进行融合，实现 RAN 运维的自主化和智能化。其中 Non-Real-Time RIC，意为非实时 RAN 智能控制器，负责处理时延要求大于 1s 的业务，如数据分析、AI 模型训练等。Near-Real-Time RIC，意为近实时 RAN 智能控制器，负责处理时延要求小于 1s（如 50~200 ms）的业务。其应用场景包括基于 AI 的无线资源管理、切换决策、双连接控制、负载均衡、QoS 管理等。O-RAN 系统通过提升无线接入网的开放性和智能化，使移动通信网络软件化、虚拟化、灵活化、智能化和更节能。

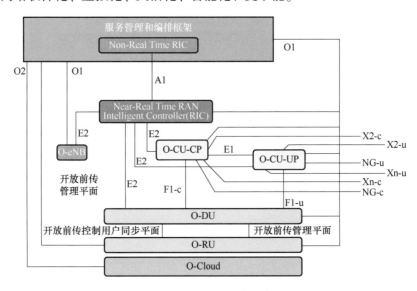

图 3-10　O-RAN 逻辑架构

2. AI 应用场景分析

（1）基于 AI 的移动性管理

随着高频频谱的应用，无线通信场景中单个基站的覆盖范围会越来越小，这也导致整个系统基站数量的增加，用户在无线通信系统中的切换事件也会更普遍地发生。

在移动性管理场景中，AI 算法可以基于用户历史移动性相关信息、其他基站/节点业务及负载信息、网络配置参数、外部环境输入信息（如交通信息、道路环境信息等）等数据进行分析，预测用户的运动轨迹，给出合理的目标基站选择方案，以及更加精准地触发切换的时间点，从而提高切换成功率，保障用户的服务体验。此外 AI 算法也可以基于已经发生的切换失败事件的信息，分析导致切换失败的原因，或者基于用户/网络相关信息分析，提前发现可能诱导切换失败的事件，进而优化网络配置，提高网络移动性能。

（2）基于 AI 的负载均衡

负载均衡的目的是在小区或基站之间均匀地分配负载，或者从拥塞的小区/基站转移部分流量,从而改善拥塞小区/基站的服务质量,并且在一定程度上达到网络节能的效果。传统的负载均衡方案大多是基于用户的测量上报,优化小区重选或者切换的系统参数,进而改变不同小区/基站上的负载,这种方式会导致无线空口上的信令开销较大。

基于 AI 的负载均衡可以充分利用无线系统提供的先验数据,例如可以基于对用户轨迹的预测,以及对用户业务等信息的预测来设计负载均衡策略,在保障网络性能的同时还可以为用户提供高质量的服务体验,进而提高系统容量,并能够最大限度地减少人为干预网络管理和优化任务。

(3) 基于 AI 的覆盖优化

覆盖优化的目标是提高目标覆盖范围的覆盖能力,例如调整小区/基站覆盖范围以修补覆盖漏洞,优化部署方案,避免上下行覆盖不均等现象。传统的网络覆盖优化方案是针对特定的服务区域调整小区的覆盖范围,但由于基站引入了基于波束的天线结构,因此可配置天线和射频(Radio Frequency,RF)的参数集是多维的。在目标覆盖范围和网络配置之间找到映射非常复杂。这种情况下,应用 AI 技术可以更精准地找到目标覆盖区域和网络配置之间的关系。

基于 AI 的覆盖优化可以基于收集的数据,如 UE 测量报告、网络性能测量,以及波束成形和与大规模 MIMO 相关的信息精准定位覆盖漏洞,合理分析覆盖漏洞产生的原因,进而优化网络参数配置。AI 还可以基于大量的历史先验数据预测周围基站覆盖情况,给出当前基站匹配周围区域覆盖的网络配置,从而避免覆盖漏洞的出现。

(4) 基于 AI 的网络节能

未来无线网络部署会更加密集,如果基站长期处于高功率运行状态,这势必会给运营商带来高昂的耗电成本。传统的节能技术主要还是通过预先设定好的门限来决定基站功能开关与否,因为所有参数都是由基站统一设置,并不能很好地适应复杂多变的无线环境,无法解决不同环境下各个基站节能策略的独立选择性问题,难以在用户体验和节能效果间达到平衡。通过将 AI 技术与网络节能方案进行结合,可以提供更精准有效的节能方案,达到有效降低运营商耗电成本的同时保障网络的服务质量。

基于 AI 的网络节能方案可以基于网络负载信息、用户业务、用户的位置信息和运动轨迹预测,以及基站历史业务量等信息预测基站在下一时段的服务量,从而更加精准地做出节能动作的预判,例如选择性地对基站的载波进行关断或者使基站进入休眠来达到节能的效果。同时,基于充分的先验数据以及模型训练,基于 AI 的网络节能也可以在保证基站覆盖的同时节省能量的消耗,有效保证网络服务质量。

3.1.10 3GPP 6 GHz 频段定义

6 GHz 频谱是继 5G 主流频谱之一 3.5 GHz 之后又一段涵盖全球范围的新频谱,具备通用特性,容易实现产业化规模。6 GHz 频谱是最接近 Sub-6 GHz 的新频谱资源,相比高频段而言，具有更好的传播特征。目前 6 GHz 以下已经基本没有其他可用的频谱资源分配给授权频谱，因此将 6 GHz 引入授权频谱对于 5G 时代向"后 5G"以及 6G 演进提供了更加丰富和灵活的部署场景。

但是将 6 GHz 部署为授权频谱也面临诸多困难，包括各个区域法规对于这段授权频谱的完善和批准，以及对现有业务的保护等。3GPP 6 GHz 频段定义分为授权频段定义和非授权频段定义。

（1）NR 授权频段定义

通过了授权频段定义的项目，包括 6425～7125 MHz 和 5925～7125 MHz 两个频段。该立项暂不开始，要等至少一个国家/区域有了法规之后再开始工作。基于法规进展，可能是在 Rel-17 定义或往后。且该立项由华为、爱立信、诺基亚、中兴联合牵头，国内 4 家运营商、中国信息通信研究院、主流设备和终端厂商同签支持。

（2）非授权频段定义，即 NR-U 频段

在 Rel-16 通过了 5925～7125 MHz NR-U 频段的标准修订建议，即 Rel-16 引入了该频段；同时，通过了 5925～6425 MHz NR-U 频段的新立项，该立项面向欧洲需求。

从各个区域 6 GHz 的部署现状来看，6 GHz 作为授权频谱似乎仍然长路漫漫，接下来本书概览 6 GHz 在世界各个区域的现状。国际电信联盟法规对 5.925～7.125 GHz 频段的分配如表 3-3 所示，在全部国际电信联盟区域都标称首要分配给移动服务使用。然而，实际上该频段在大部分国家并没有被广泛部署于移动服务，相反却用在了一些其他服务中，如固定业务和卫星业务，这对于可能的全球化移动业务应用和部署势必会产生影响。

表 3-3　ITU 对 5.925～7.145 GHz 频率的应用分配

频率范围/MHz	区域		
	区域 1	区域 2	区域 3
5925～6700	固定业务 固定卫星业务（地对空） 移动业务		
6700～7075	固定业务 固定卫星业务（地对空）（空对地） 移动业务		
7075～7145	固定业务 移动业务		

在欧洲，5.925～6.700 GHz 频段首要被分配给固定业务（Fixed Service，FS）和固定卫星业务（Fixed Satellite Service，FSS）（地对空），其次被分配给地球探测卫星业务

（Earth Exploration Satellite Service，EESS）（无源）；6.700～7.025 GHz 频段首要被分配给 FS 和 FSS（地对空和空对地），其次分配给 EESS（无源）；7.025～7.125 GHz 频段首要被分配给 FS，其次分配给 EESS（无源）。但是在俄罗斯，根据无线法规 RR 5.459，7.100～7.125 GHz 频段被首要分配给空间业务（地对空）。然而，短距离设备（Short Range Device，SRD）、超宽带（Ultra Wideband，UWB）、水平探测雷达（Level Probing Radar，LPR）以及液位探测雷达（Tank Level Probing Radar，TLPR）也都工作在该频段，但却没有采取降低干扰或频段保护措施。

欧洲电信标准化协会（European Telecommunications Standards Institute，ETSI）发布了关于移动/固定通信网络（Mobile/Fixed Communication Network，MFCN）共享 6425～7125 MHz 频谱的可行性研究报告 TR 103 612，MFCN 带宽为 6425～7125 MHz。报告中提到了一些初步的共存干扰规避技术，最后报告指出，移动/固定业务共享 6425～7125 MHz 频谱，即授权 6425～7125 MHz 存在很多挑战，共存和兼容性需要进一步研究。

在美国，5.925～6.425 GHz 频谱首要分配给非联邦的 FSS 和 FS 使用；而 6.425～7.125 GHz 频谱是专门首要分配给非联邦使用的，包括 6.525～7.125 GHz 的 FS、6.425～6.525 GHz 和 6.875～7.125 GHz 的移动业务、6.425～6.700 GHz 和 7.025～7.075 GHz的 FSS 上行以及 6.700～7.025 GHz 的 FSS 上行和下行。

在美国联邦通信委员会（Federal Communications Commission，FCC）发布的通告《报告和命令以及拟议规则制定的进一步通知》FCC 20-51 中，决定对 5.925～7.125 GHz 频率范围不再分配任何授权频谱，将 5.925～7.125 GHz 频率范围划分为 4 个 U-NII（Unlicensed National Information Infrastructure，未经许可的国家信息基础设施）子带。

- U-NII-5：5.925 GHz to 6.425 GHz（sharing with FS and FSS incumbents）。
- U-NII-6：6.425 GHz to 6.525 GHz（sharing with BAS and CARS）。
- U-NII-7：6.525 GHz to 6.875 GHz（same as U-NII-5）。
- U-NII-8：6.875 GHz to 7.125 GHz（sharing with BAS and CARS）。

进一步批准如下 2 个功率等级。

- 支持标准功率等级：U-NII-5 和 U-NII-7，通过自动频率协调系统 AFC（Automated Frequency Coordination）来避免干扰。
- 支持室内低功率等级：全频段，最大支持 320 MHz 信道带宽。

在我国，固定卫星扩展 C 下行频段 3400～3600 MHz 已经规划用于 5G 系统，相应的卫星固定业务上行频段可以考虑用于国际移动通信（International Mobile Telecommunications，IMT）系统的可行性研究。2019 年 4 月，中国通信标准化协会（China Communications Standards Association，CCSA）创建了《5925-7125 MHz 频段用于 IMT 系统的可行性研究》立项，提出将 5925～7125 MHz 纳入 IMT 频谱的目的和意义，包括稀缺的中低频资源、较好的传播特性以及容易实现产业化规模。研究内容包括对 6 GHz 频段应用于国际移动通信和已有业务（如固定卫星业务）的共存兼容性进行充分研究，同时开展国际移动通信频率需求、规划、技术参数、部署场景等相关研究工作。

3.1.11　功耗节能

2019 年是 5G 商用的元年，伴随 5G 基站的不断开通，中国全面进入了 5G 时代。据工业和信息化部统计数据显示，截至 2022 年 4 月末，我国已建成 5G 基站 161.5 万个。随着 5G 网络建设速度的加快，5G 能耗问题也越来越受到大家的重视。

（1）5G 能耗分析

5G 耗电之说由来已久，某运营商的实测结果显示：5G 单站功耗约是 4G 单站功耗的2.5 ~ 3.5 倍，基站的满载功率达到了惊人的 3700W。相比 4G，5G 采用了更高的频率，单站的覆盖范围更小，要想达到与 4G 相同的覆盖效果需要更密集的基站部署。5G 单站能耗的增加、基站数量的增多，将导致 5G 的能耗远大于 4G 能耗。移动网络的能耗直接关系到运营商的运维成本。有数据显示，4G 时代，通信网络的能耗成本占运营商维护成本的 16% 左右，而通信网络的能耗主要就来自基站。5G 能耗的大幅增加将大大提升运营商的运营开支。

虽然 5G 宣传的每比特能效是 4G 的 20 ~ 30 倍，但是为什么还这么耗电呢？其实归根结底还是数据流量增长太快，虽然每比特能效在下降，但总功耗却在不断上升。如今，运营商的流量资费越来越便宜，运营成本却在不断提升，如何合理有效地节能就成了运营商关注的一个重要课题。

（2）5G 节能技术

网络流量在地理位置上分布并不均匀，有数据显示，现有的移动网络中，30%的基站承载了 80% 的网络流量，剩下 70% 的基站仅承载了 20% 的网络流量。例如，位于城市繁华地段的基站承载的流量要远远大于地处偏远郊区的基站所承载的流量。此外，网络流量在时间上的分布也不均匀，繁忙时段网络的流量很大，空闲时段流量却极低。例如，位于商场的基站在白天人流量很大的时段网络负载很高，傍晚无人的时段却几乎没有流量。网络流量在地理位置和时间上分布不均，造成了部分"闲基站"仅承载极低的流量甚至是不承载任何流量，却还要消耗大量的电力，例如不停地发射广播信号、监听上行信道等。对于这些"闲基站"，能想到的一个简单的省电办法就是拉闸。

当然，在实际网络运维中并不能简简单单地拉闸关站，还要考虑很多问题，例如承载的少量流量如何处理、"关站"后会不会造成覆盖漏洞等，不能因为节能而影响网络原有的功能。3GPP SA5 针对这些"闲基站"制定了相应的节能方案。

3GPP SA5 的节能课题考虑如图 3-11 和图 3-12 所示的两种场景：NR 增容小区被其他候选小区部分或完全覆盖，其中候选小区的基站可以是 gNB（5G 基站）也可以是 eNB（4G 基站）。增容小区，顾名思义就是用来增加容量的小区，通常被部署在一些流量需求大的热点地区，如商场、体育场、火车站等。这些地区用户多、容量需求大，仅靠宏小区不足以满足容量需求，而增容小区的基站距离用户更近、信道条件更好，能够起到增加容量的效果。此外，由于具有更好的信道条件，NR 增容小区还可以用来提供 URLLC 等新型业务。候选小区通常是提供连续广覆盖的小区，即上文的宏小区。

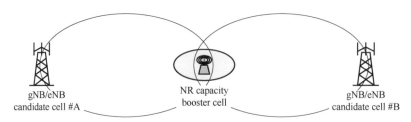

图 3-11　增容小区被其他候选小区部分覆盖

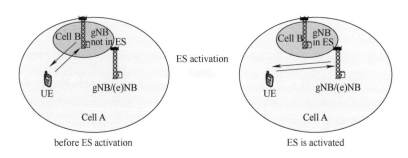

图 3-12　增容小区被其他候选小区完全覆盖

3GPP TS28.310 协议中提供了两类节能方案，即集中式的节能方案和分布式的节能方案。在集中式的节能方案中，OAM（网管）负责收集 NR 增容小区和候选小区的流量测量报告。当增容小区的流量负载小于一定门限值时，根据相应策略 OAM 通知增容小区进入节能模式。随后增容小区将自身的流量卸载到候选小区，然后进入节能模式。增容小区进入节能模式之后，OAM 会继续收集候选小区的流量测量报告。当有增容需求时，OAM 会通知增容小区去激活节能模式。分布式的节能方案中，OAM 负责配置 NR 增容小区和候选小区的节能策略，包括节能模式激活和去激活的门限值。当增容小区的流量负载低于门限值时，增容小区卸载流量后进入节能模式。候选小区监控自身流量负载，当有增容需求时，通知增容小区去激活节能模式。

由于增容小区在进入节能模式之前，将自身承载的流量卸载到候选小区，因此对小区内的用户影响较小。增容小区进入节能模式之后，其原本覆盖的区域由候选小区提供服务，不会造成覆盖漏洞。有了这些保障，运营商才敢放心地"拉闸关站"，节省能耗。除了"关站"，还有很多其他非标准化的节能方法，例如，采用更高工艺制程的芯片、更节能的器件材料、更智能的调度策略等，这里就不一一介绍了。

5G 大规模商用后，能耗问题也会日益凸显，节能势必成为 5G 运营的关键课题。相信未来将会出现更多更有效的节能技术，降低 5G 能耗，使得 5G 能够更高效地服务社会、助力各行各业的发展。

3.2　Rel-17 标准

3.2.1　Rel-17 大盘分割与观察

2019 年 12 月 12 日，3GPP RAN 通过了 Rel-17 RAN1/2/3 主导的立项包，如表 3-4 ~ 表 3-6 所示。Rel-17 计划 15 个月完成，各工作开始时间和主导立项数如下。

RAN1：2020 一季度开始，RAN1 主导立项 11 个。

RAN2：2020 二季度开始，RAN2 主导立项 10 个。

RAN3：2020 三季度开始，RAN3 主导立项 4 个。

RAN4：2020 四季度开始，RAN4 主导通用标准。

1. Rel-17 大盘分割

RAN1 主导立项见表 3-4。

表 3-4　RAN1 主导立项

项目	研究项目(Si)/标准项目（WI）	报告人	新方向或 Rel-16 进一步增强
Reduced Capability NR Devices（NR light）	SI	爱立信	新方向
NR coverage enhancement	SI	中国电信	新方向
NR 52.6 GHz to 71 GHz	SI	英特尔，高通	新方向
NR 52.6GHz to 71 GHz	WI	高通，英特尔	新方向
XR Evaluations for NR	SI	高通	新方向
NB-IoT/eTMC support for NTN	SI	联发科，Eutelsat	新方向
NR sidelink enhancement	WI	LGE	Rel-16 V2X　sidelink 增强
NR MIMO	WI	三星	Rel-16 增强
NR DSS enhancement	WI	爱立信	Rel-16 增强
NR Positioning Enhancements	SI	大唐，英特尔	Rel-16 增强
Enhancements for NB-IoT and LTE-MTC	WI	华为，爱立信	Rel-16 增强

RAN2 主导立项见表 3-5。

表 3-5　RAN2 主导立项

项目	研究项目(SI)/ 标准项目（WI）	报告人	新方向或 Rel-16 进一步增强
NR Multicast and Broadcast Services	WI	华为，中国移动	新方向
Support for Multi-SIM devices	WI	VIVO	新方向
RAN Slicing	SI	中国移动，中兴	新方向
NR small data transmissions in INACTIVE state	WI	中兴	新方向
NR sidelink relay	SI	OPPO	新方向
Solutions for NR to support non-terrestrial networks（NTN）	WI	Thales	基于 Rel-16 SI
Enhanced Industrial Internet of Things（IoT）and URLLC	WI	诺基亚	Rel-16 增强
NR UE Power Saving Enhancements	WI	联发科	Rel-16 增强
Enhancements to Integrated Access and Backhaul for　NR	WI	高通	Rel-16 增强
Further enhancements on Multi-Radio Dual-Connectivity	WI	华为	Rel-16 增强

RAN3 主导立项见表 3-6。

表 3-6　RAN3 主导立项

项目	研究项目(SI)/ 标准项目（WI）	报告人	新方向或 Rel-16 进一步增强
NRQoE management and optimizations for diverse services	SI	中国联通，爱立信	新方向
Enhanced LTEeNB（s）architecture evolution	WI	中国联通	新方向
Enhancement　of data collection for SON/MDT in NR	WI	中国移动，爱立信	Rel-16 增强
NR Non-Public Networks enhancement	WI	中国电信	Rel-16 增强

2．Rel-17 新方向介绍

（1）RAN1 新方向

1）Study on Reduced Capability NR Devices（NR 低能力终端研究）：该项目是降低 NR 设备能力研究。在 LTE eMTC/NB-IoT 和 NR eMBB/URLLC 终端之间的中高端 mMTC。业务场景包括：工业无线传感器、视频监控、可穿戴设备。主要目标是相对于 NR eMBB 终端，降低复杂度和成本，减小尺寸。潜在途径是降低天线数和带宽、半双工、放松处理时延、降低 PDCCH 检测次数、扩展 DRX（Discontinuous Reception，不连续接收）、对位置固定的终端放松 RRM（Radio Resource Management，无线资源管理）。

2）Study on NR coverage enhancement（NR 覆盖增强研究）：该项目是针对 NR 覆盖增强研究。目的是评估每个 UL/DL 物理信道的覆盖，识别覆盖瓶颈，研究增强覆盖的技术方案。

3）Study on NR 52. 6 GHz to 71 GHz（52.6~71 GHz 间 NR 研究）：该项目是 NR 针对频段 52.6~71 GHz 的研究。对于 52.6~71 GHz，考虑利用已有波形，采用更大的子载波间隔；对非授权频段，研究新的接入机制。会前有讨论支持到 114.25 GHz，结论是 R17 先考虑支持到 71 GHz。

4）Study on XR Evaluations for NR（NR 中 XR 评估研究）：该项目是 NR 针对 XR 的评估研究。对于典型的 VR（Virtual Reality，虚拟现实）、AR（Augmented Reality，增强现实）和 Cloud Gaming（云游戏）应用，建模业务模型、识别 KPI（Key Performance Indicator，关键绩效指标），并进行相应的性能评估。

5）NB-IoT/eTMC support for NTN（NTN 支持 NB-IoT/eTMC）：该项目是研究通过卫星或高空平台提供 NB-IoT/eTMC 服务。

（2）RAN2 新方向

1）WI on NR Multicast and Broadcast Services（NR 广播与多播）：该项目是针对 NR 组播和广播服务研究的工作项目。NR Rel-15/16 还不支持广播多播，R17 版本标准将进行引入。

2）WI on Support for Multi-SIM devices（多 SIM 卡终端支持）：该项目支持多 SIM 卡设备的工作项目，一个手机有多张 SIM 卡时，多张卡面向不同网络的冲突处理。

3）Study on RAN slicing（RAN 切片研究）：该项目是 RAN 切片研究项目。主要研究终端快速接入预期切片的机制。研究对业务连续性的支持，如考虑切换时目标小区不支持此小区。需与 SA2 的核心网切片协同。

4）WI on NR small data transmissions in INACTIVE state（NR 中非激活态小数据包传输）：该项目是处于非活动状态的 NR 小数据传输上的工作项目。不同于 LTE，NR 在 RRC 层引入了 RRC_ INACTIVE 态，具有降低时延和省电的效果。Rel-17 将支持不活跃状态下的小数据包传输。

5）Study on NR sidelink relay（NR 副链路中继研究）：该项目是 NR 直连中继研究项目。包括 UE 到网络中继，UE 到 UE 的中继。UE 到网络中继利于网络覆盖，UE 到 UE 中继利于直连通信覆盖。

6）WI on Solutions for NR to support non-terrestrialnetworks（NR 非陆地网络方案）：该项目是 NR 支持非地面网络 NTN 的解决方案的工作项目。研究目标是通过卫星或高空平台提供 NR 服务。

（3）RAN3 新方向

1）Study on NR QoE management and optimizations for diverse services（NR 中不同业务下的 QoE 管理与优化研究）：该项目是 NR QoE 管理和多样化服务优化研究项目。目的是研究 5G 不同业务需求的 QoE 管理。

2）Enhanced LTE eNB（s）architecture evolution（LTE eNB 架构演进增强）：该项目是

增强型 LTE eNB 架构演进项目。关注 LTE 基站 CU（Centralized Unit，集中单元）/DU（Distributed Unit，分布单元）分离。

3.2.2　5G 新空口标准继续演进，3GPP 通过 4 个 RAN1 标准制定新立项

2019 年 12 月，3GPP RAN 86 次全会决定 2020 年启动 Rel-17 课题的标准化工作。会上通过了 4 个 SI（Study Item，研究项目）研究立项，计划于 2020 年第一季度启动 RAN1 的工作，并于 2020 年 6 月完成 SI 研究立项的工作。

1）Reduced Capability NR Devices　报告人：爱立信。

2）NR coverage enhancements　报告人：中国电信。

3）NR 52.6 GHz to 71 GHz　报告人：英特尔、高通。

4）NR Positioning Enhancements　报告人：大唐、英特尔。

受新冠疫情影响，3GPP 调整了 Rel-17 标准化时间安排，Rel-17 RAN1 工作于 2020 年 5 月正式启动。2020 年 12 月 11 日，RAN 90 次全会通过了 4 个 RAN1 SI 研究立项的后续标准制定立项 WI（Work Item，工作项目），明确了 4 个 RAN1 WI 的立项内容，这 4 个 WI 于 2022 年 3 月和 6 月相继完成标准化工作。

（1）Reduced Capability NR Devices（NR 低能力终端，RedCap UE）

该项目是关于 NR 低设备能力终端的项目，报告人为爱立信公司，主要引入以下功能。

1）减小终端支持的最大带宽：RedCap UE 终端 FR1（Frequency Range 1，频率范围 1）最大带宽为 20 MHz，下次全会决定是否支持最大带宽 40 MHz；RedCap UE 终端 FR2 最大带宽为 100 MHz。

2）减少终端最小接收的天线端口数：对于要求普通终端至少配置 2 接收天线端口的频段，RedCap 终端最小接收天线端口数为 1；对于要求普通终端至少配置 4 接收天线端口的频段，减少 RedCap 终端最小接收天线端口数。

3）下行最大支持 MIMO 层数：配置 1 接收天线端口的 RedCap 终端支持 1 个下行传输层，配置 2 接收天线端口的 RedCap 终端支持 2 个下行传输层。

4）最大调制阶数：RedCap UE 终端 FR1 下行支持 256QAM 为可选。

5）双工方式：支持 HD-FDD（Half Duplex-Frequency Division Duplex，半双工-FDD）类型 A。

（2）NR coverage enhancements（NR 覆盖增强）

该项目是 NR 覆盖增强工作项目，报告人为中国电信，主要引入以下功能。

1）PUSCH 增强，包括增加重复传输的次数；按照实际可用的上行时隙计算重复传输次数；多个时隙进行联合编码；基站接收 PUSCH 时对多个 PUSCH 传输进行联合信道估计，包括潜在的 DMRS 优化；基于多个时隙绑定的跳频，基站可对同一绑定内多个 PUSCH 传输进行联合信道估计。

2）PUCCH 增强，包括动态指示 PUCCH 重复传输的次数；基站接收 PUCCH 时可对多个 PUCCH 传输进行联合信道估计。

3）消息 3 PUSCH 增强，包括支持消息 3 PUSCH 的重复传输。

（3）NR 52.6 GHz to 71 GHz（NR 52.6～71 GHz）

该项目在 52.6～71 GHz 频段支持 NR，报告人为高通和英特尔，主要标准工作如下。

1）定义新的子载波间隔：480 kHz 和 960 kHz，并制定相应的机制。

2）支持最多 64 个 SSB（Synchronization Signal and PBCH Block，同步信号和 PBCH块）波束，适用于授权频谱和非授权频谱。

3）针对频谱共享，增强 PUCCH format0/1/4。

4）支持 1 个 DCI 调度多个 PDSCH 或 PUSCH。

5）评估（和制定）针对子载波间隔 120 kHz、480 kHz、960 kHz 的 PTRS 增强，针对子载波间隔 480 kHz 和 960 kHz 的 DMRS 增强。

6）定义长度为 139、571 和 1151 的 PRACH（Physical Random Access Channel，物理随机接入信道）序列。

7）信道接入机制。

8）支持 LBT（Listen Before Talk，先听后说）和 No-LBT。

9）研究（和制定）支持全向 LBT，定向 LBT 和接收机辅助的信道接入。

10）研究（和制定）能量检测阈值增强方案。

（4）NR Positioning Enhancements（NR 定位增强）

该项目对 NR 定位功能进行增强，报告人为英特尔、大唐和爱立信，主要引入以下功能。

1）通过抑制终端和基站收发机的定时时延来提高定位精度，包括下行定位方法、上行定位方法和上下行混合定位方法；基于终端的定位方法和终端辅助的定位方法。

2）提高基于网络定位方法 UL AoA（Angle of Arrival，到达角）的精度。

3）提高基于终端和网络混合（包括终端辅助）定位方法 DL AoD（Angle of Departure，出发角）的精度。

3.2.3　URLLC 在 NR Rel-17 的进一步演进

目前 NR Rel-17 的相关标准正在讨论和制定中，对 URLLC 的进一步增强主要包括以下目标。

（1）研究、识别和规定所需的物理层反馈增强

1）HARQ-ACK 反馈增强。目前正在讨论的增强的主要内容有：对 TDD 如何避免半持续调度的 PDSCH 的 HARQ-ACK 反馈由于 PUCCH 和下行或者灵活符号碰撞而导致的丢弃；对于下行半持续调度，没有承载业务的 PDSCH 的 HARQ-ACK 反馈不进行传输；对于

下行半持续调度，承载业务的 PDSCH 的 HARQ-ACK 反馈载荷降低或不传输；PUCCH 重复增强，支持基于子时隙的重复；传输取消的 HARQ；基于子时隙 PUCCH 配置的 Type 1 HARQ 码本；HARQ 反馈的 PUCCH 载波切换。

2）可支持更精确 MCS 选择的 CSI 反馈增强。

（2）非授权频谱的受控环境中 URLLC 的上行增强

针对基于帧的（Frame Based Equipment，FBE）先听后发（Listen Before Talk，LBT）机制，支持终端发起的连续占用时间。协调上行免授权调度在 NR-U 中的增强和 Rel-16 中 URLLC 的增强，以应用于非授权频谱。

（3）基于 Rel-16，进一步研究 UE 内具有不同优先级的业务的多路复用和优先传输

规定不同优先级的业务 HARQ-ACK/SR/CSI 和 PUSCH 的复用行为，包括上行控制信息在 PUCCH 和 PUSCH 上传输。规定一个服务小区的一个 BWP 上具有不同优先级的重叠的动态调度的 PUSCH 和免授权调度的 PUSCH 的物理层优先传输，包括低优先级的 PUSCH 的相关取消行为。

（4）支持时间同步的增强功能，包括传播时延补偿增强等

URLLC 是移动通信行业切入垂直行业的一个突破口。当前的 5G 网络仍然以支持 eMBB 业务为主，对于全面支持 URLLC 业务仍然有差距。小编也将持续关注 URLLC 的演进与增强，期待 URLLC 通过自动驾驶、工厂自动化和智能电网业务对整个社会带来的巨大变化。

3.2.4　3GPP R17 Multi-SIM 多卡终端增强

用户身份识别卡（Subscriber Identity Module，SIM）用于手机用户的身份识别。双卡手机起源于中国市场，推出双卡终端的背景是不同运营商网络制式不同，但老用户想在保存原来号码的情况下办理其他制式网络的业务，双卡手机就能很好地解决这个问题，并且免去了多买一个手机的开销和麻烦。

最早的双卡手机确切地说是"双卡单待"手机，用户要手动选择一张卡作为主卡进行待机，而另一张卡是无法待机的。随着技术的发展，"双卡单待"演进到了"双卡双待"，两张卡虽然仍有主次之分但是都可以处于待机模式。双卡双待手机为用户提供了很大的便利，用户可以一张卡用于工作一张卡用于生活，也可以根据不同运营商资费差异在做业务的时候进行选择（例如一张卡有语音包，另一张卡有数据包）。数据显示，国内双卡双待手机的市场份额已经上升到 90% 以上。苹果也在 2018 年发布了首款支持双卡双待终端 iPhone XS Max，自此所有主流终端商均支持双卡双待终端。

（1）双卡终端立项 RAN&SA

3GPP 双卡终端立项在 SA2 和 RAN2 两个子组展开。SA2 的研究目标如下。

1）UE 在与 SIM B 通信时如何接收 SIM A 的寻呼消息。

2）对 SIM A 正在进行业务挂起（或释放）和恢复的机制，以便 UE 可以暂时转换到 SIM B。

3）解决 UE 在 SIM A 和 SIM B 寻呼冲突的机制。

4）区分业务优先级，即 SIM 配置或用户偏好是否影响 UE 接收到寻呼消息后的反应。 RAN2 对 UE 的硬件能力进行了进一步明确，具体如下。

1）针对单发单收终端，解决寻呼冲突问题。

2）针对单发单收、单发双收终端，标准化 UE 在两张网络切换前通知原网络。

3）针对单发单收、单发双收终端，基于 SA2 结论是否需要在寻呼消息中指示是否为 VoLTE/VoNR（Voice over LTE/NR，LTE/NR 语音）。

（2）双卡终端存在的问题

双卡终端存在的问题主要在两个方面。一是寻呼冲突：由于双卡终端硬件资源受限，无法同时对两张网络的寻呼时机进行监听。二是网络切换：双卡终端在两张网络间切换会导致终端和网络在 RRC 连接状态不一致的问题。

（3）寻呼冲突

为了省电，4G 和 5G 均采用非连续接收（Discontinuous Reception，DRX）方式对寻呼消息进行监听。一个寻呼帧（Paging Frame，PF）包含多个寻呼时机（Paging Occasion，PO）。UE 在一个 DRX 周期内监听 PDCCH 上的 1 个 PO。

下面介绍 3GPP 对寻呼时机的计算过程。

LTE 参照 TS 36.304 的计算公式如下。

PF is given by following equation：

$$SFN\ mod\ T = (T\ div\ N) * (UE\_ID\ mod\ N)$$

Index i_s pointing to PO from subframe pattern defined in 7.2 will be derived from following calculation：

$$i\_s = floor(UE\_ID/N)\ mod\ Ns$$

NR 参照 TS 38.304 对寻呼时机的计算公式如下。

The PF and PO for paging are determined by the following formulae：

SFN for the PF is determined by：

$$(SFN + PF\_offset)\ mod\ T = (T\ div\ N) * (UE\_ID\ mod\ N)$$

Index (i_s)，indicating the index of the PO is determined by：

$$i\_s = floor(UE\_ID/N)\ mod\ Ns$$

LTE 和 NR 在计算 PF 的 SFN 和 PO 所在子帧位置的公式基本一致。一些公共参数包括：T（DRX 周期）、N（DRX 周期内 PF 个数）、Ns（PF 内 PO 数量）。需要注意的是，LTE 的 UE_ID 用的是 IMSI mod 1024（IMIS，International Mobile Subscriber Identity，国际移动用户识别

码），NR 的 UE_ ID 用的是 5G-S-TMSI mod 1024（TMSI，Temporary Mobile Subscriber Identity，临时移动用户识别码），也就是说 NR 的 UE_ID 是个变量，而 LTE 的 UE_ID 不可变。

无论双卡终端两张卡是 LTE 还是 NR，两张卡是独立对 PO 进行监听的。因此，PO 可能在时域存在重叠，即寻呼冲突。对于单收终端无法同时对两张 SIM 卡的 PO 进行监听，所以会发生漏话现象，如图 3-13 所示。

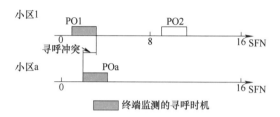

图 3-13　单收终端无法同时进行多 SIM 卡监听的示例

为了解决寻呼冲突的问题，3GPP 各公司主流的观点是通过调整 PO 计算公式中的参量来避免寻呼冲突。更改 UE_ID 就是方法之一，SA2 SI 中提出了多种方式来改变这个参量。例如 LTE 通过 IMSI + offset 方式改变 UE_ ID，NR 通过 5G-GUTI（5G Globally Unique Temporary UE Identity，5G 全局唯一的临时 UE 标识）重分配更新 5G-S-TMSI，或者专门引入备选的 UE_ID 来用于 PO 计算。除了调整 PO 位置，还可以采用网络重复发送寻呼消息或终端实现方式来解决。但笔者认为，单纯从网络或终端侧出发的解决方案虽然可以解决漏话的问题，但是 PO 冲突的问题仍然存在，只是在效果上避免了漏话，是用开销换来的优化，因此不是一个很好的选择。

（4）网络间切换

针对单发单收、单发双收终端，上行基带和射频资源受限很难同时维持两张网络的连接。如果双卡终端在 NW（Network，网络）A 处于 RRC_Connected 状态，且收到 NW B 的寻呼或者要在 NW B 发起业务，此时就涉及网络间的切换问题。如果终端不通知 NW A，本地释放 NW A 连接并直接切换到 NW B，就会导致双卡终端与网络在 RRC 连接状态不一致。NW A 依然会调度用户，造成网络资源的浪费。长时间无法取得 UE 的反馈会触发网络错误判断，以为是发生了 RLF。因此，需要引入一个保证 NW 和 UE RRC 状态一致的切换机制。

在 3GPP 标准中，RRC 释放流程都是 NW 发起的，如图 3-14 所示。

但是在双卡终端场景，UE 想要释放 NW A 的 RRC 连接，能否由 UE 来发送 RRCRelease 信息给网络？结论是终端可以向网络建议 RRC 状态，比如空闲态，但是网络有是否释放的决定权。具体信令结构如图 3-15 所示。

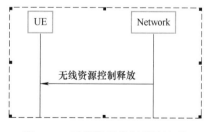

图 3-14　无线资源控制释放流程

```
UEAssistanceInformation-v1610-IEs ::= SEQUENCE {
    idc-Assistance-r16                    IDC-Assistance-r16                      OPTIONAL,
    drx-Preference-r16                    DRX-Preference-r16                      OPTIONAL,
    maxBW-Preference-r16                  MaxBW-Preference-r16                    OPTIONAL,
    maxCC-Preference-r16                  MaxCC-Preference-r16                    OPTIONAL,
    maxMIMO-LayerPreference-r16           MaxMIMO-LayerPreference-r16            OPTIONAL,
    minSchedulingOffsetPreference-r16     MinSchedulingOffsetPreference-r16      OPTIONAL,
    releasePreference-r16                 ReleasePreference-r16                   OPTIONAL,
    SL-UE-AssistanceInformationNR-r16     SL-UE-AssistanceInformationNR-r16      OPTIONAL,
    referenceTimeInfoPreference-r16       BOOLEAN                                 OPTIONAL,
    nonCriticalExtension                  SEQUENCE {}                             OPTIONAL
}
```

图 3-15　UE 协助信息信元

因此，双卡终端离开网络可以复用 UE 协助信息，向网络请求释放 RRC 连接，但仍需等待网络的反馈才能确保 RRC 状态一致。

3.2.5　网络切片与节能

5G 端到端网络切片（Network Slicing，NS）是指将网络资源灵活分配，按需组网，基于 5G 网络虚拟出多个具有不同特点且互相隔离的逻辑子网，每个端到端网络切片均由无线网、传输网、核心网子切片组合而成，旨在满足多样化的应用场景，为不同应用需求提供定制化的虚拟网络。它的实现以网络功能虚拟化技术（Network Function Virtualization，NFV）为基础。NFV 可以实现传统的网元设备的软件与硬件分离，将网络设备功能以软件的形式运行在通用性硬件之上，为 5G 网络节能降耗的研究提供了新的思路。

（1）基站资源切片

资源分为基站资源和无线资源。通过对这些资源的虚拟化，将同一无线网络虚拟成多个虚拟无线网络，将这些资源虚拟为一个个网络切片，各个切片可以共享这些无线资源，实现资源的高效利用，避免资源浪费，实现节能的效果。基站资源包括计算资源、存储资源、网络资源和功率资源等。以计算资源为例，将物理 CPU 集中在一起形成一个计算资源池，并虚拟成一个个虚拟 CPU，每个网络切片共享这个计算资源池，当切片较少或者负载较低时，可以将所需的虚拟 CPU 集中指定给一个服务器或一个机箱内的物理 CPU，关闭其他服务器或机箱，从而实现节能省电的目的。

（2）无线资源切片

无线资源主要是指时域、频域、空域、码域等资源。无线资源切片首先针对的是切片之间的无线资源共享，然后是每个切片内部的用户或数据流之间共享。因此，无线资源切片通常是分层的，第一层是切片管理，第二层是数据流管理。通过修改基站侧 MAC 调度器，可以实现切片管理和数据流管理。以频谱资源软切分为例，独立预留出一些资源给紧急性的业务使用，然后网络切片的调度管理服务根据切片业务请求的实时到达情况按需分配时频资源，并确保各切片间的资源平衡分配，让整个频谱资源利用率大幅提升，从而避免了资源的浪费。

（3）UPF 实例之间流量的重分配

网络数据分析可以表明，由某些 UPF 实例服务的 UE 可能是低优先级 UE。基于此信息，SMF 可以在较少的专用 UPF 实例中重新分配这些低优先级 UE，这些实例仅用于在晚上为低优先级 UE 服务并在较少的专用服务器上运行。如此，那些未被分配 UE 的 UPF 实例便可以由 NFV 协调器删除，使更多的物理资源（例如服务器）在夜间关闭，进而使消耗的能源更少。由于 UE 可以同时连接到最多 8 个网络切片，因此 NWDAF 做决策前，需要考虑 UPF 实例是否属于同一个网络切片。

1）当 UPF 实例属于一个网络切片时，只能在同一网络切片的 UPF 实例之间进行流量重新分配。

2）当 UPF 实例在两个网络切片或者更多切片之间共享时，可以在不同网络切片的 UPF 实例之间进行流量重新分配。

此外，从 SA5 的角度来看，将流量从某些 UPF 实例重新分配到其他 UPF 实例时，还需要考虑如下信息。

1）将流量重新分配到较少的 UPF 实例的主要标准是什么？是否与 UE 优先级、一天中的时间或者服务级别参数有关？

2）UE 优先级的评定标准是什么？NWDAF 从何处获取 UE 优先级相关信息？UE 优先级是相对于给定网络切片内 UE 之间，还是相对于不同网络切片内 UE 之间？

3）将流量重新分配需要与 NFV MANO（Management and Orchestration，管理和编排）功能进行交互，因此，需要明确 NWDAF 如何与 NFV MANO 功能交互，以及通过哪个参考点进行交互等。

3.2.6　联邦学习科普

（1）联邦学习的背景

随着深度学习神经网络的提出，加上近年来算法和算力的巨大提升以及大数据的出现，人工智能迎来了第三个高峰，人们期望看到大数据驱动的人工智能技术可以在医疗、自动驾驶等更多、更复杂、更前沿的领域得以实现，但是许多领域存在着数据有限且质量较差的问题，不足以驱动人工智能技术的实现。此外，随着大数据的进一步发展，重视数据隐私和安全已经成为世界性趋势。在大多数行业中，由于行业竞争、隐私安全等问题，数据以孤岛的形式存在，不同数据源之间存在着难以打破的壁垒，实现数据整合几乎是不可能的。"联邦学习"的提出很好地解决了这一问题，它可以使各个参与方借助其他方数据进行联合建模，各方无须共享数据资源，即在数据不出本地的情况下，进行数据联合训练，建立共享的机器学习模型，从而可以在满足数据隐私、安全和监管要求的前提下解决数据孤岛问题。

（2）联邦学习的分类

根据孤岛数据不同的分布特点，可以将联邦学习分为横向联邦学习、纵向联邦学习以及联邦迁移学习，如图 3-16 所示。

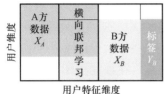 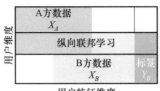 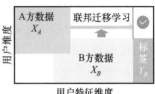

图 3-16   联邦学习的分类

横向联邦学习表示，在两个数据集的用户特征重叠较多而用户重叠较少的情况下，将数据集按照横向（用户维度）切分，并取出双方用户特征相同而用户不完全相同的那部分数据进行训练。

纵向联邦学习表示，在两个数据集的用户重叠较多而用户特征重叠较少的情况下，将数据集按照纵向（特征维度）切分，并取出双方用户相同而用户特征不完全相同的那部分数据进行训练。

联邦迁移学习表示，在两个数据集的用户与用户特征重叠都较少的情况下，不对数据进行切分，而是利用迁移学习来克服数据或标签不足的情况。

（3）联邦学习的应用

联邦学习有许多应用场景，以信贷风控和自动驾驶为例。

在信贷风控领域中，由于消费金融企业机构标签样本数量不足且质量较差，小微企业信贷评审数据稀缺又不全面，因此，如何结合 AI 赋能金融行业，合法合规地从多源数据中综合判断贷款客户的资质和信用情况，是亟待解决的问题。通过联邦数据建模，可以实现数据隐私保护下金融机构以及信贷机构的数据连接与合作，合法合规地最大化自有数据的价值，提升信贷风控能力，同时有效降低信贷审核成本。

在自动驾驶领域，由于车辆受制于驾驶的时间空间限制，获取传感器信息有一定的局限，因此，如何在隐私保护下融合不同来源的信息（如不同车辆的摄像头、超声波传感器、雷达、城市摄像头、交通灯等）是亟待解决的问题。基于联邦学习，自动驾驶可以与车联网、车路协同甚至整个交通系统共同交互，创造更好的驾驶环境，有利于在保护司乘用户隐私的前提下，加速对环境感知的学习能力，提高模型的鲁棒性，提升自动驾驶体验。

那么如何将联邦学习技术应用到通信领域呢？学术界针对此问题也做了研究与探讨。3GPP SA2 于 2017 年启动了面向 5G 网络的自动化使能技术研究工作，其对核心网中的 NWDAF（Network Data Analytics Function，网络数据分析功能）进行了增强，NWDAF 能够从各种途径（如 NF、OAM）收集数据，基于机器学习算法来提供数据分析功能。如 R16 所述，可以在 PLMN 部署单个或多个 NWDAF 实例，每个 NWDAF 独立于其他 NWDAF。但是，当多个 NWDAF 实例存在时，NWDAF 实例提供的分析服务可能并不独立甚至可能是相同类型的服务，因此，多个 NWDAF 实例之间是否可以协作需要进一步研究，包括数据分析的交互以及数据模型的共享等。

考虑到数据隐私和安全的问题，以及数据和模型传输效率等问题，在 3GPP TR 23700 - 91 Solution #24 中，考虑了将联邦学习作为解决以上问题的关键技术之一。主要思想是基于分布在不同 NWDAF 实例的数据集构建机器学习模型。客户端 NWDAF 在本地使用自己的数据训练本地 ML 模型，并将训练好的 ML 模型共享给服务端 NWDAF。利用来自不同客户 NWDAF 的 ML 模型，服务端 NWDAF 可以将它们聚合为最优 ML 模型或者 ML 模型参数，然后将最优 ML 模型或 ML 模型参数发送回客户端 NWDAF。

该解决方案将联邦学习的思想纳入基于 NWDAF 的架构中，旨在研究以下两方面内容。

1）注册和发现多个支持联邦学习的 NWDAF 实例。

2）如何在多个 NWDAF 实例之间的联邦学习训练过程中共享 ML 模型或 ML 模型参数。

第 4 章

关于 6G 的思考

4.1 从 5G 到 6G

4.1.1 5G 商用势头正旺，6G 研究扑面而来

1. 从 5G 愿景到 5G 商用

在谈 6G 之前，先看看 5G 发展之路。

早在 2014 年，IMT-2020（5G）推进组就发布了《5G 愿景与需求》白皮书，指出 5G 最主要的愿景是万物互联，期望 5G 能实现"信息随心至，万物触手及"。2019 年 6 月 6 日，工信部向中国电信、中国移动、中国联通、中国广电发放 5G 商用牌照，中国正式进入 5G 商用元年。

时至今日，再回顾 5G 当初的愿景，似乎我们与"万物互联"的时代还有一定的距离。但是 5G 系统已为"万物互联"时代建好了平台，我们可能无法预测在这平台之上将会孵化出怎样的应用，这些应用又会如何改变人们的生活方式，就像在 10 年之前，我们不曾想到有一天可以仅凭一台手机"行走江湖"。

2. 5G 商用势头正旺，6G 研究已在路上

2019 年 3 月，全球首届 6G 峰会在芬兰举办。70 位来自各国的通信专家，商议拟定了全球首份 6G 白皮书，明确 6G 发展的基本方向。2019 年 11 月，我国科技部会同国家发展和改革委员会、教育部、工业和信息化部、中科院、国家自然科学基金委员会在北京组织召开 6G 技术研发工作启动会，标志着我国 6G 技术研发工作正式启动。2020 年 2 月，第 34 次国际电信联盟无线电通信部门 5D 工作组（ITU-R WP5D）会议在瑞士日内瓦召开，会议启动了面向 2030 年及未来（6G）的研究工作，并形成了初步的 6G 研究时间表，

包含未来技术趋势研究报告、未来技术愿景建议书等重要计划节点。

时至今日，业界各主流公司已陆续发布关于 6G 愿景及潜在关键技术的白皮书。5G 之后，6G 成为业界关注的重点。

3. 6G 是什么样？

根据《6G 无线智能无处不在的关键驱动与研究挑战》白皮书，6G 的大多数性能指标相比 5G 将提升 10 ~ 100 倍。白皮书给出了衡量 6G 技术的关键指标：①峰值传输速率达到 100 Gbit/s ~ 1 Tbit/s；②室内定位精度 10 cm，室外 1m；③通信时延 0.1 ms；④高可靠性，中断概率小于百万分之一；⑤高密度，连接设备密度达到每立方米过百个。

当初从 4G 看 5G 已如仰望百层高楼。现在从 5G 看 6G，这高楼已耸入云端。但是单从性能指标来看 6G，很难窥探出 6G 带来的变革，最多发出一声惊叹。

我们可以大胆想象 6G 的样貌，6G 时代很可能会像科幻电影中描述的那样。

（1）脑机接口

脑机接口如图 4-1 所示，是指依赖常规的脊髓与外周神经肌肉系统，在脑与外部环境之间建立一种新型的信息交流与控制通道，实现脑与外部设备之间的直接交互。脑机接口将对人工智能、生物工程和神经康复等多个领域产生重要影响，它可以为人类的身体提供辅助控制，也可为人类带来全浸入式的游戏体验。

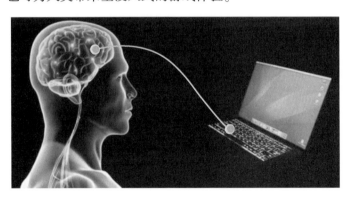

图 4-1　脑机接口概念图

（2）互联机器人与自治系统

互联机器人与自治系统如图 4-2 所示，可能是 6G 系统的主要驱动力，包括无人机交付系统、汽车/无人机群的自动驾驶和自治机器人等。互联机器人与自治系统的应用部署将极大地改变人们的生活方式。

目前看来，每一代通信技术的发展都需要 10 年左右的时间。2020 年，5G 来了。预计 2030 年将迎来 6G 时代。到那时，人们的生活方式将是什么样？让我们拭目以待。

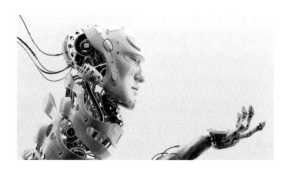

图 4-2　互联机器人与自治系统概念图

4.1.2　慌不慌？5G 的后浪在路上

近两年关于 6G 的新闻确实是越来越多了：

- 美国联邦通信委员会（Federal Communication Commission，FCC）一致投票决定开放 956 GHz ~ 3 THz 的太赫兹频段作为实验频谱，用于 6G 技术验证。
- 美国前总统特朗普"希望 5G，甚至 6G 的技术能尽快进入美国"，并认为 6G"比当前的标准更强大、更快、更智能。美国公司必须更加努力，否则就会落后"。
- Google Trends 把"6G"列入人们搜索最多的 17 个专业词语之一。
- 国内多部委联合启动 6G 专项研究。

5G 正当红，后浪已奔涌。6G 真的要来了？

（1）成功？我才刚刚上路！

移动通信产业的做派从来如此：不是在忙活这一"G"，就是在通往下一"G"的路上。然而，移动通信系统的演进是一个极其庞大的系统工程，不是把数字从 5 改到 6 那么简单。通信标准是一代一代发展而来的，需要遵循严格的流程。ITU 提出需求，3GPP 完成标准制定。每一步都需要时间。问题是：现在的 6G 离标准还有相当的距离，还在概念的预研阶段。

包括学术界在内，大家都在探索 6G 到底应该是什么。从另一个角度理解，就是大家实际还不知道 6G 应该是什么。在很多情况下，已有的关于 6G 的一些预测，只能说是憧憬。而有的则更像是超越憧憬的幻想。

从 1G 到 4G，系统设计的目的很明确：提高频带利用率，获得更高的速率。从 5G 开始，除了速率，开始考虑大量设备接入和高可靠性及超低时延的问题。无论是提高速率、大接入数，还是超低延时，都不是靠一两个技术突破就能实现的。通信系统是个极其庞大的工程，牵一发而动全身，实现任何一个技术指标都要很多技术协同配合。在 1G 到 4G，提高速率主要依靠革命性的技术和架构。但从 5G 开始，真正的挑战来了。

愿景很美好，需求很高调。然而技术层面，仍处在经典电磁理论的窗口期，理论基础仍是香农定理。5G 为了"榨"出系统性能的每一块铜板，空、时、频、码，各路资源全上，已然逼近香农极限。"拔剑四顾心茫然"，6G，路在何方?

（2）路在脚下? 路在空天一体? 路在 AI?

对于 6G 可能的发展方向，在物理层，经常被谈起的是超大规模天线、太赫兹和卫星。超大规模天线是 5G 大规模天线面向更高频段的自然演进。

从技术上讲，太赫兹是可以用于通信的。然而，一个"贵"字使得它的路并不顺利。目前 CMOS（Complementary Metal Oxide Semiconductor，互补金属氧化物半导体）芯片很难用在 95 GHz 以上频段的太赫兹传输。如果目前的射频和天线工艺没有大规模提升，太赫兹频段的商用并不现实。而且，从覆盖的角度来讲，太赫兹频段的覆盖实在是太过可怜，运营商未必有勇气消受。

如果 6G 的重点是解决 5G 覆盖不到的无人区，卫星是一个选择。但时延、频段、信道容量是卫星通信的天然短板，依赖卫星大规模提供民用服务很难。

相比之下，链路层以上还有许多要解决的问题。简单来说，上层协议的低效对资源的浪费严重抹杀了物理层的提升。例如 5G 提出三大场景，基本思想就类似于火车的客货分运，不再是简单的计重收费，而是按服务的类型收费。然而，底层很努力，上层很佛系。TCP（Transmission Control Protocol，传输控制协议）/IP（Internet Protocol，网际互联协议），就是随缘送快递，必须三次握手。因为 IP 传送不可靠，使得必须用极大的冗余来确保传输质量。这些在现实生活中看起来很荒诞的传递模式，就是目前支撑全球移动互联网的技术。

所以 6G 的革命，会更可能是同互联网一起进行的革命，提升互联网与核心网的接入与交换效率。这其中，人工智能（Artificial Intelligence，AI）将不可避免地参与其中。而人工智能的具体作用，以及其将带来的改变，则是目前学术界及产业界还在讨论的一个课题。

目前，关于 6G 的讨论已然热烈，但是还远没有达到"统一 6G 定义"的阶段。比如有人认为 5G + 太赫兹频段 = 6G，有人认为 5G + AI 2.0 = 6G，有人则认为 5G + 空联网 = 6G。综合起来，以下是四个讨论较多的主流方向。

一是多网络的融合：陆地通信与卫星通信的联合组网。不仅有低轨卫星，还有高轨卫星，甚至有更高的卫星。"进行全网络的覆盖"可能是未来 6G 技术的一个发展方向。然而，如前所述，有用户买单的技术才是好技术。时延、速率等方面将是卫星通信必须解决的问题。此外，每比特成本将成为空天通信必须要逾越的大山。

二是频段继续往上走：目前 5G 最高使用毫米波频段，未来可能随着芯片或者物理技术的成熟，6G 会使用更高的频段比如太赫兹频段，而且频谱利用的方式也会发生一些变化。

三是采用"去蜂窝"网络架构等。

四是要实现网络的 IT 化和个性化，比如可能发展成"个人定制类型的通信网络"等。

可以预见的是：未来的网络将会是多个方向的融合。还是那句话：可实现、可商用、用户认可的技术才是好技术。否则，再高冷的技术范儿，也终将破功。

（3）基础不牢，地动山摇

简而言之，蜂窝与香农构成了过去几代移动通信系统的理论基础。在 6G，潜在的太赫兹与可见光的引入，短距通信成为主流。无线技术层面，在空、时、频、码各个维度继续扩展的同时，亟需理论的革新。

事实上，目前除了通信技术迫近香农上限，微电子技术也开始接近了理论的最小尺度。20 世纪 60 ~ 70 年代的两大信息技术成果的红利所剩无几。反观量子技术等依然不具备工业级实用意义。尽管我们在移动通信领域取得了显著的成果，但是在基础理论的投入和积累上依然十分有限。

基础不牢，地动山摇。没有坚实的基础理论的支撑，一时的科技繁荣犹如空中楼阁，总会散去。长期来看，从技术的角度，基础理论与技术突破的欠缺将是移动通信系统面向未来演进的最大风险。长路漫漫，6G 会是一场很长很长的持久战。

4.1.3　6G 创新，专利先行

（1）6G 进展

移动通信系统大约每 10 年会更新一代，并秉承"商用一代，规划一代"的发展原则，随着全球 5G 网络规模化商用步入快车道，全球 6G 研发的战略性布局已拉开帷幕，战略性的 6G 技术高地的争夺已经开始。

ITU：已确定了 2023 年年底前国际电联 6G 早期研究的时间表，包含形成未来技术趋势研究报告、未来技术愿景建议书等重要报告的计划。此外，6G 频谱需求预计将在 2023 年年底的 WRC（World Radiocommunication Conference，世界无线电通信大会）上正式讨论，2027 年年底的 WRC 有可能完成 6G 频谱分配。

3GPP：将于 2022 年上半年完成 5G 版本 17 演进标准，行业内预计在 2025 年左右开始 3GPP 6G 需求与标准的研究与制定。

NextG：2020 年 10 月，美国电信行业解决方案联盟（ATIS）牵头组建了 NextG 联盟，以管理北美 6G 发展的贸易组织。联盟确定的战略任务主要包括建立 6G 战略路线图、推动 6G 相关政策及预算、6G 技术和服务的全球推广等，希望在 6G 时代确立美国的领导地位。目前，全球已有高通、苹果、三星、诺基亚等 30 多家信息通信巨头加入。

Hexa-X：2021 年，欧盟的旗舰 6G 研究项目"Hexa-X"正式启动，项目团队汇集了 25 家企业和科研机构，包括法国电信、意大利电信、西班牙电信、诺基亚、奥卢大学、爱立信、英特尔等。

与 5G 相比，6G 时代全球战略技术高地的争夺更为白热化。美国明确提出将加大 6G 领域投资，以"跨越式发展"超过中国在 5G 领域的优势，日韩已在 6G 核心标准专利、基础设施和终端全球份额等方面设立了更高的目标。同时，产业路径潜在分化、技术领域边界不清、芯片器件影响加大甚至地缘政治等各方面使得 6G 时代的争夺更加错综复杂。

（2）5G 标准专利版图

5G、6G 是近两年知识产权领域竞争的焦点，当前 5G Rel-15/16（Release-15/16，版本 15/16）标准必要专利归属基本确定。

中国的全球标准必要专利占有率，已由 3G 时代的 1.5%，4G 时代的 25.2%，增长到当下 5G 时代的 34%。结合 71% 的国产系统设备占有率和 50% 的国产终端占有率，实现了真正意义上的 "5G 引领"。

IPlytics 结合 ETSI（European Telecommunications Standards Institute，欧洲电信标准化协会）的专利声明，发布了 "5G 专利竞赛的领跑者" 报告。报告显示，截止 2021 年 2 月，拥有 5G 标准必要专利占比前十的公司分别是：华为、高通、中兴、三星、诺基亚、LG、爱立信、夏普、OPPO 和大唐移动。

表 4-1　拥有 5G 标准必要专利公司排序（IPlytics，2021 年 2 月）

当前的受让人	5G 专利占有率	5G 授权、有效专利占有率	5G 授权、有效欧美专利占有率	5G 授权、有效且不适用于 2/3/4G 的欧美专利占有率
华为	15.39%	15.38%	13.96%	17.57%
高通	11.24%	12.91%	14.93%	16.36%
中兴	9.81%	5.64%	3.44%	2.54%
三星电子	9.67%	13.28%	15.10%	14.72%
诺基亚	9.01%	13.23%	15.29%	11.85%
LG 电子	7.01%	8.70%	10.3%	11.48%
爱立信	4.35%	4.59%	5.25%	3.79%
夏普	3.65%	4.62%	4.66%	5.50%
OPPO	3.47%	0.95%	0.64%	1%
大唐移动	3.44%	0.85%	0.46%	0.68%
苹果	3.21%	1.46%	1.66%	2.15%
NTT Docomo	3.18%	1.98%	2.25%	1.90%
小米	2.77%	0.51%	0.23%	0.32%
英特尔	2.37%	0.58%	0.32%	0.40%
vivo	2.23%	0.89%	0.08%	0.07%
InterDigital	1.43%	1.60%	1.79%	0.42%
联想	0.90%	0.32%	0.38%	0.40%
摩托罗拉移动	0.78%	0.72%	0.59%	0.84%
NEC	0.71%	0.79%	0.8%	0.52%
联发科	0.70%	1.19%	1.42%	1.79%
上海朗博	0.65%	0.81%	0.14%	0.22%

（3）6G 布局

6G 创新，专利先行。2021 年 4 月，国家知识产权局知识产权发展研究中心发布了 "6G 通信技术专利发展状况报告"。图 4-3 示意了 6G 关键技术全球和中国专利申请概况。

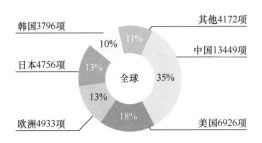

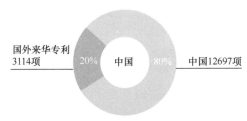

全球专利申请排名	
申请人	专利数
日本NEC公司	672项
韩国大宇通信公司	537项
日本三菱电子公司	448项
韩国电信研究院	439项
韩国三星电子	428项
美国修斯网络系统公司	414项
日本NTT公司	340项
中国电子科技大学	294项
美国高通公司	292项
美国卫讯公司	266项

资料来源："6G通信技术专利发展状况报告"

图 4-3　6G 关键技术全球和中国专利申请概况

报告显示，当前 6G 通信技术领域全球专利申请总量为 3.8 万余项，近 20 年全球专利申请量总体呈上升趋势，特别是 2011 年之后，6G 通信技术相关专利年申请量大幅增加，增速明显提高。中国是 6G 通信技术专利申请的主要来源国，专利申请占比 35%（1.3 万余项），位居全球首位。从全球各主要国家和地区的申请趋势来看，美国、欧洲、日本的专利申请保持平稳，趋势较为平缓，而中国从 2009 年之后，专利申请量开始迅速增加，明显超过美国、欧洲、日本和韩国等国家和地区，在全球专利申请中贡献率最大。6G 在全球、中国专利申请数量的年度趋势如图 4-4 所示。

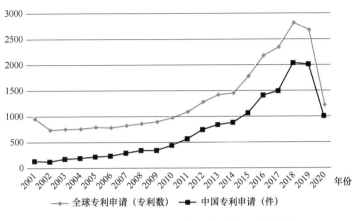

图 4-4　全球、中国 6G 专利申请数量年度趋势

2001～2009 年，美国 6G 专利量排名第一，中国、欧洲、日本和韩国的申请量相差不大。2009 年之后，中国专利申请量开始迅速增加，同时中国也是 6G 关键技术领域的主要目标国，其次是美国和日本。

全球专利申请量排名前 10 位的申请人中，日本、美国和韩国均有 3 家，依次是日本 NEC 公司、韩国大宇通信公司、日本三菱电子公司、韩国电信研究院、韩国三星电子、美国修斯网络系统公司、日本 NTT 公司、美国高通公司和美国卫讯公司，中国电子科技大学位列全球专利申请第 8 位。

从中国专利申请来看，国内高校和科研机构占据 6G 通信技术专利申请的前 10 位，高校和科研机构引领 6G 通信技术的基础研发，是 6G 通信技术创新的主要力量。从中国专利申请人的申请量排名可以看出，排名前 10 位的申请人中包括 8 个大专院校类型的申请人，2 个科研院所类型的申请人，没有企业类型的申请人。然而，根据教育部的统计，我国高校专利实施转化水平不足，亟待加强。我国高校专利转化率普遍低于 10%，而美国高水平大学专利转化率约为 40%，我国高校专利转化与国外高水平大学存在较大差距。因此，如何有效整合国内"产学研"优势资源推动专利转化，将是当前 6G 专利自主创新的一个重要课题。

4.2　6G 畅想

4.2.1　对不起，可能根本就没有 6G

5G 要到了，6G 还远么？可问题是：6G 还有么？

任何一代通信系统，都离不开"底层技术 + 商业模式"的支撑。所以，聊 6G，先看以下两点：一是"真实"的需求和商业模式预期，也就是说"钱"的问题。二是技术体系的支撑，也就是"底气"的问题。有钱没货，货不对板，搞什么 6G？

下面，就从"技术底气"聊起。

（1）通信未来的两朵乌云

1900 年 4 月，英国著名物理学家开尔文男爵在回顾经典物理学所取得的成就时感到志得意满。在他看来，物理大厦已经建成，一切都是如此完美，后人只需添砖加瓦即可。在物理学美丽而晴朗的天空中只有两朵小小的乌云：一朵关于光的波动理论，一朵关于麦克斯韦－玻尔兹曼理论。而物理学发展的历史表明，正是这两朵小小的乌云，终于酿成了"大灾难"，并颠覆了经典物理学体系的大厦。

同样的话，可以套用在无线通信上：通信大厦已经建成，一切都是如此完美，我们要做的就是添砖加瓦。1G，2G，……，nG，千秋万代。那么，在通信的天空中，有没有乌云呢？有，大小不知道，也是两朵：一朵是香农定理，一朵是经典电磁场理论。而这两朵乌云决定了通信的未来可以走多远。

（2）老本可以吃多久？

说通信在吃老本，广大通信人一定是一脸懵，觉得比窦娥还冤。通信行业一直在拼命地搞创新，怎么能说是在吃老本？

可事实是，从 20 世纪七八十年代数字通信开始普及，到 5G，我们一直在消耗近一百年来的通信理论发展成果。技术与应用层面的创新不少，而基础理论的积累呢？香农定理奠定了信息论的基础，给出了信道容量的上限；经典电磁场理论定义了无线信号的传输环境；再加上贝尔实验室发明的蜂窝通信理论，使得无线通信的组网应用成为可能。

三位一体，一切看起来是那么完美。在这三驾马车的引领下，通信系统在实现着快速的迭代。1G 是发端；2G 是至今最成功的通信标准，相较 1G 实现颠覆性创新；3G 历经坎坷，开启了高速无线数据传输的时代；LTE、LTE-A，4G 从量变到质变，夯实了移动互联网的基础；5G 时代根本性的变革不是速率的演进，而是底层的革新和网络的重构。似乎吃老本发展得也不错，但问题是：通信理论的老本，我们还可以吃多久？

（3）老本快吃到头了

通信的未来，不是说来就来，它取决于革命性的理论突破。而核心的突破在于两点：一是香农定理之后，指导理论的创新；二是经典电磁场理论之后，"传输介质"的创新。否则，5G 之后，虽说通信还有发展的空间，但很难有历史性的质变。这确定不是危言耸听？先来看看 5G。

图 4-5 示意了 4G 与 5G 的关键技术比对。和 4G 相比，5G 新空口（New Radio，NR）在技术上的创新，一是大规模天线，在空域上走向极致；二是毫米波，在频域上走向极致；三是新型编码。而 LDPC 此前已广为应用，很难再冒充新"人"。而极化码从提出到

应用不过十多年，目前没有更合适的技术可应用，也从另一个侧面说明了通信的"理论库存"已经吃紧。

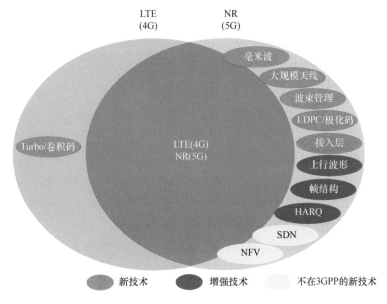

图 4-5　4G 与 5G 关键技术比对

目前看来，说到无线通信，香农定理依然是关键的基石，经典电磁场理论依然是普适的工具，蜂窝通信理论依然是主要的方法。从 1G 到 5G，没有大的变化。在香农定理的指引下，我们在空域、频域、时域各个领域都在走向极致。如果没有颠覆性的突破，以后无非就是路修宽一些、天线密集一些、频率高一些、AI 赋予网络智能一些，而历史性的质变实在是看不到。过去几十年的发展太快，基础理论上的消耗太多，积累太少，老本快吃光了。

（4）未来的未来

5G 之后，到底会不会有 6G？

其实，从技术演进的角度，从标准定义的角度，甚至从商业包装的角度，6G，甚至7G，8G 也未尝不可。但若没有强有力的理论支撑，没有质的变革，我要这么多的"G"有何用，拥有这变化又如何？

若要有颠覆性的创新，必须有颠覆性的理论。抛开本质上就是演进的技术不谈，关于未来，目前可以拿得出手的技术不多，"太赫兹"和"量子通信"是相对比较红的两个。关于太赫兹（如 100～10000 GHz），相比于毫米波，本质上仍是演进。况且，随着频率越来越高，覆盖更多呈现"点"和"线"的形式，组网方式和商业模式都有着不少的问题。至于"量子通信"，确切地讲，是"量子加密通信"。从加密的角度，未来可能，或者说一定，会被应用到电信级设备上，但由于可传递的信息量有限，究其本质，还是一种提供通信安全的方法。

所以，6G 之路漫漫，技术上逐渐进入瓶颈。无线通信的基本原理几十年没有变化，时分频分空分也都用得很彻底了。近几代通信容量的提升，更多的是来自新的频谱和更小的蜂窝。再往前走，面临的挑战是极大的。我们要面对的，除了当下的喧嚣，还有前方的寂寥。

所以，我们需要基础理论的变革与积累，而且很迫切，这是一切发展的前提。因为它真正地决定了在通向未来的路上，我们能够走多远。

4.2.2　什么是6G——5 大颠覆特性

无线通信不断追求技术创新，以支持日益增长的移动带宽需求——这一需求大约每两年翻一番。在过去的 20 年中，已经引入了三代蜂窝网络技术：从 2001 年 3G 的推出开始，到 2009 年 4G 的商业引入，再到 2019 年开启 5G 元年至今。与此同时，其他移动通信方式（如 Wi-Fi）也在通信领域占据了一席之地。

然而，尽管有这些新的发展，我们对带宽的渴望仍然无法完全满足。此外，还需要越来越低的延迟，特别是在工业环境中。在工业环境中，低延迟已成为保持运营正常进行的关键要求，这就是为无线通信的专家们在 20 年光阴后，又启航准备下一步，即第六代移动网络（6G）。诚然，6G 现在还处于起步阶段，但有一点是明确的：6G 将把它的前辈们远远抛在身后。

（1）特性 1：可达 100 Gbit/s 速率

对大多数人来说，移动宽带网络只是一种随时随地流式播放电影和连续剧或快速下载大型文件的手段，这需要的是速度。二十多年来，速度一直是电信运营商吸引客户的首要卖点。事实上，我们在互联网上不断分享更多而且越来越大的视频和文件。

图 4-6 示意了一个女孩在远程观看偶像的演唱会。对人们来说，关键是能够随时随地访问这些下载内容，并以尽可能高的分辨率观看视频。进入移动宽带，6G 网络将继续发展这一趋势，预计下载速度将不低于 100 Gbit/s，这比 5G 网络的（理论）下载速度快 10 倍，比当今最先进的 4G 网络所能容纳的速度快 300 倍。

图 4-6　女孩在远程观看偶像的演唱会

（2）特征 2：100 GHz 或更高频谱使用

频率越高，可用带宽就越多。因此，为了实现这些带宽，需要利用更高的无线电频率。例如，4G 网络的频率为 2.5 GHz 左右，而 5G 网络的工作频段可达 28 GHz 和 39 GHz。下一代移动网络预计将采用 100 GHz 以上的频率。

（3）特征 3：几微秒时延

人们的移动体验不仅仅取决于他们可以快速下载的数据量。对于许多应用程序，网络延迟是一个同样重要的因素。例如，在观看直播电视节目时，延迟会影响或破坏客户体验。毕竟，没有人愿意在世界杯足球赛决赛中错失那个关键的点球。

诚然，5G 网络的引入应该已经结束了这种"打嗝"，6G 提出了一个改进的策略以缩小延迟，只有几微秒。这对于支持越来越多的物联网应用尤其必要。可以考虑基于实时传感器数据独立控制机器和复杂工业过程的闭环控制系统，或者时间敏感的医疗物联网应用，例如心电图（ECG）或脑电图（EEG）信号的处理和分析。考虑到未来超级计算机间的无线通信，对于每秒百亿亿次的运算怪物，1 ms 时延也会中断它们太多"思绪"。

（4）特征 4：支持每平方千米千万的连接设备

物联网的巨大能量由连接的传感器和设备的数量决定。在这方面，预计也会有巨大的增长。市场研究公司 Statista 预测，到 2025 年，物联网将由近 310 亿台设备组成，而目前只有 120 亿至 130 亿台设备。随着设备数量的不断增加，需要尽可能多地连接到互联网。今天的 4G 网络实现了每平方千米 10 万台设备的连接密度。5G 已经做得更好了，每平方千米可以连接 100 万台设备。而随着 6G 网络的引入，每平方千米 1000 万台联网设备的数字不再遥不可及。

（5）特征 5：每比特的能量消耗低于 1 nJ

如前所述，6G 网络将不得不采用更高的无线电频率来支持对更高带宽的需求。但其中一个问题是，底层（芯片）技术还不能以节能的方式在这些频段运行，而节能是无线通信面临的主要挑战之一。电信巨头爱立信在最近的一份报告中表示，移动网络的能源消耗确实有可能大幅增加，这将以牺牲环境和网络的总部署成本为代价。中国承诺 2060 年实现碳中和，那么通信高能耗问题是急需解决的问题。

不过，电信业并非无所作为。电信运营商法国电信（Orange）称，到 2025 年，新技术和软件的引入将使 5G 网络的能耗减少为 4G 的十分之一（每千兆位），到 2030 年，这一数字甚至将减至二十分之一。相比之下，如今提高移动网络能效的努力有可能被需要传输的数据量迅速增长所抵消。多年来，类似的战斗一直在数据中心进行，光纤连接需要在保持高能效的同时处理尽可能多的数据。今天，在测试装置中，光纤以每比特几百毫焦耳的速度运行。

对于 6G，研究人员设定了将其能量消耗降低到每比特 1 nJ（10^{-9} J）以下的目标。为此，研究人员对新的 III – V 族材料寄予厚望，比如磷化铟（InP），尽管这些材料还不适合集成到硅平台上。研究界正在专门研究混合 III－V/CMOS 方法，研究如何将 III－V 族材料与 CMOS 技术异质结合、这些材料在可靠性方面的表现、如何哪些退化机制在起作用等。基于这些研究，研究人员的目标是创造一种在 100 GHz 及更高频率下高效、经济运行的移动设备技术。

4.2.3 触觉互联网，物联网之后的下一代网络

（1）触觉互联网

"触觉"是人类对外界的一种感觉，特别是使用触摸和本体感受的感知和操纵。本体感觉是指身体各部位的相对位置和运动中使用的力量的感觉。触觉通信是非语言交流的一个分支，它涉及人或者是动物通过触觉进行交流和互动的方式。与虚拟现实更直接相关，触觉通信是指将触觉感觉和控制应用于与计算机应用交互的科学。触觉通信技术对于 VR 中更高质量的体验至关重要，将真正沉浸在这些环境中的感觉发挥到淋漓尽致。最常见的触觉输出就是以手机的振动代替响铃模式。

"触觉互联网（Tactile Internet）"一词由德国德累斯顿技术大学教授 Gerhard Fettweis 提出。2014 年 3 月，Fettweis 教授发表了一篇论文"The Tactile Internet：Applications and Challenges"，阐述了触觉互联网的动因、概念、应用和挑战。

2014 年 8 月，国际电信联盟（ITU）的技术观察报告（ITU-T Technology Watch Report）概述了触觉互联网的潜力，探讨了其在工业自动化和运输系统、医疗保健、教育和游戏等应用领域的前景。ITU-T 技术观察报告定义触觉互联网的特点为：极低延迟，极高的可用性、可靠性和安全性。报告认为，触觉互联网将对商业和社会产生显著影响，为新兴技术市场和公共服务带来许多新的机遇。

2018 年，业界知名期刊开始出现多篇关于触觉互联网的论文，从触觉通信、机器人、工业应用等多个领域讨论触觉互联网的设计与关键技术。同年，IEEE 设立了触觉互联网工作组 IEEE 1918.1。

（2）需求与场景

触觉互联网通过触觉和感觉为人机交互增加了一个新的维度，同时彻底改变了机器的交互。触觉互联网将使人和机器能够在移动中和特定空间通信范围内实时地与其环境进行交互。触觉互联网正在成为物联网的下一个发展方向，包括人机对话和机器对机器的互动。它将实现具有大量工业、社会和商业用例的实时交互系统，并释放工业 4.0 的全部潜力，从而改变我们的学习和工作方式。

触觉互联网的概念在 2014 年和 2015 年首次出现在一些应用程序上，它允许用户为他们的阅读或聆听体验添加气味。苹果公司于 2015 年首次推出了 Taptic（Tap 和触觉的组合）Engine，它通过与音频结合的振动发送有关新通知的提醒，不同的触觉用于不同类型的通知。

展望 6G 时代应用场景，触觉互联网的到来，意味着未来传递的信息将超越图片、文字、声音、视频，会包括传递味觉、触觉，甚至情感，触觉互联网将使增强现实和虚拟现实更具沉浸感。

在智能工厂和工业机械的远程操作等工业应用中，触觉互联网将进一步发挥其可能性，实现高度定制产品的高效制造。在医疗保健方面，医生能指挥远程机器人，允许通过完整的听觉、视觉和触觉反馈进行远程身体检查。此外，医生还能接收到触觉反馈，帮助他们进行更精确的工作。增强现实技术已经在设计和工程领域有了发展的迹象，触觉互联网将使工人能够更直接地与他们创作互动，虚拟对象会让人感觉更稳定。

（3）技术挑战

触觉互联网融合了虚拟现实/混合现实/增强现实、5G/6G 移动通信、触觉感知（Haptic Sense）等最新技术，是互联网技术的又一次演进，由此，互联网由内容传输网络进一步演进为技能传输的网络。

当前，触觉互联网面临的最大挑战之一，是在没有物理表面的情况下，如何给皮肤创造压力感。

英国 UltraHaptics 公司开发了一种利用超声波在空中产生触觉反馈的系统。它的硬件配有超声波换能器（微型高频扬声器），这些换能器可单独控制，在皮肤上创造不同的感觉。微软公司正在开发另一种触觉反馈形式，它使用的是空气漩涡环（Air Vortex Rings，即空气炮）。与 UltraHaptics 的技术一样，硬件类似于扬声器的振膜。但在这种情况下，空气被推入一个小孔，变成一个集中的环，可以使 4 in 的分辨率移动 8.2 ft 远，虽然远不如超声波系统那么精确，但胜在距离更远。

据 AFP 报道，《自然》杂志发表了一项关于皮肤表面的无线触觉反馈界面的研究，它能够通过内部数个和硬币差不多大小的微型振动驱动器，每个驱动器以每秒可多达 200 次的振动，细腻地模拟出与他人交互时所产生的触觉，像是给皮肤戴上了一副"VR 眼镜"。

触觉互联网的支撑技术，还包括 5G/6G 通信、虚拟现实、云计算和人工智能等多种技术的结合。正是这些技术的发展，才使得触觉互联网有可能成为现实。总体来看，触觉互联网仍处于商业化前的研究阶段。目前，已有众多标准化组织、高校研究机构以及企业开展相关业务布局，部分企业已开发出了原型产品。虽然离实现还有很长的距离，但触觉互联网最终也许真的将重塑我们的生活、工作和娱乐方式。

4.2.4　6G 元宇宙——生命的绿洲

可以将 6G 看作是一棵树，如图 4-7 所示。

6G 的根——厚植根基，以 5G 成功商用夯实 6G 发展基础。

6G 的茎——创新引领，深入开展 6G 潜在关键技术研究。

6G 的叶——开放共赢，合力营造全球 6G 发展良好环境。

未来 6G 的果，是万物智联、数字孪生，是 6G 元宇宙，是我们赖以生存的"生命绿洲"。

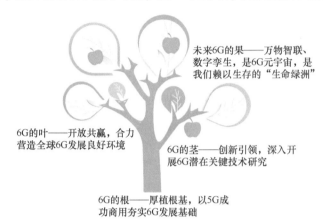

图 4-7　6G 之树

关于 6G 新提出的"元宇宙"概念，可能大家并不熟悉，那么我们一起来了解和学习吧！

（1）元宇宙的起源

元宇宙的英文是 Metaverse，由前缀 meta（意为元）和词根 verse（意为宇宙）组成。元宇宙这个概念，最早出自美国作家尼尔·斯蒂芬森 1992 年出版的科幻小说《雪崩》（Snow Crash），如图 4-8 所示。小说中提到的"元宇宙"，是一个与现实生活平行的虚拟数字世界，现实中的人类可以在元宇宙里拥有分身（Avatar），并以虚拟人物角色自由生活。

图 4-8　尼尔·斯蒂芬森与科幻小说《雪崩》

利用 XR 和 3D 技术，创造虚拟世界的"现实社交"，通过虚拟现场、虚拟人物，创造新的"生命绿洲"。正如图 4-9 所示的美国科幻电影《头号玩家》场景，男主角带上 VR 头盔后，瞬间就能进入自己设计的另一个平行的虚拟游戏世界——绿洲（Oasis）。人们可以随时随地切换身份，通过沉浸式的体验，自由穿梭于平行的物理现实世界和虚拟数字世界。该部电影被认为是最符合《雪崩》中描述的元宇宙形态，绿洲的设定与元宇宙有着异曲同工之妙。

图 4-9　电影《头号玩家》场景

（2）元宇宙的定义

关于元宇宙的定义，不同行业的专家有不同角度的认识和见解，可能并不准确或全面。维基百科对元宇宙的描述是：通过虚拟增强的物理现实，呈现收敛性和物理持久性特征的、基于未来互联网，具有链接感知和共享特征的 3D 虚拟空间。

也可以这么理解，元宇宙是一盘"大杂烩"，整合多种新技术而产生的新型虚实相融的互联网应用和社会形态，基于 XR 提供沉浸式体验，基于数字孪生技术生成现实世界的镜像，向人类展现出构建与传统物理世界平行的全息数字世界的可能性。元宇宙是融合宇宙，融合现实与虚拟；元宇宙是超越宇宙，超越于现实宇宙。

（3）元宇宙的技术基础

元宇宙是"大杂烩"，是新型先进技术的"大熔炉"。如图 4-10 所示，从技术角度而言，元宇宙六大支撑技术（BIGANT）如下。

1）Blockchain（区块链技术）：是支撑元宇宙经济体系最重要的技术，实现经济系统运行的稳定、高效、透明和确定性。

2）Interactivity（交互技术）：交互技术持续迭代升级，为元宇宙用户提供沉浸式虚拟现实体验阶梯，不断深化感知交互。

3）Game（电子游戏技术）：交互灵活，信息丰富，为元宇宙提供创作平台、交互内容和社交场景并实现流量聚合。

4）AI（人工智能技术）：借助计算机视觉、机器学习、自然语言处理等，为元宇宙大量的应用场景提供技术支撑。

5）Network（网络及运算技术）：在 5G/6G 网络基础上，实现云计算、边缘计算，提供高速、低时延、规模化的接入传输通道，夯实元宇宙网络层面的发展基础。

6）Internet of Things（物联网技术）：在应用层、网络层、感知层等领域，为元宇宙万物链接及虚实共生提供可靠的技术保障。

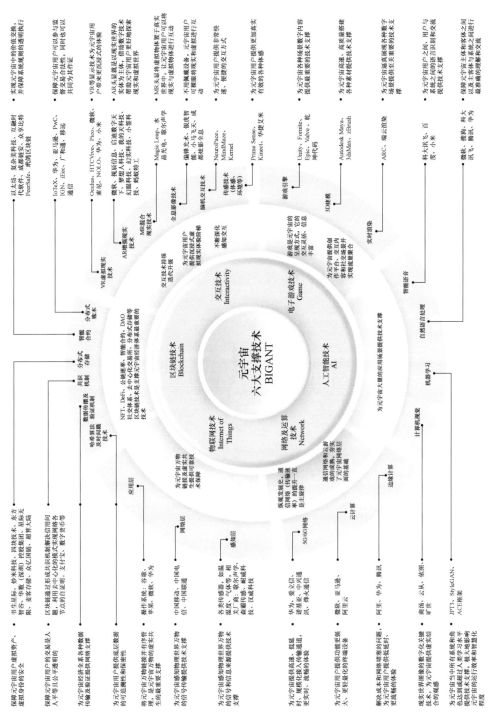

图4-10 元宇宙六大技术(BIGANT)全景图

（4）元宇宙的发展现状

元宇宙像飓风一样，席卷互联网和投资圈，吸引全球行业巨头纷至沓来。日本首创元宇宙平台 Mechaverse，单一场景最多可同时容纳 1000 名用户，提供虚拟音乐会、体育场等常见项目。虚拟世界＋社交网络，多元参与，充分发挥日本动漫文化的影响力。在 2019 年，Facebook 发布了 VR 社交平台——Facebook Horizon，如图 4-11 所示。总体来看，Horizon 在某种程度上来说有元宇宙的影子。该平台上，用户可以创建角色，定义自己的形象和性格，自由自在地生活和工作。

图 4-11　Facebook VR 社交平台（Facebook Horizon）

此外，多家互联网、游戏公司巨头，像 Epic Games、微软、腾讯、网易、字节跳动等都宣布进军"元宇宙"，开展相关业务和投资。当然，大规模元宇宙的产品化还十分遥远，但虚实融合已是互联网发展的大趋势。

（5）元宇宙的崛起

元宇宙概念的雏形早就出现于科幻作品中，为什么近年来又突然火了？原因可能是多个方面的，可谓是天时地利人和。

天时——从需求层面看，新冠疫情加速了数字化转型的步伐，隔离及减少物理接触等方式，加速了对虚拟空间停留和交互的机会，对虚拟世界的需求也随之变多。

地利——从技术层面看，随着 XR、5G/6G、AI 等先进技术的发展，曾经只能出现在科幻小说和电影中的场景已经具备成为现实的可能，为元宇宙的初步形态提供技术基础。

人和——从经济层面看，元宇宙成为投资概念股，具备一定的未来商业前景。当前，虚拟网络游戏是元宇宙的雏形，但同时元宇宙为其带来更多的发展空间和创作的自由度，成为众多游戏巨头开辟游戏产业的新阵地。随着技术的不断发展和成熟，元宇宙的下一发展阶段是在数字化的世界中重构现实世界里的社交、消费等多个方面，构建新型经济体系。

（6）元宇宙的思考

当然，元宇宙目前仍处于行业发展的初级阶段，无论是底层技术还是应用场景，与未来的成熟形态相比仍有较大差距，但同时也意味着可发挥空间和可拓展领域非常巨大。

元宇宙，目前在游戏行业风生水起。但是我们也看到，元宇宙始于游戏，但绝不止于此。一项技术的成熟和应用，离不开根和茎，离不开大量基础设施的提前布局，以及相关技术的成熟和产业链的孵化。元宇宙关键技术的成熟落地，比如 XR、云计算、数字孪生、大数据、物联网、AI、区块链等，将推动元宇宙相关行业的快速发展，比如智慧城市、智慧汽车、网络游戏、心理治疗等。

从技术上看，"带上头盔就能进入一个超级逼真的虚拟世界"的元宇宙，所需要的沉浸感、低延时，以及接近现实世界的虚拟世界效果，都需要极为苛刻的成像技术、网络技术、VR 渲染技术和计算机处理能力。

第 5 章

———

6G 候选技术

5.1 6G 高频段通信技术

5.1.1 6G 频谱

对 5G 新空口，3GPP 将频谱划分为频率范围（Frequency Range，FR）FR1 和 FR2，其中 FR1 为 410～7125 MHz、FR2 为 24250～52600 MHz。截止到 R17，3GPP 进一步针对 7125～24250 MHz 频段开展研究，并将逐渐向 100 GHz 频率扩展。5G 新空口频谱定义包括了对 4G 频谱的重耕以及向更高频率扩展的新频谱，例如非授权（NR Unlicensed，NR-U）频谱 6 GHz 以及 FR2 毫米波。接下来，面向后 5G 以及向 6G 演进，6 GHz 作为授权频谱将提供更加丰富和灵活的部署场景；未来面向 6G，扩展至更高频率如太赫兹甚至可见光，将提供更大带宽和更高传输速率。考虑组网密度以及成本，动态频谱共享可以充分利用多模频谱资源，为优化网络部署提供有效技术手段。

6 GHz 作为 5G 主流频谱 3.5 GHz 之后又一段涵盖全球范围的新频谱，具备通用特性，容易实现产业化规模的优势，是最接近 Sub-6 GHz 的频段，相比高频段如毫米波而言，具有更好的传播特征。因此，让 6 GHz 尽早完成授权频谱规划，将为 5G 向 6G 演进提供更加丰富和灵活的部署场景。

鉴于 5G 新频谱向更高频率扩展的趋势，目前太赫兹以及可见光作为 6G 潜在频谱成为讨论热点。与毫米波相比，采用太赫兹频谱可以获得更大的带宽，期望的峰值速率可以达到 100 Gbit/s。然而，采用太赫兹甚至可见光频谱也面临众多挑战，主要体现为信道传播特性与毫米波以及 sub-6G 有很大差异，空间传播损耗大，导致组网密度和网络能耗极大增加。因此，在讨论 6G 频谱向更高频率扩展的趋势时，需要重点考虑两个问题：一是从商用可行性角度 6G 可以扩展到多高的频率；二是从能耗成本角度 6G 可以扩展到多宽的带宽。

通过太赫兹频谱实现全覆盖组网显然会极大增加组网密度以及成本。因此，采用低频率频谱仍然是承担覆盖的重要手段。低频空口技术在 6G 阶段可重新设计以实现更优的频谱效率和覆盖性能，随着旧终端的退网，逐步重耕为新空口。考虑在网用户以及商业模式，重耕低频频谱需要一定的时间过程，动态频谱共享作为过渡阶段技术，尽量利用多模频谱资源，是初期优化网络部署的重要手段，未来结合 6G 高频率、大带宽、超高传输速率，融合认知无线电和 AI 技术，将进一步推进 6G 频谱向超高速、智能化方向发展。

5.1.2　太赫兹通信需要研究什么

太赫兹（Terahertz，THz）波指的是频率在 0.1 T ~ 10 THz，波长为 30 ~ 3000 μm 间的电磁波。太赫兹因其相较于可见光穿透性更强，且空间分辨率高的特点，已经在检测和感知领域有较大应用。

在通信方面，5G NR 引入了 FR2 毫米波传输并还在向更高频演进，也使得 6G 通信系统尝试探究使用太赫兹传输的可行性。相较于毫米波频段，太赫兹频段的频谱资源更加丰富，可以为无线通信系统提供 GHz 级别的宽带传输，大幅提升系统的峰值速率，因此太赫兹通信也是 6G 无线通信系统的潜在解决方案之一。

（1）太赫兹的特点和挑战

相比于 FR2 频段，太赫兹频段可以提供十倍甚至百倍于 FR2 频段的系统带宽用于无线传输，但是太赫兹频段在移动通信系统中的使用，尚存在如下技术难点。

1）覆盖能力差、传输可靠性降低：一方面，随着频率的升高，太赫兹频段的路径损耗和穿透损耗进一步增大，电磁波在太赫兹频段的传播性能受实际天气状况的影响更加剧烈。因此，太赫兹应用于宏站小区覆盖，以及室外向室内覆盖的难度比较大。另一方面，相比于毫米波，工作在太赫兹频段的射频振荡器产生的相位噪声的功率，也会随着载波频率的提高而显著升高，且太赫兹频段的多普勒频移更大，这些因素都会导致太赫兹电磁波信号传输可靠性的降低。

2）硬件设备技术尚不成熟：太赫兹通信需要持续稳定且性价比高的宽带太赫兹信号生成/功放器件，同时也需要相应的天线和高灵敏度的接收机，硬件实现存在一定难度。

（2）潜在应用场景

结合以上的背景，以及太赫兹频段的传播特点和技术瓶颈，目前潜在的太赫兹通信可能在 6G 中的应用场景如下。

1）高低频协同组网，负责热点覆盖：太赫兹信号在地面环境的覆盖能力弱。在实际部署场景中，为了对抗传播过程中的损耗，一方面，需要进一步结合大规模乃至超大规模天线等技术，进行基于模拟域波束赋形的传输；另一方面，需要在相关法规限定的射频指标之内，进一步提升发射功率。也就是说，为了达到不大于 NR FR2 毫米波覆盖的距离，太赫兹基站的采购和运营成本需要大幅增加。因此，太赫兹频段的独立组网难度较大。目前相对可行的方式是太赫兹频段与现有的低频频段协同组网，工作在低频频段的小区负责广域覆盖，太赫兹小区作为流量补充节点，为用户数大或者流量需求大的区域进行速率支持。

2）卫星间通信：太赫兹频段的电磁波信号在近似真空的太空环境中受到的损耗将近似于自由空间中的路径损耗。因此，太赫兹频段在太空中的使用具有潜在的可能性。可以在空天地一体化场景中，一定程度上弥补卫星之间无法建立地面基站之间的光纤链路的不足。

3）微小尺度通信：太赫兹波长极短，因此有望实现毫微/微纳尺寸的收发设备和组件，以在极短距离范围内搭建超高速数据链路。

（3）研究热点

结合超大规模天线技术和智能超表面技术的太赫兹传输：太赫兹下的天线阵元的间距更小，相同大小的面板所支持的振子数更多，因而相同大小的面板可以生成更加细窄、数量更多的覆盖不同方向的模拟波束，可以将一个小区进行空间上的进一步细分，以实现更高效的波束管理技术；利用超大规模天线的波束赋形增益，以及分布式天线场景下用户与基站距离更近，抵消路径损耗。智能超表面本质上是一种嵌入墙体的二维面板，在控制模块的驱动下对射入信号进行调相，产生朝向另一个方向的波束，可以用于为小区中非直射径场景进行补盲，可以弥补太赫兹信号穿透损耗高的不足。

1）太赫兹频段信道建模研究：目前常用的无线信道建模方法主要有统计信道建模、确定性信道建模、参数化半确定性建模等。考虑到太赫兹电磁波可能会应用于包括空天地在内的多种场景，太赫兹实测信道数据比较难以获取，基于典型场景实测结果的统计信道建模可能难度较大。经调研，已经有相关文献基于射频跟踪技术的太赫兹信道研究技术，提出了一些可行的太赫兹频段信道估计方案，搭建具备传播机理模型的射线跟踪平台，辅助信道特性研究，得到精确信道模型。

2）NR 技术向更高频的演进：5G NR 在最初的版本中，为了应对 FR2 实际部署覆盖能力差的问题，引入了如基于大规模天线的模拟域波束管理技术、相位跟踪参考信号（Phase Tracking Reference Signal, PT-RS）用于终端估计并消除相位噪声等技术。目前，3GPP 在 5G NR Rel-17 版本中，正在研究以其现有的基于正交频分复用（Orthogonal Frequency Division Multiplexing, OFDM）的传输为基本框架，将 FR2 频段扩展至 71 GHz，该频段已经逐渐接近太赫兹的最低频点（100 GHz）。其目前的研究方向主要是：①为在新的更高频段下的 OFDM 传输，以及更大的系统带宽，设计新的参数集（numerology），如更大的子载波间隔。更大的子载波间隔会引入更短的 OFDM 符号长度，需要研究更短的 OFDM 符号长度，对终端处理复杂度和上下行时频资源调度颗粒度的影响和改进；②为更高的子载波间隔定义终端、基站的射频和 RRM 等指标，包括基站波束切换时延，定义比原有 FR2 更短的发射机开/关过渡周期，评估 TA 调整误差造成的性能损失；③更高频段的相位噪声建模，增强的相位噪声估计以及潜在的对 PT-RS 的改进。除此之外，5G NR 还将持续针对 FR2 的传输进行一系列的增强，包括 FR2 大规模天线中的波束管理、多面板（Multi-Panel）和多传输/接收节点（Multi-Transmit/Receive Point，Multi-TRP）传输等。

　　5G NR 对 FR2 52.6 GHz 的引入，以及接下来向更高频段的演进，可以为下一代无线通信系统向太赫兹甚至更高频段扩展时，如何解决由更严重的路径损耗和穿透损耗所带来的覆盖能力越来越恶化的问题，提供重要的方向指引。

5.1.3　太赫兹试验，他们先走一步

　　当前全球 5G 部署方兴未艾，6G 研究热度已渐渐升高。2020 年 10 月，美国电信行业解决方案联盟（ATIS）宣布正式成立 "Next G" 联盟研究 6G，旨在实现针对 5G 及未来无线技术有组织的研究，致力于 "为 6G 及以后的北美领导力奠定基础"。尽管美国、中国、欧洲、日本等都在加快 6G 研制的步伐，但韩国却在 6G 试验占得先机，而且韩国似乎总对越来越高的频谱情有独钟，每次都先于业界进行 5G、6G 的高频段试验验证。图 5-1 为太赫兹验证示意图。

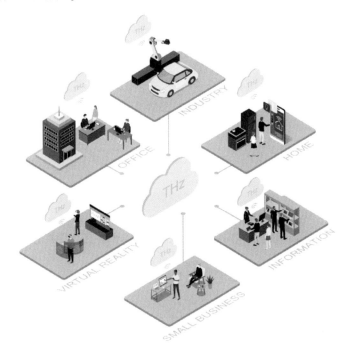

图 5-1　太赫兹验证示意图

（1）5G，韩国三星率先进行毫米波试验

早在 5G 研究初期，韩国三星在 2013 年就宣布成功试验了全球第一个毫米波 KA 波段

（28 GHz）的自适应阵列收发器，实现在 2 km 距离 1 Gbit/s 的速率传输。试验环境是赛车场，自适应阵列不仅实现高速率传输，而且还能对赛车进行动态波束跟踪，当时宣称 2018 年平昌冬奥会实现 5G 商用。要知道中国在 2013 年 12 月 4 日工信部才正式向三大运营商发布 4G 牌照，而 4G 速率才 100 Mbit/s 量级。三星的 1 Gbit/s 试验当时给业界带来很大震撼，也对后来 5G 毫米波的波束跟踪技术有很大影响。韩国也确实在 2018 年 12 月 1 日通过三大运营商：SK 电讯（SK Telecom）、LG Uplus（LG U＋）、韩国电信（KT）开始提供 5G 商业服务，成为全球第一个 5G 商用国家。

（2）6G，韩国三星、LG 率先进行太赫兹试验

对于 6G，韩国又率先试验。2021 年 6 月，韩国三星展示了与加州大学圣巴巴拉分校合作的 6G 太赫兹（THz）无线通信原型，如图 5-2 和图 5-3 所示，研究人员演示了全数字波束形成解决方案的端到端 140 GHz 无线链路原型系统，包括一个由 CMOS RFIC（射频集成电路）驱动的 16 通道相控阵发射器和接收器模块，以及一个处理 2 GHz 带宽和快速自适应波束形成信号的基带单元。在测试中，原型系统在 15 m 距离上实现了 6.2 Gbit/s 的实时吞吐量，并具有太赫兹频率下的自适应波束控制能力。

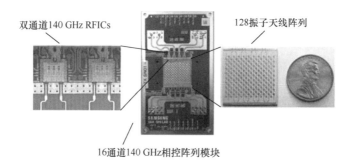

图 5-2　全数字波束形成解决方案（140 GHz 无线链路原型系统）

图 5-3　三星太赫兹原型样机

进一步，LG 电子在 2021 年 8 月与欧洲领先研究机构 Fraunhofer Gesellschaft 在柏林合作，成功地在 100 m 的室外环境中发送了 6G 太赫兹无线通信信号，如图 5-4 和图 5-5 所示。LG 表示目前 6G 太赫兹的问题是快速衰减，该测试通过与弗劳恩霍夫应用固态物理研究所合作开发的功率放大器解决了这一问题，该放大器可在 155 ~ 175 GHz 的频率范围内产生高达 15 dBm 功率的稳定通信。测试的原型样机还具备自适应波束形成和高增益天线切换技术。

图 5-4　LG 太赫兹原型样机

图 5-5　LG 太赫兹测试环境

（3）为什么又是韩国

韩国为什么在 5G、6G 总要抢先试验？主要是以下几点原因：①韩国三星在高频段技术积累和研发方面处于世界领先地位。2020 年 12 月 28 日，BusinessKorea 报道称，三星电子以 4751 亿美元市值超越台积电，重新名列全球半导体企业市值首位；②韩国移动通信和互联网覆盖水平处于全球前列，文化娱乐业发达，移动互联网用户比例高，用户消费水平高；③韩国面积小绝对人口少，韩国的整个面积是山东省的三分之二，人口是山东省的一半。这么小的地方和这么少的人口，拥有三个大的电信服务商，一方面网络部署起来简单快速，另一方面运营商出于激烈竞争需要，均有意愿采用先进技术；④韩国希望走出自己的道路，在全球先进技术领域争取更大话语权；尽管 6G 尚早，但照目前趋势，韩国可能也想在未来引领 6G 发展，成为最快商用 6G 的国家。

5.1.4 未来有光就有网

（1）导语

随着 5G 标准制定逐步完善，商用场景逐步落地，6G 的概念也渐渐走入人们眼中。6G 潜在的新技术种类繁多，而光通信就是其中一种。光通信主要指频率在 380 ~ 750 THz，波长在 400 ~ 780 nm 之间的以光波作为载波的无线通信，如图 5-6 所示。在如此高的频段内，光波自然具有大带宽、高速率的特点。又因光线链路相对于射频指向性较好等特点，其还具有高保密、无电磁辐射等优势。

光通信根据光源不同主要可以分为激光无线通信和照明 LED（Light Emitting Diode，发光二极管）可见光通信。而技术发展的主要思路可以分为传统射频通信向更高频段发展，和传统光纤通信向无线形式发展两种思路，分别对应了无线通信宽带化和宽带接入无线化。

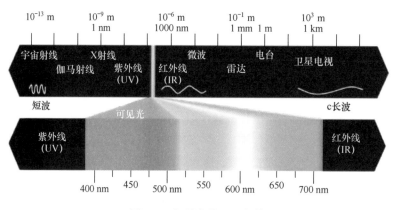

图 5-6　电磁波谱——光谱

（2）无线通信宽带化

更大的带宽意味着更高的信道容量和传输速率，这是通信行业一直追求的目标之一，而将传统蜂窝移动通信技术向光谱化推进有望成为实现方法之一。该技术通常是用普通照明 LED 灯光以人眼不能感知的高频（>200Hz）来控制亮度变换以传输数据。发射端通常是以窄带脉冲调制或振幅调制，将信息承载到照明白光上，或者用红、绿、蓝等不同波长的 LED 分别调制信息，并混合为照明白光，以提高信道容量。接收端可以用光敏二极管等器件进行光电转换，也可以使用 CMOS 等图像传感器，以类似二极管阵列的形式接受光信号，扩大接受视场角，并提高传输效率。

室内可以利用照明 LED 作为通信基站进行信息无线传输，而室外可见光通信目前主要应用在智能交通系统中，例如 LED 交通灯或路灯与汽车前后 LED 灯之间构成的可见光通信系统。可见光通信拥有极高的传输速率，同时基于室内照明 LED 的普及，也能实现大面积的信号覆盖，可作为 6G 蜂窝无线通信的补充。由于检测器的尺寸明显大于波长，光信号不太受路径衰落的影响，因此可见光通信也可能提供厘米级精度的精确可靠的定位服务，解决室内卫星定位信号弱的场景下定位精度不足的痛点，从而达到室内照明、通信、定位一体的功能。

可见光通信目前重点研究的问题包括：①器件性能，如发射器件更大的带宽，接收器件更高的灵敏度，更集成、更高速的光电处理器等；②频谱效率，如更高的调制阶数，更先进的调制解调、编码技术等；③对人眼的影响，对于照明、通信一体化的光通信系统，在设计时需要保证稳定的光通量，避免 LED 灯闪烁对人眼造成危害；④组网技术，室内下行链路基于照明 LED 的情况下，上行链路若也使用可见光通信，需要考虑，光源对人眼的干扰，可以采用人眼不可感知的弱光源配合具有大接收增益的基站接收端，或者与 Wi-Fi 或蜂窝网络组成异构网络。

（3）宽带接入无线化

将光纤通信向无线化发展可以极大地提高网络部署的灵活性并降低设备铺设的成本，而基于激光光源的无线通信技术使这种场景成为可能。以半导体激光器作为常用光源的通信系统，主要工作在近红外频率（750～1600 nm），提供具有高数据速率（即每个波长 10 Gbit/s）的具有成本效益的协议透明链路。激光光束能量集中接近完美，具有非常高的能量效率。超高的定向增益也使信息传输不太可能被窃听，因此通常被认为比传统射频更安全。

利用激光通信技术可以在建筑物或卫星之间假设无线光链路，只要收发两点之间视线不受阻挡，既不需申请频率执照，也没有铺设管道挖掘马路的问题，具有部署快速灵活、成本低廉、信息容量大等优势。这种场景中收发端的相对位置偏移足够小，可以通过传统的捕获、跟踪和指向子系统来补偿。因此该技术有望解决回传链路瓶颈、综合接入"最后一公里"等问题，甚至实现"光无线固网"。而特定频段的光波在水中的传播衰减远小于其他频段电磁波，可实现水下千兆网络通信，如图 5-7 所示。

而针对传统捕获、跟踪和指向系统难以应对高速移动终端的问题，可通过图 5-8 所示的光学相控阵为代表的技术，利用光束的可配置调控，跟踪服务多个移动用户。与大规模天线类似，光学相控阵通过改变入射光波的波前相位来控制

图 5-7　光波水下通信

出射的激光束，增加了空间自由度，从而有可能为大量处于不同位置的移动终端提供光纤质量的通信服务。

图 5-8　光学相控阵通信

激光通信对传输路径的要求较高，比如收发端需处于视线路径，之间有遮挡时需要考虑中继，而沙尘、大雾等天气引起的光的色散也会降低通信可靠性。因此，目前激光通信的有效距离一般不超过 1 km；另外，收发端之间的光波束的对准也是研究重点之一，目前技术主要有基于光学结构的对准方法以及基于相控阵的波束管理方法。激光的发射功率有着严格的安全标准，因此，优化频谱效率以及能量效率也是研究重点之一。

不论是激光光源还是照明 LED 光源，室内通信还是室外抑或是水下、星间等特殊场景，光通信凭借其种种特殊性质，相比传统射频都有着诸多优势。然而不论是在技术原理还是实际应用上，这项技术也还有很长的路要走。期待在将来的 6G 网络中，能够看到"有光就有网"成为现实。

5.2　6G 空口增强技术

5.2.1　超大规模天线技术

大规模天线技术作为 5G 的核心关键技术之一，显著提升了系统频谱效率，在满足各类业务需求方面发挥了重要作用。超大规模天线技术作为大规模天线技术面向 6G 的进一步演进，致力于实现 6G 愿景下的无线覆盖、数据速率以及能量效率等关键需求。

在无线覆盖方面，为满足 6G 空、天、地、海全域无缝覆盖需求，超大规模天线系统需要针对 5G 网络的覆盖薄弱环节进行增强，包括室内深度覆盖、广域覆盖以及近地空域覆盖的增强。在数据速率的提升方面，主要的解决手段可能会从频谱效率的提升向频谱资源的扩展上倾斜，依托于太赫兹的丰富频谱资源，超大规模天线技术有望达到十倍其至百倍于 5G 系统的峰值速率以及用户体验速率。与此同时，超大规模天线系统在设计上需要兼顾考虑能量效率的提升，优化网络设备功耗与节能方案，降低运营成本。

着眼于未来 6G 移动通信网络的关键需求，可以预见单单依靠天线规模的进一步扩大是远远不够的。面向超大规模天线的技术演进中需要进一步研究现有大规模天线技术的增强方案，并积极探索与其他新兴技术的结合。在现有技术的增强方面，潜在的研究方向包括基于超大维度的信道测量及反馈增强、波形及多址技术增强、免授权传输增强、多面板通信增强以及波束管理增强等；在新兴技术结合方面，潜在的研究方向包括超大规模天线与轨道角动量、智能表面以及 AI 等技术的结合。以 AI 技术为例，其在超大规模天线系统中的潜在应用表现在以下几个方面。

1）基于 AI 的信道估计增强。通过将信道估计与 AI 技术结合，利用神经网络的强大学习能力来辅助信道信息的测量和反馈，可以为高效、准确地获取信道信息、降低导频开销提供一种新的思路。另外，可以结合不同场景的实际需求，采用不同大小的反馈开销进行训练和优化，灵活实现所需的信道反馈精度。

2）智能化波束管理。在未来的 6G 网络中，波束将更加精细化，采用的波束数目也将更加庞大。为了节省波束扫描、测量和反馈等流程导致的时延和开销，可以探索波束管理与 AI 技术结合的可能性，实现智能化波束管理，提升波束管理的效率和性能。

3）自适应多天线面板通信。面向 6G 的超大规模天线系统中，设备形态将更加多元化，基站和终端设备都可能会配备多个天线面板。得益于此，网络侧可结合具体信道状态及系统需求，灵活调度不同的天线面板进行协作或非协作的传输，从而提升系统容量和鲁棒性。在多天线面板的选择、调度与传输上，也可考虑与 AI 技术的结合，实现自适应的多天线面板通信，进一步提升系统性能。

最后，从超大规模天线的应用与部署层面考虑，其部署方式可能会从传统的集中式部署向分布式部署演进，形成分布式超大规模天线系统。与传统的集中式大规模天线系统相比，分布式系统在部署上可以更加灵活、更加贴近用户，通过各个分布式天线节点的协作，一方面可以使信号覆盖更加均匀；另一方面可以更好地发挥空分复用的优势，最大化传输资源的利用效率。除此之外，由于基站天线与用户的平均距离更小，用户需要的发送功率更低，有助于降低用户设备的功耗。然而，由于分布式系统大幅增加了传输节点的数目，不同传输节点的联合信号处理以及各个节点的同步校准等问题，还有待进一步的研究。

5.2.2　可重构智能表面

可重构智能表面（Reconfigurable Intelligent Surface，RIS）一般由大量的近无源电磁器件构成，每个电磁器件都可以对入射电磁波的相位和/或幅度进行控制。经由 RIS 反射或透射后，由于波的干涉作用，电磁波在不同的空间方向上的强弱叠加状态会有所区别：在某些方向由于干涉相消，导致电磁信号能量的衰减；在某些方向由于干涉相长，导致电磁信号能量的增强。利用 RIS 的这种特性，可以根据电磁波的入射方向，有针对性地对电磁器件参数进行调整，从而形成期望的电磁波图样，实现控制电磁波传输方向的目的。

RIS 为提高无线链路性能提供了新的自由度，为进一步实现智能可编程无线环境提供了一定技术依托。以 RIS 作为反射表面为例，其结构及反射波图样示意图如图 5-9 所示。

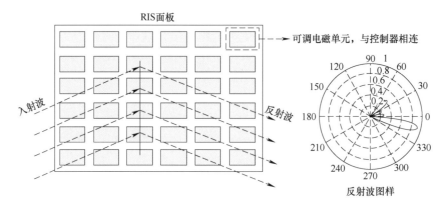

图 5-9　RIS 及反射波图样示意图

RIS 凭借其轻量、灵活、低成本等天然优势，在 6G 网络中具有很大的应用潜能。目前来看，在室内场景下，RIS 可用于增强室内无线信号覆盖；在室外场景下，RIS 的潜在应用包括建立视距通信环境、弱覆盖区域补盲以及邻区干扰抑制等，具体如图 5-10 和图 5-11 所示。

图 5-10　通过 RIS 建立视距环境

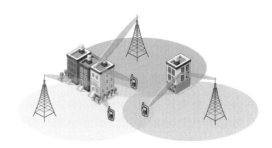

图 5-11　通过 RIS 抑制邻区干扰

RIS 在网络中部署时，需根据其对网络侧和终端侧的透明程度来决定其具体的应用方式，具体可分为全透明 RIS、半透明 RIS 和非透明 RIS。

全透明 RIS 指其对于网络侧和终端侧都是透明的，即基站和终端都不需要感知 RIS。此时，RIS 的部署不会引入额外的控制信令开销，不会影响基站和终端的特性。在应用方面，全透明 RIS 适合于小区级的部署，只需要将信号反射到期望的区域即可，不需要精细的反射波束控制，可用于提升信号覆盖。

半透明 RIS 指其对于网络侧不透明，对于终端侧透明。对于半透明 RIS，基站可以通过特定的控制信号主动调整 RIS 的整体电磁单元响应，从而生成需要的反射波束图样。在应用方面，半透明 RIS 同时适用于小区级部署以及用户级的信号增强。

非透明 RIS 指其对于网络侧和终端侧都是不透明的，此时 RIS 作为移动通信网络中的一个非透明的中间节点参与无线信号的传输过程。在应用方面，非透明 RIS 可以更好地掌握基站与 RIS 间以及 RIS 与用户间的信道状况，如果妥善地加以利用，可以更好地对级联信道进行精细化调整，提升上、下行信号质量。

最后，从成本上来看，如何解决低成本的 RIS 实现与部署将成为其应用于未来的 6G 移动通信网络中的关键。从部署上来看，如何避免 RIS 对期望工作频段外的频谱影响将成为 RIS 部署的一个痛点问题。

5.2.3　智能表面那些事儿

（1）引子

以下场景想必大家并不陌生（如图 5-12 所示）：着急办事儿，想骑个共享单车，结果没信号。更邪门的是，就那么一块地儿允许停放单车，但就在那小小的几十平方米的范围内没有信号，离开这个范围，诶，它就又有信号了，你说气人不？

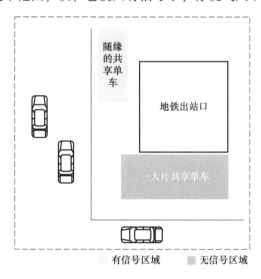

图 5-12　场景示意图

图 5-12 所示的有信号区，也不是说信号有多好，勉强能完成共享单车扫码解锁的程度。但就那几十平方米的无信号区域，就是扫不成单车。

那么怎么办？以下是几种解决方案。

『方案 1：打电话给运营商客服』

——您好，工号×××，很高兴为您服务！

——诶，您好，我的位置是×××，这个地方信号不好啊，我连共享单车都扫不开。

——您稍等，我帮您核查一下，是×××么？我们查询到的这里网络覆盖没有问题呀！

——这块区域的覆盖可能没问题，但就是这地铁站附近这一小块地方，信号特别差。

——好的，那我先把您的问题反馈给后台进行处理，还有什么能帮到您的么？

——没有了，谢谢。

『方案 2：把共享单车搬到绿色区域，再扫码解锁』

——感觉可行，但又觉得有点奇怪，毕竟隔了几十米啊，不是说搬就搬啊。

『方案 3：寄希望于未来，那就是』

——智能表面技术。

（2）什么是智能表面技术？

智能表面技术是近三年逐渐热起来的，它的名字还没有完全统一，叫什么的都有，据不完全统计，它的名字包括可重配智能表面（Reconfigurable Intelligent Surface，RIS）、智能反射面（Intelligent Reflecting Surface，IRS）、大规模智能表面（Large Intelligent Surface，LIS）。

当然，智能表面技术也不是凭空出现的，它在向移动通信进军之前，前身是用于雷达和反雷达设备。它的原理说起来很简单，但是实际应用上可能会存在很多问题与挑战。先说它简单的一面。波的反射，都学过吧？初中物理教过的。波的干涉，都学过吧？正正更强，正负相消，也是初中物理教过的。两种原理加到一起，就是智能表面的基本原理：通过调整超材料/可控电磁器件的反射系数、相位，将入射信号反射到期望的方向上。是不是和波束赋形很像？

那再说它难的一面。说实话，凡是跟材料沾边的都很难，怎么找到适合的材料/电磁单元、怎么对材料的参数进行控制、怎么把智能表面嵌入无线通信网络、上下行的方向性怎么解决等。当然，从学术研究的角度来看，研究无线通信技术，先要研究无线信道，当系统中引入智能表面后，怎么对信道进行合理建模，目前还没有一个统一的结论，更不要提怎么对智能表面本身进行建模。

（3）智能表面能解决什么问题？

那还用说么?！当然是扫码难题啊，前面都铺垫那么多了。当然这个说得有点狭隘了。往小了说，可以补盲，增强覆盖，往大了说，智能表面可能可以铺成一张网，使得网内无线环境变得"可控"。

如果看论文的话，你还会发现，智能表面似乎哪儿哪儿都能用，但是仔细推敲一下，好像很多应用暂时还站不住脚，这里也不具体举例了。

总之，技术越热，越要保持冷静的头脑，多想想总是没坏处的。

（4）智能表面到底智不智能？

这个其实挺难回答的，但凭第一印象，智能表面应该是不智能的。为什么这么说？刚开始接触智能表面的时候，首先映入视野的关键词是：低成本、低功耗、近无源。这几个关键词很难跟智能联系在一起，毕竟智能是很"贵"的。

将来为什么要用智能表面，而不用中继或者分布式天线呢？很大的原因可能是它便宜，它部署方便，是一套低成本的解决覆盖、容量问题的方案，而不是因为它智能。所以，目前还很难把智能表面跟"智能"联系起来。不过技术的发展，产品的发展都是经历从"贵"到"便宜"，智能表面应该也不例外，期待它真正到来的那一天。

（5）结语

希望智能表面不是昙花一现，能真正为移动通信系统带来变革，能为移动通信用户带来更多的便利。

5.2.4　反向散射技术

（1）6G 物联网

与 5G 相比，6G 将在 5G 的基础上，从服务于人、人与物，进一步拓展到支撑智能体的高效互联，实现由万物互联到万物智联的跃迁。

3GPP 跳过了 5G mMTC 的标准制定，5G 时代的物联网还更多依赖于 4G 时代的 NB-IoT 和 eMTC，及 LoRA 和 Sigfox 等技术。面向万物智联，相比 eMBB 和 uRLLC，人们对 6G 时代物联网技术的发展更增添了一份期许。

面向万物智联，在 6G 移动通信的众多场景中，物联网将是最为核心的应用之一。根据 IDC 的预测，到 2025 年，全球将部署多达 416 亿个联网设备。大规模物联网部署最大的挑战之一就是如何应对其有限的电池寿命。416 亿个联网设备意味着需要相应的 416 亿块电池来保持这些物联网设备收集、分析和发送数据。理想上即使平均每个终端设备电池拥有 10 年使用寿命，全球每天仍需要进行海量的电池更换。低功耗终端设计是一直以来都是物联网重点关注的课题。4G 时代，3GPP 便在物联网终端设计降功耗上进行了多个版本迭代增强的努力。

（2）能量收集

6G 时代，随着物联网场景的进一步扩大，更加节能甚至无源的物联网技术成为重要发展方向，其中能量收集这一技术日益得到业界关注。能量收集技术并非一个新事物，理论上终端设备可以从周围环境中捕获任何能量并将其转化为电能，目前可行的能量来源主要包括环境光、振动、热量和射频等。

光能收集是最为常见的能量收集方式，但其收集能量的强度往往受到时间、天气等诸多外界条件的影响，导致其具有一定的不可控性和不可持续性。相对而言，振动能量收集应用更广，其一般可以通过压电转换、静电转换和磁电转换等方式进行能量转换。热能转化则是基于热电材料的赛贝克效应，通过热电发生器将热能转化为电能，但一般只适用于部分低功耗可穿戴设备。射频能量收集能收集的对象较广，不仅可来源手机，还来源于移动通信基站、电视、电台信号基站、Wi-Fi、微波炉等，但射频方式可收集到的能量很少，更多应用于超低功耗传感器。

总体而言，能量收集领域已有不少创新成果，且实现了一定规模的落地，但技术和应用上仍有一定的短板。

（3）反向散射

物理学中，反向散射是指波、粒子或信号从它们来的方向反射回去。简单而言，反向散射技术是指设备自身不产生信号，而是反射传输过来的信号，从而达到信息交换的目的。具体来说，当电磁波与天线相互作用时，它们被天线吸收或沿不同方向散射。传统意义上，沿着入射方向的散射称为反向散射，但这些散射在通信系统中都可以看作是反向散射或者背向散射。

当节点对入射信号进行反向散射时，可以通过修改信号的振幅、相位和频率这三个参数实现对感知的数据进行编码调制。例如，一种方法是通过改变节点天线的阻抗影响反射系数，从而改变振幅和相位。同时，可以改变节点基带调制信号的频率，以实现反向散射信号的频率调制。简而言之，反向散射系统是通过反向散射环境中的电磁波，将感知节点需要传输的数据搭载到散射信号上，然后传输到接收端实现数据传输的通信系统。

目前，反向散射通信系统根据其体系结构可分为三大类：单基地反向散射通信系统（Monostatic Backscatter Communications Systems，MBCSs）、双基地反向散射通信系统（Bistatic Backscatter Communications Systems，BBCSs）、环境反向散射通信系统（Ambient Backscatter Communications Systems，ABCSs）。

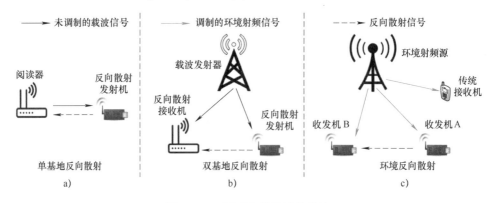

图 5-13　三类反向散射通信系统

说到反向散射，我们可能第一时间会想到 6G 中的智能超表面（RIS）。原理上，RIS仍不同于反向散射通信，RIS 主要用于增强现有的通信链路，而不是发送自身信息。反向散射通信则需要在接收端实现自干扰抵消以便解码标签信息。

另外，虽然从通信和能量传递角度看，RFID 的高频段工作模式与反向散射系统是相似的。但从系统角度看，反向散射系统与 RFID 又有所不同，节点在射频源不发送射频信号时也须能主动感知数据，并具有简单计算的能力。

（4）应用与挑战

反向散射系统因其优异的低功耗特性目前已得到一定范围的实际应用，如智慧农田、环境保护、工业监测等。除此之外，还有一些扩展型应用，如通过反向散射实现不同无线通信协议之间的转换，将蓝牙信号转化成与 Wi-Fi、ZigBee 兼容的信号等。一种应用是智能隐形眼镜将智能手表发送的蓝牙信号转换成智能手机可读取的 Wi-Fi 信号，从而为智能隐形眼镜等医疗电子植入设备降低由 Wi-Fi 通信引起的较大功耗，节约电池电量。

尽管如此，反射通信技术的大规模落地仍有一些问题亟待解决。一方面，载波源和节点之间的有效距离受限，目前反向散射通信系统中载波源和反射节点之间的有效距离最高不足百米，载波源与节点距离越大，节点获得的反射能量越微弱，通信距离越短。另一方面，反向散射通信系统的频谱利用率和通信速率仍待进一步提升。除已知的调幅、调相、调频等信号调制手段外，需进一步探索与现有无线通信中采用的 MIMO 和 OFDM 等技术相结合的可能性。

5.2.5　轨道角动量技术

面向下一代移动通信的研究已经开展，为满足 6G 网络的性能，获得更高的频谱效率，除了利用超大规模天线、调制编码、全双工等技术继续提升频谱利用率外，业界也在不断尝试从电磁波的物理特性入手来实现信息传输方式的突破，如轨道角动量技术。

（1）轨道角动量模式

根据经典电动力学理论，电磁波不仅具有线动量也具有角动量，其中，角动量由自旋角动量（Spin Angular Momentum，SAM）和轨道角动量（Orbital Angular Momentum，OAM）组成。SAM 用来描述电磁辐射极化状态，OAM 描述的是电子绕电磁波传播轴旋转的特性，它使电磁波的相位波前呈涡旋状，这种形式的电磁波也被称为电磁涡旋。

电磁场的角动量表达式为

$$J = \int \varepsilon_0 r \times \mathrm{Re}\{E \times B^*\}$$

其中 $J = L + S$，假设电磁波的传输方向为 z 方向，角动量的状态可以用模态数 j 区分

$$j = \frac{\omega J_z}{\frac{\varepsilon_0}{2}\int(\mid E \mid^2 + c^2 \mid B \mid^2)\mathrm{d}V}$$

$$J_z = \varepsilon_0 \int \mathrm{Re}\{x(E_z B_x^* - E_x B_z^*) - y(E_y B_z^* - E_z B_y^*)\}\mathrm{d}V$$

模态数 j 是整数，当产生的是线极化电磁波时，$j = l$，模态数也就等于轨道角动量的模式，轨道角动量的模式 l 也被称作光学涡旋的"拓扑荷"。

图 5-14 给出了具有不同轨道角动量的电磁波示意图。左侧是等相位面，右侧是电场相位分布和电场幅度分布。如果 $l = 0$，波前是多个不连续的表面，也就是平面波；$l = \pm 1$

时，波前的形状为单个螺旋面；｜l｜≥2 时，波前是由不同｜l｜相互缠绕的螺旋。螺旋模式的光束携带非零 OAM，其具有螺旋形相位分布以及环形的电场幅度分布。

（2）OAM 产生方法

目前 OAM 的产生与发射方式主要包括透射光栅结构、透射螺旋结构、螺旋反射面和天线阵列等方式，见表 5-1。

（3）无线通信中的潜在用途

虽然对电磁波轨道角动量的研究和应用主要集中在光通信系统中，但其物理特性同样可以应用到更低的频段，比如现代无线通信系统主要使用的微波和毫米波频段，这具有重要的意义。理论上任意两个整数阶模态的 OAM 波束互相正交，可以构成无穷维的希尔伯特空间，

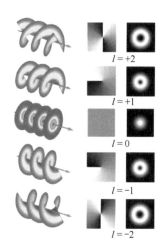

图 5-14 具有不同轨道角动量的电磁波示意图

实现同时同频多路信息调制。例如，利用电磁涡旋的螺旋相位波前特征，可以实现 OAM 多路复用，不仅能极大地提升无线通信系统的信息传输和获取能力，而且有望解决同频干扰问题，利用 OAM 复用系统的传输速率可达到 Tbit/s 数量级。目前针对 OAM-MIMO、OAM-OFDM、OAM-WDM 等复用系统的研究正在开展，并已经取得了一定进展。未来 OAM 波束可以应用于基站间的链路回传、终端间的近场通信以及微基站到用户端接入的 6G 场景。

表 5-1 OAM 产生方法

产生方式	生成原理	代表器件
透射光栅结构	利用计算机模拟涡旋波束干涉时产生的交叉错位结构干涉条纹得到相位全息图，从而制作相位全息面，波束照射在全息板上形成涡旋波束	空间光调制器
透射螺旋结构	通过螺旋相位板在波束中添加相位因子，在波束中心位置产生相位奇点，形成涡旋波束	单阶梯、多阶梯和多孔型相位板
螺旋反射面	波束入射到非平面螺旋结构的反射面时反射波的不同区域会产生不同的相位滞后，形成涡旋电磁波	阶梯形反射面、螺旋抛物面天线
天线阵列	为各阵列单元馈送相同信号，通过振子间相位延迟形成涡旋波束，改变阵元之间馈电相位差能产生不同的 OAM 模态	圆形相控阵列、巴特勒矩阵馈电天线阵列、光实时延时天线阵列

要充分发挥 OAM 在无线通信中的作用，在 OAM 的产生、传输和接收等方面还有很多问题需要解决。涡旋电磁波在传播过程中极易受到大气湍流、雨雾的影响，且涡旋波束会发散，具有高阶模态的 OAM 波束在传输过程中会有严重的衰减，并不适合直接来进

行远距离传输。另外，针对移动通信中的非共轴、非视距和高移动性等非理想状态，都需要相应的复用传输校准方法。到目前为止，OAM 的演示大多都是近场环境，轨道角动量技术要用于实际蜂窝网络还有很长的路要走。

5.2.6　先进编码和调制

在 5G 网络中，采用低密度奇偶校验（Low Density Parity Check Code，LDPC）码和极化（Polar）码作为增强移动宽带（Enhanced Mobile Broadband，eMBB）场景下数据信道和控制信道的编码方式。随着网络峰值速率及用户密度的进一步提升，6G 网络所采用的信道编码在误码性能进一步逼近香农极限的同时，还应具备较低的译码复杂度以满足数据的高吞吐量需求。

LDPC 码作为一种已经较为成熟的信道编码，可应对 6G 复杂网络环境。LDPC 码的误码性能逼近香农极限，具备较低的译码复杂度且易于实现并行译码，LDPC 有着可匹配 6G 网络的场速率和吞吐量需求的潜力。多进制 LDPC 码可进一步提高译码性能；多用户 LDPC 码和联合 LDPC 编码可以满足适配 6G 网络的高密度用户及吞吐率需求。但是 LDPC 码短码的性能短板难以满足 6G 网络部分场景下低时延和高可靠性的要求。

极化码作为目前唯一理论证明可达香农极限的信道编码方式，短码误码性能优秀，弥补了 LDPC 码的不足，且同样具备较低的译码复杂度，在 6G 网络中有巨大的潜在应用价值。依据 5G 标准的译码算法，其长码的性能受限于的物理资源而略逊色于 LDPC 码。但通过复杂的译码算法，如置信度传播（Belief Propagation，BP）译码、最大似然（Maximum Likelihood，ML）译码等，极化码长码也可以获得优异的译码性能，降低其译码复杂度和实现并行译码可以兼顾性能与实用性，进而满足 6G 的高可靠性和高吞吐量需求。

对于 6G 扩展的超高可靠性及超低时延（Ultra-reliable and Ultra-low-latency，URU-LL）、智能全连接机器类通信（Intelligent Full-connection Machine Type Communications，IFMTC）等应用场景，在提升传统编译码方法性能的同时也要探索具备高频谱效率的新型编码方式。6G 网络无线信道环境复杂，为保持较低的译码复杂度和通信时延对编码的自适应性有了新的要求，可考虑码率更灵活的编码方式，如喷泉码；6G 网络需要在有限的频谱资源下为海量用户提供服务，需要如 X 域重叠复用（Overlapped X Division Multiplexing，OXVDM）的高频谱效率编码方式以提高信道容量。许多新型编码方式或在其他场景已有应用，将其引入 6G 网络需先解决译码复杂度等问题以与 6G 网络特征相匹配。

6G 网络的调制方式在向更高阶演进的同时也要与网络的特点匹配。广义空间调制可以与超大规模天线技术相结合，实现数据的多流传输；超奈奎斯特采样（Faster-Than-Nyquist，FTN）虽然带来了更复杂的符号间干扰，但是实现了超过奈奎斯特采样率的信道容量；如幅移相移键控（Amplitude Phase Shift Keying，APSK）等已经在卫星通信等领域应用的调制方式也可为 6G 复杂的网络环境提供支持；此外基于 AI 的联合编码调制或能给性能带来质的飞跃。调制技术的进步往往会带来更多的噪声和干扰，需要依托于接收机技术的研究和发展，才能使其在 6G 系统得以应用。

5.2.7 新型双工技术

传统双工模式包括时分双工（Time Division Duplexing，TDD）和频分双工（Frequency Division Duplexing，FDD），然而，随着无线通信业务量爆炸增长以及通信业务的突发性、不对称性愈加凸显，传统双工模式已经渐渐不能满足用户更加多样化的需求。移动通信技术开始追求打破时频域的限制，实现灵活的双工通信模式，甚至是完全摆脱时频域的限制，达到同时同频全双工的工作模式。

（1）灵活双工

灵活双工提供了分配 DL 和 UL 资源的灵活性，以适应非对称且时变的 DL 和 UL 业务负载。灵活双工模式主要包括动态 TDD 与灵活 FDD 等。

动态 TDD 技术的原理是通过动态地调节时隙配比，从而最大化地满足来自不同用户的业务需求，达到使网络中的资源分配更加灵活，提高系统的总体性能的目的，而其带来的代价则是额外的交叉链路干扰。交叉链路干扰主要有两种，即基站到基站的干扰和用户到用户的干扰。在目前的 5G 通信系统中，动态 TDD 技术已得到了支持和应用。

灵活 FDD 包括采用频域和时域两种实现方式。频域方式通过配置灵活频带以适应上下行非对称的业务需求，从而使得 FDD 系统具有更好的灵活性。在时域方式中，TDD 可以在 FDD UL 或 DL 载波中采用，以根据当前流量特性来服务 DL 和 UL 流量。与频域方式相比，此方法有两个优点：首先，即使给定区域中的基站只有一对配对的 FDD 载波，一个 DL 和一个 UL 载波，时域方式仍能够将资源与流量进行匹配；第二个优点是 TDD 的使用可以使资源与流量匹配更加精细，因为匹配可以发生在符号级别，而不是载波级别。

与动态 TDD 类似，灵活 FDD 也存在从 DL 到 UL 或从 UL 到 DL 的交叉链路干扰。

针对灵活双工的交叉链路干扰，解决方案主要分为三类：①基于协作的方案，主要思想是通过邻站间的沟通协作，来预防或减轻干扰。主要包括通过基站集群、资源调度以及功率控制、波束赋形等来实现；②基于先进接收机来进行干扰的抑制与删除；③基于感知的方案，采用先听后说（Listen Before Talk，LBT）机制，即用户在发送数据时，先要感知信道状态然后再根据结果来进行发送或调度。三种方案各有利弊，如何在解决干扰的同时，减少信令交互并维持一定的接收机复杂度将成为研究的主要方向。

（2）同时同频全双工

灵活双工在频域或时域表现出了一定的灵活性，而同时同频全双工则完全地摆脱了时频的限制，使得基站与终端能够在同一频谱上实现数据同时的收发操作，理论上同时同频全双工可提升一倍的频谱效率。

同时同频全双工根据基站与终端各自的双工模式分为以下两种情况：①终端传统双工，基站全双工；②终端与基站均工作在全双工模式，这也是全双工最终的目标。目前鉴于终端实现的复杂度，第一种模式是优先研究的主要方向。

同时同频全双工面临的主要挑战来自两个方面。一方面是终端或基站自身的发送信号对该设备接收信号的干扰，即自干扰；另一方面，由于上下行使用了相同的时频资源，会受到来自小区内以及相邻小区相反传输方向信号的干扰，即互干扰。如图 5-15 所示。同时同频全双工的主要研究内容就是如何解决这两种主要干扰。

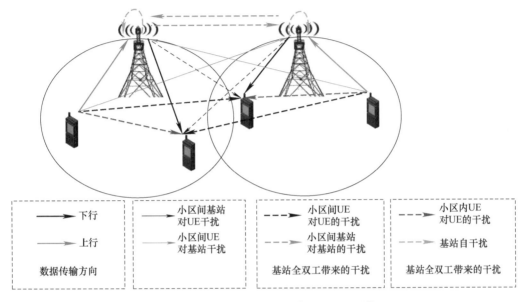

图 5-15　基站全双工，终端传统双工的干扰

目前，自干扰抑制技术主要分为三类，分别是被动自干扰抑制、模拟自干扰抑制和数字自干扰抑制，后两者合称为主动自干扰抑制技术。被动自干扰抑制主要依靠天线位置优化、空间零陷波束、高隔离度收发天线等技术手段实现空间自干扰的辐射隔离；射频域自干扰抑制的核心思想是构建与自干扰信号幅相相反的对消信号，在射频模拟域完成抵消，达到抑制效果；数字域自干扰抑制针对残余的线性和非线性自干扰进一步进行重建消除。

针对互干扰，同时同频全双工的情况相比灵活双工而言，互干扰不仅出现在小区之间，小区内部也存在着终端与终端之间的干扰。以灵活双工的干扰解决作为起点，进一步研究同时同频全双工的干扰解决方案是同时同频全双工应用的主要研究问题之一。

5.2.8　基于 AI 的空口设计

AI 与无线技术同是正在飞速发展和变革的技术方向。从技术演进与发展的角度来看，面向 6G 网络, 人工智能与空口技术的结合是相辅相成的关系, 研究可以包括两个方面: 支持人工智能技术的空口设计研究和应用人工智能技术的空口设计研究。

(1) 支持人工智能技术的空口设计研究

支持人工智能技术的空口设计是在满足空口传统功能的基础上, 在空口架构设计中进一步满足应用人工智能技术的额外的需求。

基于机器学习的人工智能技术依赖于两个主要对象——数据和模型。对于数据, 需要从功能上支持针对从空口上采集的数据以及与空口操作相关的数据的收集、存储、访问/共享能力; 对于模型, 需要从架构设计和资源部署的层面上支持模型的训练/更新、访问/共享, 以及模型的部署 (部署基于模型推导的应用)。

空口数据的收集与访问问题: 与核心网或者管理域中智能化应用所涉及的数据不同, 空口相关的数据的实时性更强, 也即超过一个较短的时间限制后, 这些数据就与实际情况发生了较大的偏差。这一方面造成这些数据对传输以及处理的时延敏感, 需要非常频繁地进行数据更新; 另一方面, 随着时间的推移, 数据量由于累积可能变得非常庞大。因此分析和提高空口相关数据收集和利用的效率, 是支持人工智能技术的空口设计需要研究的重要内容。同时考虑到无线空口设计对于传输带宽是天然敏感的。如果要在同时兼顾上述数据收集、利用的需求, 现有的基于空口协议和处理流程设计的分层结构, 需要进一步基于数据的流向和智能化应用的处理过程对空口架构进行评估和重新设计。

空口数据的存储问题: 在传统的空口设计中较少涉及数据的存储。考虑到诸如基站、天线等无线设备在部署时需要优先从覆盖和满足服务质量的角度进行考虑, 因此如何存储收集后的数据 (如历史数据), 以及与之紧密相关的数据的共享/访问机制也是需要进一步研究的重要问题。

资源及能力部署问题: 目前普遍认为机器学习所用模型的训练/更新过程是计算密集型任务, 在空口设计中, 引入人工智能和机器学习的处理过程之后必然对空口设计中涉及的算力资源的部署和使用规模方面提出了更高的要求, 并对单站成本、部署条件以及能效等因素产生较大影响。

无线底层处理普遍对时延敏感, 如果支持面向无线底层操作的 AI 应用, 需要在近实时的条件下完成数据的采集和推演。在空口设计中, 将用于支持人工智能技术的能力和资源通过合理的方式解耦, 分散在更加接近网络边缘和空口底层的位置, 可能成为一种必要的条件。与之对应的, 在支持诸如分布式的人工智能、节点间的数据/模型共享、模型的联合训练与组装等的人工智能技术方案的同时, 研究如何对空口的工作流程进行设计, 使得整个空口架构仍能保持较高的运行效率, 这是对运营商来说至关重要且无法回避的问题。

(2) 应用人工智能技术的空口设计研究

通过人工智能技术可以实现线性和非线性模型的特征的拟合。将人工智能技术应用到空口增强方案中，将其与物理层通信技术相结合，可以对现有的关键技术进行增强，进一步挖掘无线空口的潜力。例如，将 AI 技术应用于超大规模天线技术的研究中，通过机器学习的方法提升各类检测方法的性能和/或降低各类导频和反馈的开销，通过预测算法实现波束管理的优化；将 AI 与编码和调制技术相结合，通过 BP 算法根据信道状况自适应地进行编码和调制，令发送的数据得到最优的传输效果，从根本上提高系统的性能。

此外，人工智能技术还可以与无线空口的节能方案结合。能耗和服务体验是网络运营的重要指标。采用传统的节能方案，通过预先设定好的门限来决定节能功能的触发，控制基站做出相应符号关断、通道关断、小区关断、智能载波关断以及深度休眠等操作来实现节能的目的。由于数据收集和配置的工作量庞大，如何根据这些数据合理准确地配置触发条件是传统节能方案的瓶颈。进一步将能效信息与服务体验融合，进行联合感知，产生更多有针对性的数据和有意义的反馈，会使这种不匹配的情况进一步加剧。人工智能技术的核心在于拟合数据特征的线性和非线性关系，将其应用在预测基站的负载信息和服务质量方面，并将其与节能方案关联，将有可能打破上述瓶颈，提高网络节能效率。

5.2.9 语义通信

（1）什么是语义通信

香农在 1948 年发表的那篇著名的 "A Mathematical Theory of Communication"，奠定了信息论的基础。隔年，香农又和韦弗合作发表了 "The Mathematical Theory of Communication"，对信息论做出了补充，并第一次提出了语义通信的概念。韦弗在文中把通信分为三个层次。

- LEVEL A. How accurately can the symbols of communication be transmitted？（Technical-problem）
- LEVEL B. How precisely do the transmittedsymbols convey the desired meaning？（Semantic problem）
- LEVEL C. How effectively does the received meaning affect conduct in the desired way？（Effectiveness problem）

第一个层次解决的是通信的技术问题，也就是传统的通信系统所研究的重点内容。香农在其 1948 年的论文中明确指出了他所提出的信息论是工程通信理论，语义的作用并不被考虑入内。只有信息被完全准确无误地传达，才能认为是一次成功的通信。

第二个层次解决的是通信的语义问题。在现实世界中，通信所传达的信息往往并非是没有意义的 0、1 比特，接收方也不需要知道与发送方完全一致的信息便可准确地知道其想表达的内容。

第三个层次解决的是通信的语用问题。通信不仅是要把信息传达出来，更关键的是要起到相应的作用，才能算是成功的、有意义的通信。显然，这不仅仅是通信的技术问题，而是一个包括了心理学、哲学等多方面内容的跨学科问题。

下面举个例子来具体说明这三个层次的通信。

发送内容：红星小学的小学生都坐公交车上学。

收到内容：红星小学的学生都坐公共汽车上学。

从通信的技术层次来说，收到内容因为少了一个"小"，同时"公交车"变成了"公共汽车"，所以是失败的；但是从语义通信的角度来说，虽然少了一个"小"，但小学的学生肯定是小学生，公共汽车和公交车也是同义词，因此对这句话并不影响接收方对这句话的理解，所以可以视为一次成功的通信；从语用角度来说，如果这句话是一个路人说的，那就是不成功的通信；如果是学校的强制规定，不坐公交就会被开除，那么这才是一次成功的通信。

传统的通信系统架构如图 5-16 所示。在系统发送端和接收端需要进行编码调制以使得信息高效准确地传输。

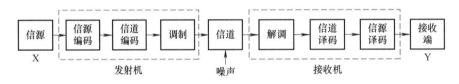

图 5-16　传统通信网络架构

如图 5-17 所示，语义通信系统与之类似，重点在于基于语义对数据进行信源编码甚至信道编码。而人们之所以可以通过语义进行通信，是因为收发双方有公共的认知和背景知识，能够理解一些基本语义概念（语义基元）的关系和含义。因此，语义通信与传统通信系统架构的最大不同在于语义通信系统的收发两端，需要有共享的语义知识信息库，以协助接收端通过收到的语义基元恢复出原始的数据。因此与原始数据相比，只需传输更少的数据，从而获得更大的语义信道容量，从这个角度来看确实打破对香农极限的限制，但是并非打破了物理信道本身的容量限制。

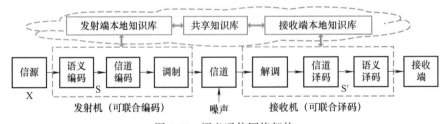

图 5-17　语义通信网络架构

（2）语义通信理论基础

香农为经典信息论奠定了理论基础，引入熵的概念为信息量提供了定量的衡量方法，那么语义通信有完备的理论基础吗？关于语义通信的信息论有很多，各自的出发点和衡量标准都有所不同，也都有各自的可取之处和问题。

最广为人知的语义通信信息论是 1952 年 Bar-Hillel 和 Carnap 提出的，被称为经典语义信息论（Classical Semantic Information Theory，CSIT）。CSIT 的基本原则为"Inverse Relationship Principle"，即命题的信息量与命题中语义相关的概率成反比，一句话的先验概率越大，则其包含的语义信息越少。这一点与经典信息论是比较一致的。这一理论由于完全没考虑语义信息的真实性，只考虑了语义的信息量，因此存在著名的 Bar-Hillel-Carnap 悖论：自相矛盾的命题存在最多的信息量。作为不可能发生的、前后零相关性的命题，其先验概率为 0，有最大的语义信息量；但同时这句话又是没有任何意义的，在语义的角度上，不应该有任何信息量。

基于这一问题，后续的语义信息论开始将信息的真实性也纳入考虑。比较著名的有如 Floridi 提出的强语义信息论（Theory of Strongly Semantic Information，TSSI），如图 5-18 所示，他定义了两个指标，从真伪两个角度考量语义信息量的多少。这一理论的问题在于采用两个指标定义信息量，不够统一和便捷。故而后续还出现了直接用真实性来定量表达信息量的方法，并且诸多科学家都对其进行了不同的扩展和补充。

图 5-18　TSSI 的语义信息定量计算

香农信息论还引入了信道容量，信息率失真函数的计算，为信号的信道编码和信源编码提供了理论支撑。类似的语义信息量也可以以此为基础，定义相应的语义信道容量并进行基于语义的信源和信道编译码。信源编码的目的是高效传输数据，降低其传输成本；信道编码则是为了使得信源能适配信道，以便在接收端尽可能恢复出信源数据。放到语义通信里，这个原则依然正确：语义的信源编码，需要使提取的语义信息与原始信息存在较好的对应关系，摒弃原始信息的冗余，才能尽可能减少语义损失的实现对信源的压缩编码，降低传输成本；而对于语义的信道编码，也需要容易从语义信息恢复出原来的数据。如何提取语义信息进行适当的语义编码也就成为语义通信成功的关键。

（3）语义通信的关键技术

根据语义通信自身的定义和特点，很容易联想到可以利用语义通信进行语言、文本、图像等多媒体业务信息的传输。通过对多媒体业务信息进行语义信息的提取并进行相应的编译码，可以极大地降低在物理信道中所需传递的数据量，进而实现更高速率的业务传输。目前，文本信息常采用长短期记忆（LSTM）算法进行语义编译码，而图像和语音往往采用卷积神经网络（CNN）和图像卷积网络（GCN）来实现数据的语义编译码。目前很多研究都表明，采用语义通信进行多媒体业务的传输可以获得较为理想的结果。值得一提的是，由于语义通信的目的是准确传递通信的信息而非比特信息流，故而传统通信的误码率、误块率指标在语义通信系统中未必适用，找到合理的指标作为语义通信的评判标准也是语义通信的重要问题。

语义编译码主要依靠 AI 手段实现，需要大量的算力和存储资源。既可以先对数据进行语义提取实现信源编码，再通过信道编码在传统的通信网络中传输，也可以利用信源信道联合编码（JSCC）的语义编码方式。无论采用哪种语义编码方式，都需要在收发两端建立可以及时更新的语义知识库。因此除了需要利用深度学习等 AI 技术对语义编译码进行深入研究，还需要适当的网络系统架构为网络中的每个用户合理分配算力，便于实现模型的训练和更新的同时，科学存储语义信息库，实现语义信息库的快速更新和共享。

多媒体业务的语义通信与业务和场景相关性较高，往往需要在应用层实现语义编译码，是一种端到端学习。为了使得语义通信更具普适性，面向目标（Goal-Orinted）的通用语义通信也是一种思路和方案。通用语义通信（Universal Semantic Communication）概念于 2008 年被提出，旨在信息发射端和接收端缺乏公共语言或通用协议的情况下，通过感知进行目标沟通，从而实现基于目标的通用语义通信。通用语义通信的发射端与接收端虽然可以处于不同的语境和背景，但是仍然要求收/发两端具有对于通信是否成功的统一参考标准。通用语义通信是一种更普适的语义通信方法，其关键技术包括语义过滤、语义预处理、语义重建和语义控制等。

（4）语义通信与未来通信网络

语义通信可以打破传统香农极限的限制，利用新的维度实现更高的传输速率，同时提高了机器通信效率，是未来通信网络一种潜在的提升性能手段。同时语义通信也需要网络算力提供支持以满足其 AI 模型的训练、存储使用，也需要分布式存储、边缘计算技术为其提供知识库存储和语义信息交互，因此正需要未来通信网络提供硬件支持。

语义通信仍存在诸多技术难点有待突破。

网络架构方面，如何在保障用户隐私和安全问题的前提下实现语义知识库共享和更新仍有待解决。分布式网络或在未来通信网络中广泛应用，面对语义通信的 AI 模型所需的大量算力。若将其部署在边缘服务器上，需保证其传输时延；若部署在终端上，则会对算力资源产生挑战。

利用语义通信进行多媒体业务的传输，业界已有很多研究证明了其可行性。但在此过程中，语义通信与其业务场景相关性较强，不同的业务类型和应用场景都需要采用不同的模型进行训练，普遍使用语义通信则会存在模型泛化问题。此外，传统的通信系统评判指标不足以对语义进行衡量，故在具体深耕算法提升语义通信性能之前，找到合理的指标衡量语义通信的质量也十分重要。

最后，笔者认为要想语义通信在未来网络中被使用，非常重要的一点是要认清语义通信的具体应用场景。采用端到端学习的方式实现语义通信，主要通过深度学习等 AI 算法实现，一是受限于业务内容，更适用于部分特定的通信场景，广泛应用于日常通信显然并不合适；二是这样实则完全将语义通信交给 AI 解决，语义通信完全变成了应用层的问题，继续利用语义进行信源信道联合编码也会与传统的通信网络结构相悖。然而若不区分业务场景，对非结构化数据利用 AI 算法进行语义通信，一方面目前相关算法仍有待提升，另一方面也失去了语义通信的意义，面向目标的通用语义通信或许更具研究前景。

语义通信的实现离不开 AI 技术，但是不应将其完全交给 AI 解决。作者认为语义通信的核心还是通信，语义只是为通信提供了一个新的维度，AI 技术只应作为其实现的一种手段。完全依赖 AI 技术提取出的语义信息，我们甚至也许不再能为其找到合适的物理意义，这样的语义通信固然有效，但是却背离了语义通信的本质，与其说是一个通信系统的新维度，不如说更像是 AI 技术的一个新应用。从通信的角度出发，更重要的是提出具有普适性的语义通信数学理论基础和通信系统模型，充分发挥 AI 的技术特点，才能真正在通信领域实现新的突破。

5.2.10　部分 6G 技术比较

尽管 6G 还在路上，最终究竟采用什么样的技术还很难说，但是与 5G 最明显区别的是以下三个：太赫兹通信技术、轨道角动量通信技术、可见光通信技术。

首先说明这里列出的三个技术是与当前 5G 或 5G 研究阶段具有明显区别的技术，而其他潜在 6G 技术，如超大规模天线、新型双工、新型编码调制等技术因为在 5G 中多有研究，似曾相识，因此新颖性不如上述三种技术，接下来就着重对上述三种相对 5G 新颖的技术特点进行介绍。

（1）太赫兹通信技术

太赫兹通信是利用太赫兹频段进行通信的技术。从实现角度看，太赫兹技术与 5G 技术的可接续性最强，因此预计可能是 6G 最先考虑的技术。太赫兹频段范围（0.1 ~ 3 THz）是整个电磁波频谱中的最后一个跨度，比太赫兹更高的频谱就是可见光谱，因此属于可见光通信范畴。太赫兹波段介于微波和红外波段之间，兼有微波和光波的特性，具有低量子能量、大带宽、良好的穿透性等特点，是大容量数据实时无线传输最有效的技术手段。

日本电报电话公司（NTT）早在 2006 年在国际上首次研制出 0.12 THz 无线通信样机，并于 2008 年成功用于高清转播，目前正在全力研究 0.5 ~ 0.6 THz 高速率大容量无线通信系统。从资料上看，最早应用的太赫兹样机为日本采用。当前日、美、欧、中均在加大太赫兹研究，提升通信速率。

（2）轨道角动量通信技术

根据经典电动力学理论，电磁辐射既携带线动量也携带角动量，其中，角动量是由自旋角动量（Spin Angular Momentum，SAM）和轨道角动量（Orbital Angular Momentum，OAM）组成的。1992 年，Allen 等人证实了轨道角动量（OAM）的存在，人们由此开始探讨轨道角动量的应用。最初对轨道角动量的应用主要在光通信领域。2014 年，在维也纳实现了携带 OAM 的光波在自由空间中的 3 km 传输，其误码率小于 1.7%。目前在无线通信领域，对 OAM 的研究主要集中在如何利用复用技术提高频谱利用率和传输效率。2011 年，Fabrizio Tamburini 等人在意大利威尼斯采用螺旋抛物面天线和八木天线第一次验证了涡旋波在无线通信复用传输中的可能性，该实验经过 442 m 传输。Zhe Zhao 在南加州大学利用不同状态的 OAM 进行复用传输，测试可达到最大 8 Gbit/s 的传输速率。

（3）可见光通信技术

可见光通信的历史可以追溯到 19 世纪，贝尔在 1876 年发明了光线电话（Photophone），通过光束的变化对语音信号进行传递，可惜当时电话尚未普及，光线电话也被认为实现难度大、实用价值不高，因此没能得到实际推广。2010 年，德国弗劳恩霍夫研究所的团队将通信速率提高至 513 Mbit/s 创造世界纪录；2015 年中国，以及 2018 年英国等高校、科研机构进行了 50 Gbit/s、甚至 100 Gbit/s 等速率的可见光通信试验。

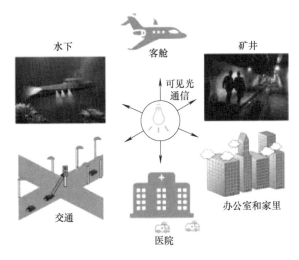

图 5-19　可见光通信的潜在应用场景

（4）三种技术比较

如表 5-2 所示，太赫兹属于更高频段，从 5G 毫米波到 6G 太赫兹，演进似乎合情合理，并且系统升级和改动也相对较小。轨道角动量改变了传统通信波形和天线形态，未来也可能得到应用，但是从 5G 技术过渡到轨道角动量还是面临很大的系统改动。可见光与传统蜂窝系统差异更大，最终应用还需要更长的时间。

表 5-2　三种技术特点比较

比较项目	太赫兹通信	轨道角动量通信	可见光通信
6G 应用概率	高	中、低	低
相对 5G 扩展性	器件升级，整体改动较小	天线和器件均需较大升级，部署需要一定改动，但可与高频进行结合	收发设备从天线变为光源，改动较大
传输距离	短距	中、短距	短距
试验	已有企业进行试验	高校、研究所试验	高校、研究所试验

5.3　6G 灵活组网

6G 将融合多种接入方式，构建一张多空口协作，空天地海一体的多层立体网络，实现灵活空口资源整合和全球无缝覆盖。

5.3.1　多空口融合

移动通信存在着多代通信制式网络并存的现状，截至目前，中国行政村以上区域 4G 的覆盖率达到 98% 以上，2G、3G 网络势必会退出历史舞台。因此可以预测，未来网络将是 4G、5G 和 6G 空口共存。新兴业务在传输速率、时延、可靠性、安全性等方面对网络提出了更大挑战，一种制式的网络很难满足多样化业务的需求。多空口融合技术可以整合不同制式网络的优势，结合部署场景在覆盖、容量、移动性等方面最大化网络能力，提升用户体验。

（1）6G + 5G/LTE

随着无线低频资源的紧缺，未来 6G 工作频段会明显高于 LTE 和 5G 网络。高频谱存在大带宽高速率的优势，但也存在由于路损和穿透损耗大而导致的覆盖劣势，无法实现大规模全面覆盖，仅支持热点部分的业务服务。6G 和 5G/LTE 网络融合实现了高低频间的协同组网，同时提供广域覆盖和高传输速率。

未来多空口共存的融合组网方式对连接与移动性控制技术提出了更高的要求，包括多接入网的测量配置与上报，多接入网的连接建立与释放流程，以及终端在各接入网间移动性管理机制等。

除此之外，随着 5G/LTE 低频频率资源的重耕，低频资源可采用 6G 新的调制、编码、分布式多天线等技术。该方案可以将低频谱覆盖优势和 6G 空口在频谱效率、能耗效率、移动性、鲁棒性等方面的优势结合，实现高低频空口统一架构设计。

（2）6G + Wi-Fi

6G 网络与 WLAN 融合的组网部署场景主要面向室内环境以及垂直行业。一种实现方式是 WLAN 可以与 6G 核心网相连接，建立用户面数据接口，直接转发来自 6G 核心网的用户面数据，而控制面由 6G 网络负责。另一种方式是 6G 与 WLAN 存在用户面接口，即 WLAN 将在无线接入网侧接入 6G 基站，从而获取业务流并转发给终端。这种架构应支持运营商独立部署和运营商与第三方混合部署，第三方可以对 WLAN 进行控制管理和传输定制的业务。

（3） 6G + 5G/LTE + Wi-Fi

除了不同接入技术的两两连接，6G + 5G/LTE + Wi-Fi 的三连接可以实现所有网络制式优势的融合。其强大的网络能力体现在超强覆盖、超高容量、鲁棒性好、业务连续性强等方面，可以应对各种未来 6G 业务需求。

（4）灵活协议栈分流策略

移动通信无线空口数据面协议栈涉及 PHY、MAC、RLC 和 PDCP 层等，WLAN 涉及 PHY 和 MAC 层。当前数据分流策略主要集中在 PDCP 层，未来空口融合将以 6G 空口为锚点，实现从 PHY 层到 PDCP 层全面灵活的协议栈分流策略。首先，未来 6G 空口可以很好地兼容 3GPP 和非 3GPP 空口协议栈，根据目标分流节点的协议栈进行数据格式的转化，打通各层协议栈之间的通道；其次，6G 空口可以根据应用场景需求对分流层进行选择，一般分流层级越高对回传时延要求越低，分流层级越低传输速率越大；最后，需要对分流到 WLAN 的数据进行特殊适配，由于 WLAN 只有 PHY 和 MAC 层，当分流层为 PDCP 或 RLC 层时，需引入适配层来实现 PDCP 和 RLC 层数据和 MAC 层数据的转化。具体结构如图 5-20 所示。

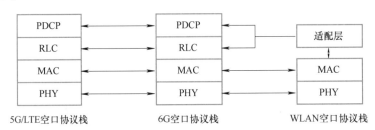

图 5-20　灵活协议栈分流架构

5.3.2　空天地海一体化

实现空天地海一体化的全场景覆盖将会是 6G 网络通信的目标，其网络容量、能耗效率、时延与可靠性等性能指标也将比 5G 网络提升 10 ~ 100 倍。未来的空天地海一体化通信系统，是包含天基（各类卫星等）、空基（无人机、飞艇、飞机等各类飞行器）、陆基（蜂窝、非蜂窝网络设施）、海基（海面及深海通信设备等）组成的多层立体、融合协作的网络。支持不同应用场景下的多种无线接入方式，并利用所有可用的无线电频谱资源，实现全球范围海量用户的随遇接入和提供快速且一致性的通信服务，还将集成精确定位、导航、遥感和监测等各种功能，支撑区域经济和社会发展。

为同时兼顾网络覆盖范围及服务质量，星地融合的网络架构是空天地海一体化通信系统建设的重点研究方向，当前业界已经提出了多种融合方式。如图 5-21 所示，其中，卫星网络不仅可以作为基站与核心网的回传，还可以通过 Non 3GPP 接入和 3GPP RAT 接入的方式连接到 6G。前者仅将卫星接入 6G 核心网；后者是卫星网络与陆基移动网络的深度融合，卫星具备可再生的有效载荷、星间链路等能力，支持将 6G 基站乃至核心网的部分或全部功能部署在天基。未来需要根据卫星网络与地面网络融合方式的不同来综合考虑星地融合组网的架构设计。

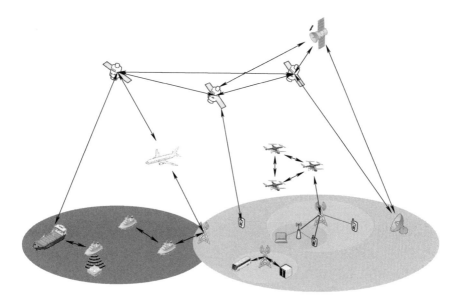

图 5-21　空天地海一体化网络架构示意图

海洋通信网络主要包括岸基移动蜂窝通信系统、海上无线通信系统、卫星通信系统和水下通信系统。目前，各个系统之间彼此独立，互通互联和信息传输不畅，无法适应未来新型海洋应用的需求。因此，需要统筹多种平台资源，提供统一的网络架构支持。船舶与船舶、船舶与卫星以及各类海洋平台之间都可进行数据传输与中继，构建一体化海洋通信感知网络。

空天地海一体化网络中不同接入方式在覆盖范围、传输时延、吞吐量、移动性、可靠性等方面都各有优劣。为实现真正的系统融合组网，需要采用有效的空口与网络管理技术。包括动态频谱共享与干扰协调，智能化接入与移动性管理、跨域资源的智能管理与调度等。特别地，卫星通信网络具有复杂异构、拓扑结构时变、节点资源有限等一系列特点，使得网络管理与资源配置难度极大。引入软件定义网络（Software Defined Network，SDN）技术能够在异构网络环境下形成一个统一的资源池，并进行灵活高效的资源调度。通过 SDN 技术还可以实现网络的弹性可重构，控制器可以维持空天地海一体化的网络结构图，随着其动态变化实时进行网络资源编排、路由策略选择以及协议栈的分割。

此外，虽然空天地海一体化网络存在复杂的网络节点，但旨在对用户提供全球全域的极智极简接入。因此，空天地海一体化终端将会体现出泛在化和智能化的特征，支持多模多频多连接和智能网络节点选择，以满足不同的应用环境和业务要求。

5.3.3 动态自组织异形拓扑

5G 资源分配、资源管理及调度是以网络为中心的。未来海量的智能设备和传感器、更大的连接密度、更加多样化的用户需求、更加频繁的智能交互以及潜在的网络高能耗给 6G 带来了巨大的挑战，6G 需要研究以用户需求为中心的动态频谱智选、动态路由智选、动态网络拓扑智选的动态自组织异形无线网络，如图 5-22 所示。

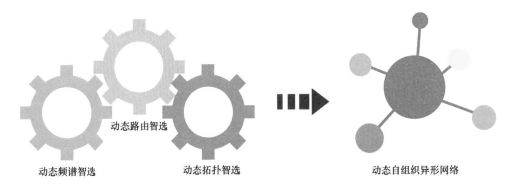

图 5-22　动态自组织异形网络技术

6G 将实时感知用户需求、业务需求、频谱使用情况以及无线传播环境的变化，动态自适应网络中实时变化的用户需求、业务需求和频谱需求，实现端到端虚拟资源、物理资源和频谱资源的灵活使用以及动态成形的无线网络拓扑，如图 5-23 所示。

6G 的频谱资源丰富多样，"动态频谱智选"通过对频谱使用情况的智能感知、对适配业务需求的频段传播特性分析，为特定用户、特定业务智能匹配合适的工作频谱，充分利用可用的频谱资源并控制网络中的干扰。智能频谱感知技术和智能动态频谱共享技术将是重要的支撑技术。而新型双工技术则为"动态频谱智选"利用频谱资源的灵活度提供了广阔的空间。

6G 网络接入点多种多样、无线传播环境复杂，"动态路由智选"通过对空口环境、节点负载的感知和预测，为特定用户特定业务智能匹配接入点、固定中继节点、移动中继节点甚至可重构智能表面面板，选择最佳的无线传输路径，减少无线网络拥塞和干扰，提升覆盖，保障用户体验。

6G 网络拓扑复杂、接入点密集分布，"动态拓扑智选"通过智能感知和预测用户和业务需求在空间和时间上的动态分布，实时感知用户体验质量，结合各业务的服务质量要求，识别需要进入激活状态或休眠状态的接入点，结合人工智能技术动态调整无线网络拓扑和网络配置。与此同时，6G 接入点和用户数量的急剧增加会使回传链路上需要传输的用户数据和信令急剧增加，还需要研究高回传容量的高效无线回传机制。

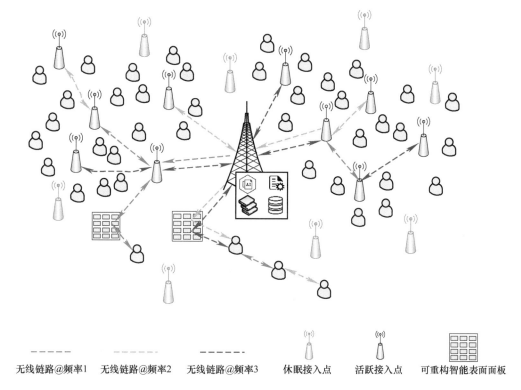

- - - - -	- - - - -	- - - - -			
无线链路@频率1	无线链路@频率2	无线链路@频率3	休眠接入点	活跃接入点	可重构智能表面面板

图 5-23　动态自组织异形网络拓扑

用户需求在时间上和空间上是动态变化的，动态自组织异形无线网络拓扑可以将网络中分散在不同地理位置或逻辑位置的资源整合在一起，从而为用户提供及时有效的服务，在追求更广更好的覆盖，支撑好人工智能普遍存在的同时，控制网络能耗的增长，提升网络能效，实现可持续发展。

5.3.4　提供极度差异化的无线侧服务质量保障

在 5G 时代，运营商在原有关注大带宽、高流量及统一化服务的基础上，逐步开始关注面向垂直行业的特殊需求，尝试为用户提供不同质量等级的服务。展望 6G，新技术、新概念的冲击势必进一步激发更加多元化的用户需求，加速通信网络差异化、个性化服务的进程，也对通信网络的无线侧服务质量保障机制提出了极度高可靠性的要求。为用户极度差异化的需求提供高可靠的无线侧服务质量保障将是 6G 时代无线空口设计的重要目标和挑战，也是解锁端到端差异化服务质量保障的关键。

（1）业务多样性驱动无线侧服务质量保障的差异化发展

随着大数据、人工智能等新兴技术的蓬勃发展与不断突破，"人机交互""脑机接口""人机共生"等新概念不断涌现，沉浸云/XR 等新业务、新场景将为移动通信网络带来更多机遇与挑战。马斯克在 2020 年 8 月发布了"Neuralink"脑机接口新设备，在人脑与机器、互联网间建立接口与桥梁，实现大脑直接与虚拟世界连接、沟通，可以预见，在不远的未来必将掀起信息时代的一次大变革与大发展。面向未来的 6G 网络，在追求网络极致性能体验的同时，还需深入挖掘用户的需求，由用户业务多样性驱动端到端差异化的服务质量保障，进一步提升无线侧的感知能力，匹配用户的个性化、多元化需求，在无线侧实现以用户为中心的灵活网络资源分配和按需组网的智能化网络，节省网络运营成本，带来可持续的增益。

（2）无线侧能力感知打破端到端差异化服务质量保障的壁垒

在 5G 时代，为了满足垂直行业的差异化需求，"网络切片"技术应运而生，5G 网络的切片化服务质量保障更多地聚集在核心网侧，无线接入侧仍以 4G 的 QoS 机制为基线，无线侧与核心网、应用层的服务保障和能力匹配还存在一定的壁垒。面向 6G，提供极度差异化的端到端服务质量保障需要应用层、核心网和无线侧更加紧密地结合，打破应用层到无线侧能力感知的壁垒，打通"自上而下"的端到端服务质量保障的管道。无线侧通过定义更详细的接口和端到端的业务质量参数，使得无线侧具备感知核心网和应用层所有能力的能力，从而动态适配用户需求和业务特征；进一步细化无线侧服务质量的粒度，比如感知应用层的"宕机指标"，保障关键数据包的在空口的高可靠性，实现基于数据包的无线侧差异化服务质量保障；借助大数据、云计算、人工智能等技术提升无线侧网络感知能力，当用户需求改变时，智能匹配物理层传输参数和资源调度，为用户提供无缝无感知的无线侧差异化服务质量转换，从而实现真正意义的端到端差异化服务质量保障。

（3）空口新架构、新技术解锁高质量、极度差异化无线侧服务质量保障

面向未来的垂直行业应用对网络功能和特性的精细化、个性化需求，解锁高质量、极度差异化的无线侧服务质量保障，需要对 6G 空口新架构、新技术开展适配性研究。如图 5-24 所示，相比于传统移动网络基于专用设备的网元化组网方式，为了满足未来 6G 网络的差异化服务的需求，需要研究一种全新的、极简的无线网络服务架构，结合虚拟化、无线侧网络能力感知、网络切片等新技术，构建具备高度可定制、极度差异化服务保障的无线网络，实现端到端极度差异化的服务质量保障；在此基础上，考虑到行业用户定制化业务的高可靠性、高安全性需求，需要依托多种网络服务和多层级的隔离机制来保证用户空口资源的合理共享和安全隔离；借助 6G 无线空口新架构、新技术，通过多制式多连接、动态自组织异形拓扑等灵活组网技术构建新型空口架构，通过超大规模天线、

先进调制编码等空口增强新技术实现与用户差异化需求自动匹配的频谱资源灵活运用，高效激活/去激活网络资源，进一步提供高质量、高可靠性的无线侧差异化服务质量保障。

提供极度差异化无线侧服务质量保障

图 5-24　提供极度差异化的无线侧服务质量保障

　　展望未来，基于大数据、云计算、人工智能等互联网新兴技术的跨越式发展，传统的着重于减少运营成本，提供统一化的通信服务的网络运营模式已无法匹配未来用户日益多元的差异化需求，移动通信网络的构建与运营势必会向着个性化、多元化、高度定制化的方向快速发展与演进；垂直行业需求的深入挖掘与探索，也为网络运营商提供了全新的网络运营模式和发展机遇，同时也带来了前所未有的巨大挑战。面向 6G 的高质量、极度差异化服务保障网络架构、组网、管理及运营等，将是运营商重点关注的问题，这对 6G 网络无线空口架构、关键技术的研究提出了新的需求，也是 6G 无线技术研究的重要方向。因此，可以预见，对于网络运营商，在保持传统低成本、广覆盖、全产业链运营的同时，如何构建个性化网络，提供多元化、差异化、可定制化的无线空口服务质量保障，将是解锁 6G 崭新领域的重要技术手段与支撑。

5.3.5　智能内生的自优化网络

　　6G 网络需要引入智能化技术，通过将人工智能和大数据算法内嵌于无线网元内部，实现内生智能体系，实现网络的自主调整，自主维护，自主演进，如图 5-25 所示。其中自主调整意指通过 AI 算法训练出最佳网络配置，并通过闭环反馈不断地优化配置；自主维护意指通过对故障事件相关的大数据处理，实现网络自主故障定位和修复功能；自主演进意指通过对业务需求的感知和预测，网络自主推演出最佳网络部署和演进方案。

　　6G 网络架构会随着智能化技术的引入发生巨大的改变，相比 5G 网络，6G 网络架构会更加复杂多样，且支持网络节点的灵活部署、即插即用。其中承载着智能化技术的 AI

节点就好比无线网络的大脑，控制着网络的整体运行并时刻思考着网络的演进路径。在 6G 网络架构中，AI 节点深入无线网络的各层各面，网络形态呈现出"单脑"或"多脑"的形式，其中在"多脑"情况下，根据 AI 节点的功能和作用，还区分为"主脑"和"辅脑"的概念。因此，需要深入研究不同 AI 节点间的作用和关系，进一步探讨集中式、分布式及混合式 AI 节点的部署架构，当为无线网络配置多个 AI 节点时，需要通过有效的方式避免 AI 节点间的冲突。

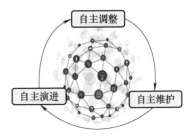

图 5-25　自优化网络示意图

目前正在蓬勃发展的云计算、雾计算和边缘计算等技术，可以为无线网络提供稳定可靠的算力保障，同时无线网络架构的演进需结合上述技术，支持不同的组网架构，实现网络资源的按需分配，如图 5-26 所示。此外借助数字孪生技术，可以实现孪生网络，对无线网络进行数字化的监测和管理，进一步实现无线网络优化的自主化和智能化。

图 5-26　自优化网络架构示意图

通过将 6G 无线网络与人工智能技术进行深度融合，以无线网络大数据为基础，可以解决网络中移动性管理、网络节能、业务疏导和覆盖增强等方面的最优化问题。基于网络全局数据的收集和管理，人工智能算法可以对用户测量信息、网络配置参数、业务需求和流量，以及外部环境输入信息等数据进行处理和训练，进而准确预测出用户的运动轨迹和基站的业务量，推荐出更加合理的网络配置和策略，有效保障用户在网络中的业务连续性，实现为用户提供高质量服务的同时降低基站能耗，减少运营商的耗电成本。

针对网络中发生的故障事件，如初始接入失败、切换失败、参数配置冲突等，人工智能和大数据算法可以基于网络或用户提供的失败案例相关信息，准确分析故障原因，定位故障源头，给出合理的解决方案，进而协助网络完成自主修复，减少网络运维服务过程中的人工参与度，有效降低运营商的运维成本，并能有效提高服务的精准性和可靠性，以及为物联网和智能家庭等服务提供稳定可靠的业务保障。

此外，人工智能算法还可以从全局最优的角度规划网络的部署方式和演进路径。对于节点类型复杂的异构网络，在节点类型的选择和部署方式上，人工智能算法可以推荐出合理的部署类型和密度。同时，随着无线网络的数字化趋势，需要对无线网络进行智能化的管控，人工智能算法可以基于网络大数据感知用户的服务需求，推演出网络演进的策略和周期，不断升级无线网络的功能和配置，自主完成无线网络的性能优化。

虽然人工智能技术的应用可以为无线网络的智能自优化提供技术保障，但是人工智能算法的训练过程需要基于大量的用户和网络数据，且算法模型需要基于网络的反馈进行及时的调整。因此需进一步探究数据如何在网络节点间高效可靠地传输，避免给无线网络增加过多的信令开销。

第 6 章

关于 3GPP 这个标准组织

6.1　3GPP 的正确打开方式

（1）3GPP 组织架构

目前 3GPP 的总体架构如图 6-1 所示。

TSG RAN 无线接入网	TSG SA 服务与系统等方面	TSG CT 核心网及终端
RAN WG1 无线层1规范	SA WG1 服务	CT WG1 移动性管理、呼叫控制、会话管理
RAN WG2 无线层2规范及无线层3无线资源规范	SA WG2 架构	CT WG3 核心网协议
RAN WG3 接入网架构与接口	SA WG3 安全性	CT WG4 移动管理/GPRS隧道协议/ 基本呼叫处理/补充业务
RAN WG4 无线性能与协议方面	SA WG4 编解码	CT WG6 智能卡应用方面
RAN WG5 移动终端与一致性测试	SA WG5 电信管理	
RAN WG6 遗留RAN无线协议（2G & 3G）	SA WG6 关键任务应用	

图 6-1　3GPP 组织结构图

3GPP 由 Project Co-ordination Group（PCG）和 Technical Specification Groups（TSGs）两个大组组成。

PCG 主要负责标准化关键时间节点的制定、具体工作立项 Work Item（WI）最终的通过，以及各组主席的任命等。TSG 主要负责起草、制定、维护 3GPP 的具体协议规范，并向 PCG 汇报，以及负责其下辖各个 Working groups（WGs）之间的联络（Liaison, LS）。

目前为止，3GPP 共有三个 TSG，分别为 RAN（Radio Access Network）、SA（Service and System Aspects）、CT（Core Network and Terminal），它们的主要职能如下。

1）RAN 无线接入网：3GPP 技术规范组无线接入网（TSG RAN）负责定义 E-UTRA/NR 网络在其两种模式 FDD 和 TDD 下的功能、要求和接口。更准确地说：负责无线性能、物理层、层 2 和层 3E-UTRAN/NR 中的无线资源规范，该规范作为接入网接口规范（lu, lub, lur, S1 和 X2）定义了 E-UTRAN/NR 中的 O&M 要求以及用户设备和基站的一致性测试。

2）SA 服务与系统等方面：SG 服务与系统方面（TSG-SA）负责基于 3GPP 规范系统的整体架构和服务能力，因此负责跨 TSG 协调。

3）CT 核心网及终端：TSG 核心网络和终端（TSG CT）负责指定 3GPP 系统的终端接口（逻辑和物理）、终端能力（如执行环境）和核心网络部分。

TSG 每年开四次全会（Quarterly Plenary Meeting），主要来听取下辖的各个 WG 的报告以及通过新的立项等。每个 WG 每年开 4~6 次会议，进行具体标准的制定和商讨。

（2）会议流程

以下简要地说明一下如果想要具体参加一次会议的流程。首先，就是提前了解会议安排，然后注册。这里以 RAN4 为例，可以在链接（https：//www.3gpp.org/dynareport/Meetings-R4.htm）看到未来及历史各次会议的信息列表，如图 6-2 所示。

Meeting click for details and to reserve a tdoc number	Title	Town click for meeting invitation directory	Start click for agenda	End click for report	First & Last tdoc Click range for tdoc directory Click "full document list" for full tdoc list for this meeting	Register	Participants	Files	iCal click for iCalendar (appointment) file
R4-111	3GPPRAN4#111	US	2021-11-15	2021-11-19	-	Register	Participants	-	ICS
R4-100	3GPPRAN4#100-bis	China	2021-10-11	2021-10-15		Register	Participants		ICS
R4-100	3GPPRAN4#100	EU	2021-08-23	2021-08-27	-	Register	Participants		ICS
R4-99	3GPPRAN4#99	US	2021-05-24	2021-05-28		Register	Participants		ICS
R4-98	3GPPRAN4#98-bis	China	2021-04-19	2021-04-23		Register	Participants		ICS
R4-98	3GPPRAN4#98	Athens	2021-03-01	2021-03-05		Register	Participants		ICS
R4-97	3GPPRAN4#97	US	2020-11-16	2020-11-20		Register	Participants		ICS
R4-96	3GPPRAN4#96-bis	Kochi	2020-10-12	2020-10-16		Register	Participants		ICS
R4-96	3GPPRAN4#96	Toulouse	2020-08-24	2020-08-28		Register	Participants		ICS
R4-ah-38108	3GPPRAN4#95-e	Online	2020-05-25	2020-06-05		-	Participants	Files	
R4-95	3GPPRAN4#95	Athens	2020-05-25	2020-05-29		-	Participants		
R4-95	3GPPRAN4#95	Athens (TBC)	2020-05-25	2020-05-29		-	Participants		
R4-ah-38107	3GPPRAN4#94-bis-e	Online	2020-04-20	2020-04-30		-	Participants	Files	

图 6-2　RAN4 会议信息列表

其次，提交文稿。提交文稿需要提前注册一个 EOL 账号，然后登录 3GPP portal 网址（链接：https：//portal. 3gpp. org/#/）进行操作。会议前的文稿提交一般分两步：先预留提案号（Reserve Tdoc Number），再提交文稿。一般的文稿提交截止日期在会议开始的倒数第二周的周五，而预留提案号的截止日期一般在提交文稿截止日期的前一天。在找到目标的会议后，需要单击图 6-3 所示的两个按钮进行操作。

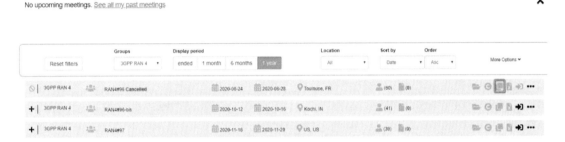

图 6-3　文稿提交的网页

最后，就是在会场注意会议安排进行参会。会议的会场及时间安排一般会在会前一周公布。以 RAN1 #98-Bis 的线下 online 会议安排为例，如图 6-4 所示，三个颜色代表三个并行的会议（Session），根据自己需要参加的 AI（Agenda Item）找到对应的时间和会议室。此外还会有线下（Offline）会议，一般会在对应的 online 之前在其他的会议室进行，也会以与图 6-4 类似的时间表的形式发出来。

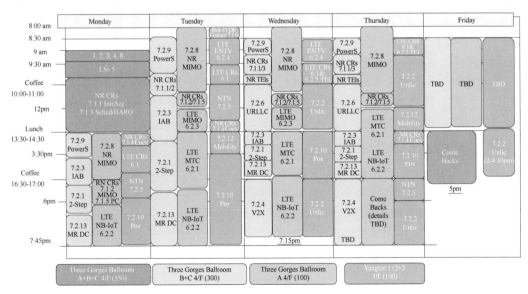

图 6-4　3GPP 一周会议安排

6.2 3GPP 的文字"游戏"

3GPP 标准化是一项严谨的工作。对于参会代表来说，有非常过硬的技术功底，能够准确地发现和定位问题并提出合理的技术方案予以解决，仅仅是达到了及格线，更重要的是能把解决方案用滴水不漏而又不冗余拖沓的语言（英语）表述出来。

对天天和各种资料打交道的技术人员来说，这看起来是一件非常平常的事情。但是，在会场上当几家公司的标准代表对着技术规范文稿中，一句话到底应该用"may"还是"can"而反复讨论的时候，不来澄清一下，恐怕还真的很容易让不熟悉标准化的人误以为这是代表们在故意咬文嚼字。

其实，说我们"故意"，那是真的，因为有必要，也很重要。

为了消除误解，加深理解，先来说说 3GPP 中动词使用的"游戏"规则。

（1）3GPP 标准中的（助）动词 Verbal Forms

在 3GPP 标准中，会使用一般的表示行为的动词，也会使用助动词用来配合行为动词，表达特定的意图。除了 be 动词外，3GPP 标准中使用的助动词包括：will、can、may、should、shall。

这几个助动词和一般的动词在一起，对应了标准中：Fact、Inevitability、Possibility and Capability、Permission、Recommendation 以及 Requirement，这 6 种陈述的意图。

（2）一般动词 Fact

直接使用一般行为动词可以表达 Fact，即以说明为目的陈述客观事实，除了动词本身的含义外，并不附加额外的意图。在进行这种类型的陈述时，使用动词的现在时态，也包括 be 动词，如"is"或者"is not"。

（3）will/will not Inevitability

这一组词用来表达 Inevitability，即用于描述所在标准文档记述之外的设备或者子系统的行为。例如：在记述终端设备的标准文档中，在说明终端与网络交互过程的描述中，在陈述网络的行为或者事件时，必须使用表达 inevitability 的这组词。

例："… On expiry of timer T3, the terminal shall send a TIMEOUT message to the network and start timer T4. The network will respond with a TIMOUT-ACKNOWLEDGE message. On receipt of a TIMEOUT-ACKNOWLEDGE message, the terminal shall stop timer T4 …"

（4）can/cannot Probability & Capability

这一组词用来陈述物质材料方面的、物理方面的或者因果关系方面的可能性（Possibility）或者能力（Capability）。在这种上下文的情况下，不要用"may"来替代"can"，也不要用"may not"来替代"cannot"（具体原因参考后面有关 may 的描述）。

如果在一些情况下，不能确定一个事件会不会发生，特别是当通常情况下所期望会发生的行为在一些时候会变成不可能发生的时候，建议使用 "cannot always" 这一程式化的表述方式来表达。在不同的语境下，可以根据需要使用如表 6-1 中所示的等价表述形式来替换 "can/cannot"。

表 6-1　can 和 cannot 的用法

动词形式	等价表示
can	– be able to – there is a possibility of – it is possible to
cannot	– be unable to – there is no possibility of – it is not possible to

（5）may/need not Permission

这一组词用来表示 Permission，即用来表示某一个动作或者行为在 3GPP TS 或 3GPP TR 范畴内是得到允许的。需要注意的是：在这些语境下，不要使用 "possible" 或者 "impossible"。

对前面的例子，考虑 "can" 和 "may" 使用上的差别："can" 指的是标准使用者能行使的能力或者标准对标准使用者所开放的可能性；"may" 更加强调的是（从标准层面上的）许可。因此在这种语境下，不要使用 "can" 来替换 "may"，反过来，也不要用 "may" 或者 "may not" 来表达存在可能性或者缺乏可能性的意思。

这组词的替换表达方式见表 6-2。

表 6-2　may 和 need not 的用法

动词形式	等价表示
may	– is permitted – is allowed – is permissible
need not	– it is not required that – no ... is required

（6）should/should Not Recommendation

这一组词用来表示 Recommendation，适用于如下情形：在多种可能性中，建议选择其中某一个，但是不包含也不限制选择其他的可能性；倾向于使用某一个动作或者行为，但是又不需要严格地要求必须使用该过程；否定形式用于表达某一个可能性或者某一个动作行为应该尽可能地避免，但是又并不对其禁止。这组词的替换表达方式见表 6-3。

表 6-3　should 和 should not 的用法

动词形式	等价表示
should	– it is recommended that – ought to
should not	– it is not recommended that – ought not to

（7）shall/shall not Requirement

这一组词用于表述 Requirement，即必须严格遵照执行或满足的需求，并且不允许有丝毫差异，是所有几种表述中，要求行为与描述一致性最为严格的形式。在不同的语境下，可以根据需要使用表格 6-4 中的等价表述形式。

表 6-4　shall 和 shall not 的用法

动词形式	等价表示
shall	– is to – is required to – it is required that – has to – only . . . is permitted – it is necessary
shall not	– is not allowed〔permitted〕〔acceptagble〕〔permissible〕 – is required to be not – is required that . . . be not – is not to be

需要注意的是，为了避免和标准之外的规范、法律文书等造成冲突，不可以用"must"来替代"shall"。同时，在表述禁止这个概念时，也不允许用"may not"来代替"shall not"。

Requirement 表达的是标准中需要严格执行的表述，在一定程度上代表了标准的约束力。但是在标准书写中，有的部分却是明确不允许使用这种表述形式的。一个例子就是Note 的撰写。

3GPP 规定：（Note）shall not contain provisions to which it is necessary to conform in order to be able to claim compliance with a 3G TS.

也就是说 Note 只具有说明作用，因此上述含有 Requirement 含义的词汇是不允许在Note 中使用的。

标准规范自身也需要遵循标准规范，这让标准代表们在会场上的唇枪舌剑在一定程度上具备了和竞技体育一样的观赏性，就像开头提到的关于"may"和"can"的争执，这并不仅仅是简简单单的措辞问题，而实际上是如何能在标准规则允许的范围内，把一套技术体制塑造成自己（公司）期待的样子。

6.3　3GPP 的平等——1 公司 1 票

自从 1998 年 3GPP 组织成立以来，参与 3GPP 组织的公司数量一直稳定增长，从最初 350 个公司从事 GSM 演进的研究，到今天 700 个公司从事 5G 研究，3GPP 为全球公司提供了一个研究通信标准化平等交流的平台。

说到 3GPP 的公平性，尽管 3GPP 会场上，话语权在资深公司和新进公司间存在差别，也会有各公司体量大小的影响，但最核心的平等体现在无论是主席选举，还是对争执不下的问题的举手表决，都是 1 公司 1 票。因此，无论公司大小，对 3GPP 贡献多少，专利比重多少，都是 1 公司 1 票。

这种投票制起源于西方古希腊和古罗马文明时期，约公元前 560 年，当时中国的春秋时期。当时希腊已经有了委员会，罗马有了元老会（Senate），"Senate"这个词也指当今西方参议院，希腊法庭也有法官和陪审团，当今西方的政治体系可看成是古希腊文明的升级版。

当时每年雅典城邦都有公民大会，如果有位高权重或影响力很大的人威胁到雅典的安全，就会通过公民投票的形式对这个人进行放逐。投票采用陶罐碎片，公民在碎片上刻上他认为应该被放逐的人名，公民一人一票，投票超过 6000 票认为有效，史称"陶片放逐制"。

3GPP 组织如今也是沿用这种"一公司一票"的投票决，来将全球各国家的公司组织在一起，共同形成全球性标准。当今世界性组织中很多都采用类似的一成员一票的方法，这种方法在多边组织架构下更能体现各国或各成员单位的公平性。

第 7 章

说说这些领域

7.1　空天地一体化

7.1.1　卫星互联网，从"星链计划"说起

1. 星链计划

2015 年，马斯克在西雅图宣布推出"星链计划"，一项旨在为世界上任何角落的每一个人提供高速互联网服务的太空高速互联网计划。

2018 年，猎鹰九号火箭在一次常规发射任务中搭载了 2 颗小卫星，展开对地通信测试。2019 年 5 月，SpaceX 用猎鹰 9 号火箭首次一次性发射了 60 颗卫星。SpaceX 计划在 2020 年代中期之前，在三个轨道上部署接近 12000 颗卫星：首先在 550 km 轨道部署约 1600 颗卫星，然后在 1150 km 轨道部署约 2800 颗 Ku 波段和 Ka 波段卫星，最后在 340 km 轨道部署约 7500 颗 V 波段卫星。"星链计划"目前计划的卫星总规模达 4.2 万颗，超过当前在轨运行卫星总数的 20 倍。

星链能提供什么样的通信服务？根据 SpaceX 在 2016 年提交给 FCC 的申请文件显示，随着首批 800 颗卫星的部署，SpaceX 将能够为美国和国际宽带服务提供广泛的覆盖。一旦最终部署得到充分优化，星链将能为美国和全球消费者、企业提供高带宽（每个用户高达 1000 Mbit/s）、低延迟宽带服务，马斯克也曾表示，目标是将延迟时间控制在 20 ms 以下。马斯克表示"星链提供的超低延迟的网络服务，足以支持网络竞技游戏。"

下载速率超过 100 Mbit/s，在线卫星数量突破 700，这是星链近期的最新成果。据相关公测显示，星链实际可以提供的下载速率大概在 11 ~ 60 Mbit/s 之间，而上传速率在 5 ~ 18 Mbit/s之间，延迟或 ping 频率范围为 31 ~ 94 ms。随着近期的密集发射，星链对外宣称其内测下载速率已超过 100 Mbit/s。

2．卫星互联网

现有地面通信网在覆盖 70% 人口的同时，仅覆盖了 20% 的陆地，全球覆盖不到 6%。6G 技术将实现海陆空的全球覆盖作为 6G 主要技术需求之一，其实卫星通信网的建设在半个世纪前就已开始。

《"新基建"之中国卫星互联网产业发展研究白皮书》中分析了自 20 世纪 80 年代以来，卫星系统经历了与地面通信网之间的"竞争—补充—融合"三个阶段。

（1）与地面通信网络竞争阶段（20 世纪 80 年代~2000 年）

这阶段以摩托罗拉公司"铱星"星座为代表的多个卫星星座计划提出，"铱星"星座通过 66 颗低轨卫星构建一个全球覆盖的卫星通信网。这个阶段主要以提供语音、低速数据、物联网等服务为主。随着地面通信网的快速发展，移动通信在通信质量、资费价格等方面相较于卫星通信全面占优，"铱星"通信在与地面通信网络的竞争中宣告失败。

（2）对地面通信网络补充阶段（2000~2014 年）

这阶段以新铱星、全球星和轨道通信公司为代表，定位主要是对地面通信系统的补充和延伸。

（3）与地面通信网络融合阶段（2014 年至今）

这阶段以一网公司（OneWeb）、太空探索公司（SpaceX）等为代表的企业开始主导新型卫星互联网星座的建设。卫星互联网与地面通信系统进行更多的互补合作、融合发展。卫星工作频段进一步提高，向着高通量方向持续发展，卫星互联网建设逐渐步入宽带互联网时期。随着太空空间探索的深入，国内外就卫星互联网纷纷展开部署，2019 年全球卫星产业总收入为 2860 亿美元，同比增长 3.20%，如图 7-1 和图 7-2 所示。

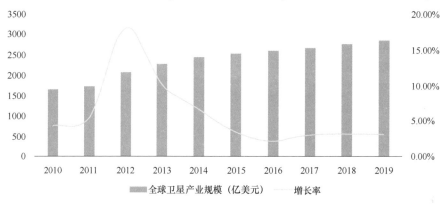

数据来源：赛迪顾问，2020.05

图 7-1　全球卫星产业规模和增长率

国外低轨卫星星座计划主要包括 OneWeb、O3b、星链等，国内低轨卫星星座计划主要包括鸿雁星座、行云工程、虹云工程、天象星座等。总体来说，我国与美国在近地轨道卫星数量上差距较大，如图 7-3 所示。

星座名称	推出时间（年）	卫星数量（颗）	轨道类型	频段	目前在轨数
OneWeb	2015	720	LEO	Ku/Ka	已经发射3次，分别为5、32、34颗
		1280	MEO	-	-
O3b	2008	60	MEO	Ka	16颗
Starlink	2015	4425	LEO	Ku/Ka	已经发射6次，每次约60颗
		7518	极低轨	V	-
Orbcomm	1991	64	LEO	-	35颗
Telesat	-	117	LEO	Ka	1颗验证星
Iridium	2007	75	LEO	L/Ka	75颗
Globalstar	1998	56	LEO	-	-
Boeing	2016	2956	LEO	Q/V	-
LEOSat	2015	108	LEO	Ka	-
第二代铱星	2018年已全部完成	75	MEO	-	75颗
波音		2956	MEO	V	-
Kuiper		3236	MEO	Ka	-
Kepler		140	-	Ku/Ka	2颗
KLEO		624	MEO	Ka	2颗试验星
Viasat	2011-2020 已完成	5	-	Ka	5颗

数据来源：赛迪顾问，2020.05

图 7-2　全球卫星部署情况

2029年全球近地轨道卫星布局及占比

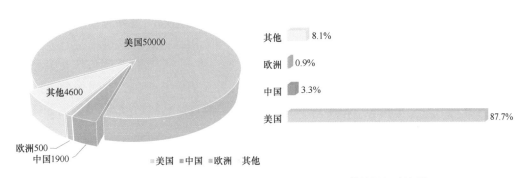

数据来源：赛迪顾问，2020.05

图 7-3　低轨卫星部署情况

卫星通信系统不仅涉及经济问题，还涉及军事和政治问题，随着低轨卫星所主要采用的 Ku 及 Ka 通信频段资源和轨位可用空间日趋饱和，各大国间空天资源的争夺及各卫星企业间的竞争将日趋激烈。

7.1.2　请问我可以在飞机上上网了么

（1）不行

当然，这个回答不太准确，只能说国内航班目前还不行，有些国外航班或说有些国际航班已经可以提供空中上网服务了，可以在天上冲浪，刺不刺激?!

（2）万事不离为什么

那么为什么这些航班可以提供客机上网服务呢？这里就要提及两种空中通信技术：卫星通信技术和空地宽带（Air To Ground，ATG）通信技术。

（3）卫星通信

简单来说就是以卫星作为中继，负责信息的接收和转发。应用到空中通信来说，就是地面站把信息发给卫星，卫星接收并把信息转发给飞机，飞机接收，从而形成一条回路，完成通信过程。卫星通信的优势在于系统容量大、覆盖区域广，可实现全球覆盖。这么看，卫星通信已经可以解决空中通信的需求了，为什么还会出现 ATG 技术呢？

（4）因为卫星通信，它贵啊

如果飞机要支持卫星通信，需要对飞机进行定制化的改装，同时需要安装特定的通信设备，这笔开销可达数百万元，除此之外，通信成本也会很高。当然，贵只是一个方面，卫星通信还有一个潜在的问题，它所提供的带宽是空中飞机共享的带宽，换算到单机带宽，可能会比较窄。以中国为例，目前，同一时刻中国国内上空的飞机可能有 1000 多架，这个数字往后可能会更大，为了满足这 1000 多架飞机内乘客的业务需求，可能需要很多颗卫星同时提供服务。

（5）ATG 通信

那么，现在换个思路，能否像移动通信网络一样，使用地面基站直接为飞机乘客提供网络覆盖呢？这就是之前提到的第二种技术——空地通信技术。这里的空地通信指的可不是覆盖几百米高度的场景，考虑到飞机一般飞行在平流层底部，所以现在说的可是 10 km 高度的覆盖。10 km?! 地面基站覆盖距离也才几百、一千米，有时候覆盖还有问题，怎么覆盖 10 km 的高空？这里可能还不太准确，10 km 只是垂直距离，准确地说，应用于空中通信的地面基站覆盖距离是 100～200 km 甚至更广。

（6）为什么能实现这么远距离的覆盖

原因主要有以下几个方面：视距通信；定制化天线；非标改造。

首先，视距通信，即地面站与目标飞机之间无遮挡，不需考虑穿透损耗和阴影衰落，路径损耗较小。需要提及的是，由于飞机飞行速度在 1000 km/h，以 1.8 GHz 频段为例，多普勒频移可达 1 kHz 以上，目前手机终端能力无法支持如此高频偏下的信号解调。另外，根据国家政策规定，不能在飞机上放置基站。因此，目前采用机载 CPE（Customer Premise Equipment）作为回传，CPE 天线安装在飞机外表面。也就是说地面站并不是直接服务机舱内的用户，而是由 CPE 负责接收地面站发送的信号，并将其转换为 Wi-Fi 信号，服务机舱内的用户。所以，也不需要考虑客机本身金属外壳的穿透损耗。除此之外，0.3～10 GHz 频段内大气损耗很小，不需要考虑雨衰和云层造成的穿透损耗。综上，ATG 场景下的路径损耗较低。

其次，ATG 系统中的定制化天线，不同于地面移动网络覆盖。ATG 通信中，地面站的天线要朝上覆盖，为了获得足够的天线增益，需要对地面站天线和机载天线进行定制化的设计，其中大规模天线、相控阵天线、波束设计等成为需要重点关注的技术。

最后，非标改造，3GPP 标准的 PRACH 格式支持高速接入范围为 33 km，支持的低速接入范围为 100 km，无法满足 ATG 通信的覆盖半径需求，因此需要重新进行 PRACH 接入设计，突破 100 km 的接入限制，为此，需要对地面基站和机载终端进行非标准化改造。ATG 通信中还有许多技术细节无法一一列出，总的来说，通过这些技术组合，可以实现 100～200 km 甚至更广距的覆盖。

但是，ATG 技术也有它的劣势，主要在于无法解决国际漫游和跨洋覆盖的问题。除此之外，ATG 技术能够使用的频率范围也有待批准。

（7）结语

综合来看，未来的空中通信体系很可能会采用卫星通信和 ATG 通信组合的方式，取长补短，携手共赢。让我们一起拭目以待吧！

7.1.3 卫星在 5G 时代地位的思考

近年来，卫星通过标准化来实现与地面 5G 移动通信系统的互联互通成为目前国际标准化组织研究的重点。3GPP 从 Rel-14 版本就开始对卫星在 5G 中的定位和标准化问题进行了探讨，认为在一些要求广域覆盖的工业应用场景中，卫星通信具有显著的优势。在随后的 Rel-15 和 Rel-16 版本中进一步研究了卫星与 5G 的融合技术，相关内容主要集中在技术报告 TR 38.811 和 TR 22.822 中。报告 TR 38.811 中定义了非地面网络（Non-Terrestrial Network，NTN）的部署场景和系统参数等，明确了利用卫星接入的三大服务用例（连续服务、泛在服务、扩展服务）。报告 TR 22.822 中针对应用场景给出了包括漫游、卫星物联网（IoT）、卫星广播与多播、5G 卫星直连等 12 种具体用例，并基于这些用例提出了潜在的需求。Rel-17 版本还推进了 5G 网络中 NB-IoT/eMTC 的 NTN 应用场景研究。

考虑到地面基站在海上、空中覆盖的局限性和偏远区域高昂的建站成本，为实现真正的全球无缝覆盖，还需要卫星这个好兄弟帮忙。卫星网络可以成为地面网络的有效补充和延伸，在地面 5G 网络无法覆盖的区域（隔离/偏远区域、飞机或船只上）和服务不足区域（如郊区/农村）提升网络的覆盖性能，以及支持上述地区垂直行业的物联网服务，如图 7-4 所示。

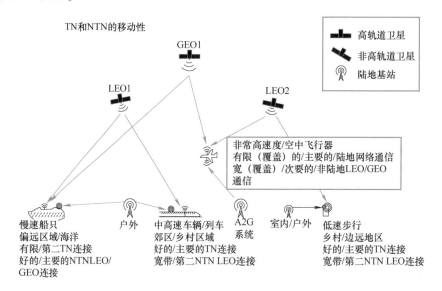

图 7-4　非陆地通信网结构

此外，工信部在 2020 年 5 月 7 日发布了关于深入推进移动物联网全面发展的通知，该通知引导物联网终端不再使用 2G/3G 网络，推动存量 2G/3G 物联网业务向 NB-IoT/4G（Cat1）/5G 网络迁移。根据预测估计，2025 年全球物联网总连接数规模将超过 200 亿，这将会是一个巨大的市场，相信卫星网络在完成物联网的全球化覆盖上也会扮演重要的角色。

在报告 TR 38.821 中列出了不同类型的卫星或无人机平台，如表 7-1 所示。

表 7-1　不同类型卫星表

平台	高度范围	轨道	典型波束覆盖距离
低轨卫星	300 ~ 500 km	环绕地球	100 ~ 1000 km
中轨卫星	7000 ~ 25000 km		100 ~ 1000 km
地球静止轨道卫星	35786 km	保持相对于给定的地球点的仰角/方位角固定位置的一种概念站	200 ~ 3500 km
无人机系统（包括高空平台）	8 ~ 50 km（20km for HAPS）8 ~ 50 km（高空平台为 20 km）		5 ~ 200 km
高椭圆轨道卫星	400 ~ 50000 km	椭圆形绕地球	200 ~ 3500 km

根据卫星工作轨道的高度，可分为地球同步轨道卫星、中轨卫星和低轨卫星。其中，高轨卫星的波束覆盖能力非常强，但信号从地面发射至卫星后再转发回传，链路总时延可达数百毫秒。相对来说，低轨卫星具有更低的传输时延和更高的数据传输率，通过大

规模组网能够实现全球无缝覆盖，可以满足 5G 网络中的大规模物联网应用特性。

在目前 5G 推进商用的同时期，国外公司也加紧布局新一代低轨卫星通信系统。亚马逊、Google、Facebook、SpaceX 等众多高科技企业纷纷投资低轨卫星通信领域，如图 7-5 所示，已申报星座数量近 40 个，计划发射的卫星总数超过 34000 颗。其中 Starlink 等低轨卫星星座已进入实际部署阶段，预计未来几年内将有上万颗卫星发射升空，目标是实现全球互联网覆盖。

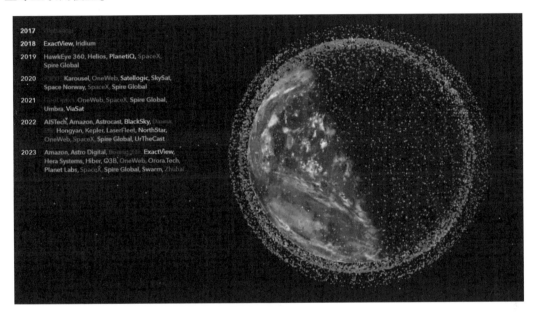

图 7-5　卫星部署计划

国家发展和改革委员会在 2020 年 4 月 20 日首次明确"新基建"范围，卫星互联网也被纳入其中，将与 5G、物联网、工业互联网等并重发展。在两会中也有代表委员提出建议要重点发展卫星互联网，加快推动低轨卫星通信网络建设。这一决策将有助于缩小我国在卫星通信领域与国外的差距。

目前卫星在 5G 中的应用仍在探索中，但其经济价值已初现。可以预见，具有全球覆盖能力的卫星网络与地面通信网络的融合是通信系统建设的必然趋势，未来将会形成空地一体化的互联网体系，具有巨大的潜在商业市场。

7.1.4　5G NTN 是什么

5G 网络演进的过程中，万物互联这个概念大家已经很熟悉了，而未来 6G 的前景预期中还提出了万物智联的场景。覆盖一直是移动网络需要解决的最重要的需求之一，而目前全球大部分地区已经享受了较为完善的地面网络覆盖。但是在沙漠、森林、海洋等地区，或是飞机、高铁等高速移动的交通工具上，移动网络覆盖由于成本或物理条件限制，很难采用传统的地面基站方式覆盖。而 5G 网络中的 NTN——非地面网络技术，正是为了解决这一类场景而生。

1. NTN 是什么？

非地面网络（Non-Terrestrial Network，NTN）顾名思义是相对于传统的地面网络而言，采用典型的如卫星和高空平台（High-Altitude Platforms，HAP）参与布网的技术。以卫星通信为例，同步轨道卫星（GEO）理论上只需要 3 颗即可覆盖除两极地区外的全球范围，其优势不言而喻。目前也有众多卫星通信系统已经商用，如铱星（Iridium）、海事卫星（Inmarsat）、瑟拉亚（Thuraya）、星链（Starlink）等。

卫星通信的技术框架与协议设计一直以来对地面蜂窝移动技术有诸多参考，例如早期的移动业务卫星系统 MSAT（Mobile Satellite）系统采用地面模拟蜂窝网技术；Thuraya 系统在设计过程中采用了类似 GSM/GPRS 体制的 GMR（Geostationary earth orbit Mobile Radio interface）标准；低轨卫星星座铱星和 GlobalStar 的空中接口则是以 GSM 和 IS-95 作为蓝本；Imarsat-4 卫星系统采用的 IAI-2 标准以及 ETSI 发布的 S-UMTS（Scalable UMTS）标准均基于 WCDMA 框架设计；而美国光平方公司的 SkyTerra 系统已经支持 WiMAX 和 LTE 服务。

随着 5G 的演进，在 5G 标准内支持卫星通信，推动星地融合已经势在必行。实际上 3GPP 从 R14 就开始了星地融合的研究工作，之后"NR support non-terrestrial network"在 Rel-15 立项，即面向非地面网络的 5G 新空口。

2. NTN 解决什么场景？

目前可以预见的适用 NTN 的典型场景包括无法建设基站和基站损坏的情况，比如偏远山区、沙漠、海洋、森林中的连续覆盖，或是发生灾害，基站损坏时的应急通信。业界将 NTN 典型场景概括为全地形覆盖、信令分流、应急通信、物联网和广播业务。

3. 星地融合架构

NTN 与 TN 融合有多种灵活的方式，如 5GC 共享式、NTN 接入共享式、漫游与服务连续性式以及 NTN 回传式等，如图 7-6 所示。

5GC 共享结构是指 TN 和 NTN 各自拥有独立的接入网，但共享 5G 核心网。NTN 接入共享结构是指拥有不同 5G 核心网的运营商可以共享 NTN 无线接入网。漫游与服务连续性部署结构是指同一多模终端，从 TN 网络漫游到 NTN 网络，或者从 NTN 网络漫游到 TN 网络，可以通过 5G 核心网之间的接口，支持漫游终端的服务连续性。NTN 回传结构是指 NTN 网络充当地面无线接入网到地面核心网的无线回传网络。而对于 NTN 接入网本身，也有透明转发式，即卫星作为转发中继，以及信号再生式，即卫星直接作为基站这两种模式。

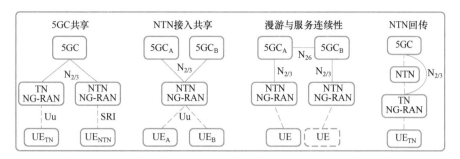

图 7-6　星地融合架构图

4. 5G NTN 目前面临的问题

无论是卫星通信还是基于飞行器的高空平台通信，其基本特点是高空通信平台与终端距离显著大于地面基站与终端距离，且平台本身移动速度往往很大。典型的近地轨道卫星（LEO）轨道高度在 400～2000 km，速度大于 7.9 km/s，而地球同步轨道（GEO）轨道高度达到 36000 km。而较远的传输距离和较高的移动速度也带来一系列问题。

（1）NTN 传输距离

1）随机接入过程 PRACH 序列设计

在 NR 标准中，终端通过检测同步序列块（Synchronization Signal Block，SSB）完成初始下行时频同步，然后通过四步随机接入过程完成网络接入，其中随机接入前导序列（PRACH Preamble）设计是重点。传统 PRACH 序列由一个 ZC 序列的多次重复构成，利用 ZC 序列自相关特性进行时频偏估计。在 NTN 场景下，传播时延和频偏远超出 NR 中 PRACH 序列可估计的范围，需要对序列重新设计。

2）随机接入过程确认等待

当前标准采用的四步随机接入过程，终端发出 Msg1（Message 1，消息 1）和 Msg3（Message 3，消息 3）后，会等待一段时间接收基站的回复信息。如果等待的时间超过设定阈值，则重新发起随机接入过程。在 NTN 场景中，信号的传输时延大于地面网络，需要设定更大的等待时间阈值，否则终端会误以为信息丢失而频繁发起随机接入。

3）上行定时提前量获取

定时提前量的获取，是在随机接入过程中，基站通过测量终端发送的 Msg1 消息上行时间获得，在 NTN 场景中需要对 PRACH 序列进行优化，具体可参考 NTN 随机接入过程 PRACH 序列设计方案。

4）上行调度授权偏置

在原有的调度机制中，用户设备接收到基站调度信息中的上行授权后，会在授权信息指示的 K_2 个时隙后传输上行数据。NTN 网络中由于传输延迟显著增大，随之而来的用户设备上行定时提前量显著增大，导致用于调度的 K_2 取值范围受到较大影响，因此标准中引入偏置值 K_{offset} 以解决该问题，如图 7-7 所示。

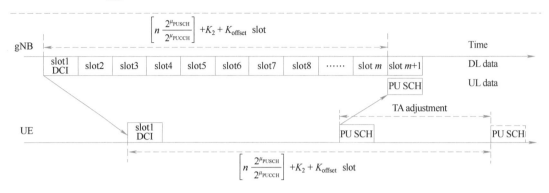

图 7-7　调度时隙图

5）HARQ 机制

HARQ 机制可以使发送端同时发送多组数据而不必等待接收端返回确认信息，允许发送端对出错的数据进行重发，由接收端进行合并检测。在 NTN 中，为了避免发送端由于传播时延大而长时间等待，需要增加 HARQ 进程数，同时需要增加存储空间。此外，也可关闭 HARQ 功能，这样发送端发送新数据不再受到进程数限制，避免了数据缓存，但鲁棒性会受到影响，为了提升发送性能，还可采用较低码率进行传输。HARQ 可以根据应用场景通过信令灵活配置。在传播时延相对较小的场景，如 LEO、HARQ 可以配置为打开，在 GEO 场景，则可关闭。

（2）NTN 高速移动

1）上行频率同步

NTN 场景中，卫星高速移动产生的多普勒频移高达数十甚至数百 kHz，远超系统子载波间隔，带来严重的上行频率失步。解决上行频率失步可采用频率预补偿方案。每个终端的频偏可分为公共频偏部分和频偏差值部分，在波束的覆盖区内选择一个参考点，测算卫星和参考点之间的频偏，此频偏即为公共频偏。终端与卫星间的实际频偏与公共频偏的差值即为频偏差值部分。上行发送时，终端可以按照实际频偏预补偿，或者终端只按照频偏差值预补偿，公共频偏由卫星侧统一补偿，以此达到上行频率同步。

2）上行时间同步

上行定时提前量获取虽然已经有改进，但终端和卫星之间相对位置的变化导致上行定时发生偏移。卫星可利用其他上行信号计算定时偏移变化，并将变化值发送给终端对上行定时提前量进行调整，或者给终端发送一个定时提前量的变化率，由终端自主计算调整量。

3）移动性管理

针对跟踪区域的设置和更新机制，考虑将跟踪区域和地理位置绑定以避免卫星移动导致跟踪区域频繁更新。终端利用自身的位置信息，并根据跟踪区域和地理位置之间的关联关系，来判断是否发起跟踪区域更新流程。在执行测量和小区的选择、重选中，终端也可以利用星历信息判断卫星的实时位置，并引入终端位置作为 NTN 特有的触发测量上报的条件并在测量报告中上报终端的位置信息以辅助网络侧做出判断。

4）馈线链路切换

在 NTN 网络中，卫星高速运动必然导致卫星在不同 NTN GW（Gateway，网关）之间切换馈线链路。馈线链路的切换方式与多个因素相关，比如网络中卫星的工作模式是弯管转发式还是信号再生式、当前关联网关与待切换网关是否与同一个地面基站关联、切换过程中卫星是否具备同时与两个网关链接能力等。

5. NTN 的前景

在 5G 时代以及未来 6G 时代，地面网络对于大规模密集部署以及能耗方面的劣势，恰好可以由非地面网络弥补，而非地面网络由 3GPP 标准化带来的庞大市场也将推动其进一步发展，卫星通信在覆盖、可靠性及灵活性方面的优势能够弥补地面移动通信的不足，星地融合能够为用户提供更为可靠的一致性服务体验，降低运营商网络部署成本，连通空、天、地、海多维空间，形成一体化的泛在网络格局。

7.1.5　3GPP IoT-NTN 在做什么

物联网产业作为数字经济的重要支撑力量，正在受到越来越多的关注，截止到 2020年，我国的物联网产业规模已经突破 1.7 万亿元。为了更好地支持物联网设备的应用，一个新的扩展方向是天基物联网。特别是对于陆地蜂窝网络无法连接的偏远地区，包括运输（海运、公路、铁路、航空）和物流、农业、环境监测、采矿等需求，只有利用卫星网络进行互补，才能实现无处不在的物联网覆盖。近年来物联网也已经成为卫星通信领域里出现频率最高的词汇之一，上述场景中约 20% 的对象可以通过卫星连接。

目前，全球运营商的物联网方案主要聚焦于 NB-IoT 和 eMTC，3GPP 也在积极推动相关标准化研究工作。在 2019 年 12 月举行的 3GPP RAN#86 会议上，批准通过了 NB-IoT/eMTC support for Non-Terrestrial Network 的 Rel-17 研究项目，以评估适用于卫星连接 NB-IoT/eMTC 设备的场景和相应的解决方案，为后续 WI 立项做准备。但由于疫情影响，Rel-17 的进度整体延后，从 2020 年 11 月的 3GPP 会议才开始启动该课题的电子邮件讨论。下面将简单介绍为 NB-IoT/eMTC 引入卫星支持的标准化解决方案的主要研究内容。

（1）适用场景

目前 Rel-17 SI 中已经确定包含表 7-2 中的场景。

提供非地面网络接入的卫星类型包括地球同步轨道（GSO）卫星和非地球同步轨道卫星（LEO、MEO）。在 3GPP Rel-17 版本中，NTN 支持基于透明有效载荷（Transparent payload）的部署模式，即卫星作为转发中继（见图 7-8）。NTN 网络支持小带宽低复杂

UE、增强覆盖的 UE 和 NB-IoT UE 接入。考虑到 LTE UE 和物联网设备的特点，卫星传输链路使用小于 6 GHz 的低频段。

表 7-2　不同 NTN 场景

场景描述	场景类型
非地面网络配置（NTN：Non-Terrestrial Networks）	透明卫星
基于 GEO 的非地面接入网	场景 A
基于 LEO 的非地面接入网络产生可控波束（海拔 1200 km 和 600 km）	场景 B
基于 LEO 的非地面接入网络，生成随卫星移动的固定波束（海拔 1200 km 和 600 km）	场景 C

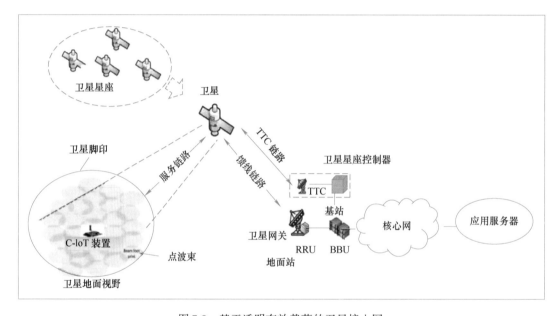

图 7-8　基于透明有效载荷的卫星接入网

（2）需解决的关键问题

在研究目标上，主要涉及 RAN1 和 RAN2 的以下内容。

1）随机接入程序/信令有关的方面。

2）时间/频率调整机制，包括定时提前和上行频率补偿指示。

3）调度和自动重传请求（Hybrid Automatic Repeat reQuest，HARQ）相关的内容。

4）计时器相关的内容。

5）空闲模式和连接模式下的移动性。

6）系统信息增强。

7）跟踪区域增强。

可以看出，研究以上功能的增强主要是为了解决由于卫星的传输距离和高速移动带来的影响。此外，将全球导航卫星系统（Global Navigation Satellite System，GNSS）作为
NB-IoT 和 eMTC 设备应具备的基本能力，通过 GNSS，UE 可以在上行传输之前估计其位
置并预补偿定时和频率偏移以实现同步。

在 NTN SI 阶段计划支持 Rel-16 版本的所有 IoT 功能，NR-NTN 的 IoT 解决方案和结论
可以重用于 NTN NB-IoT/eMTC，尽量采用简单规范更改和功能扩展来实现非地面网络对
NB-IoT/eMTC 设备的支持。

7.1.6 通信人眼里的"星辰大海"

2021 年 5 月 15 日，我国首次火星探测任务天问一号探测器在火星乌托邦平原南部预
选着陆区着陆，在火星上首次留下中国印迹，迈出了我国星际探测征程的重要一步。

在为祖国航天事业成就欢呼雀跃的同时，笔者不禁畅想这一步在未来会产生什么样
的"蝴蝶效应"，天问一号的成功或许远超出了航天的意义。

回看移动通信的发展史，通信人和航天居然有很多交集，这片"星辰大海"留下了
一代代通信人的足迹，无论成功失败一直在路上。在 5G 和 6G 时代，空天地海一体化迎
来新的契机，基站"上天"能够带来什么样的用户体验值得期待。

1. 历史回顾

1997 ~ 1998 年，美国铱星公司和摩托罗拉公司合作，发射了 66 颗用于手机全球通信
的人造卫星，称作铱星。由于其通信质量、资费价格方面与陆地蜂窝网相比处于劣势，
逐渐败下阵来。2000 ~ 2014 年，出现了以"新铱星""全球星""轨道通信"为代表的卫
星公司，其定位是对陆地通信的补充。2014 年至今，OneWeb、SpaceX 公司开始主导卫星
互联网星座建设，开始了卫星与蜂窝的互补合作，融合发展。

2. 标准化进展

（1）3GPP

R15 技术报告 TR38.811 和 TR22.822 主要列举了卫星相关 5G 用例、候选网络架构、
5 个非地面网络参考部署场景及传输特征和信道模型等。

R16 技术报告 TR38.821 主要对非地面网络及其场景进行了描述，分析了透传、再生
等不同模式对 5G 接入网的影响，开展了对星地网络链路层和系统级的仿真评估，提出了
针对无线协议、5G 接入网架构和空中接口等相关问题的解决方案。

R17 启动了第一个 NTN WI，在透明传输模式下针对 NTN 场景大时延、高移动性特点
对随机接入、用户面定时器、广播消息设计以及移动性进行改动和增强。

（2）ITU

ITU 在促进卫星与 5G 频率科学、合理利用方面开展了系列工作。在 WRC-15 上，ITU
在 6 ~ 84 GHz 范围展开一系列关于卫星与 5G 的频谱共用与电磁兼容性分析。在 WRC-19
上，对 Non-GEO（非 GEO）投入使用规则进行了修改，要求占用特定频率的通信星座必

须在 14 年内完成所有卫星发射。这将极大地推动空间网络的工程建设步伐，5G 已有成果将发挥更大的作用。

（3）Sat5G

该项目不仅向 3GPP、ETSI 等标准化组织输出成果，还研发了多个 5G 和卫星融合实验平台，验证了 NFV、MEC 等关键技术的合理性，体现了星地集成系统的优势。

3. 产业竞争

在这轮新的竞争中，SpaceX、OneWeb、亚马逊等科技巨头相继加入。SpaceX 公司的雄心是建立一个 12000 颗卫星的全球宽带覆盖网络。2020 年 5 月 27 日，SpaceX 猎鹰 9 号火箭将第 29 批星链卫星成功送入轨道。至此，入轨星链卫星总数已达 1737 颗。OneWeb 也不甘示弱，已经发射了 182 颗卫星，计划 2022 年底前将大约 650 颗卫星送入轨道。亚马逊也有类似承诺，计划发射 3000 多颗低地轨道卫星。

当然，发射如此多的卫星也会产生一个很严重的问题。一旦发生卫星相撞，可能会产生数百块碎片，并使它们与附近的其他卫星发生碰撞。在 2021 年就出现过 SpaceX 卫星和 OneWeb 卫星险些发生碰撞的情况，幸好双方团队及时解决才避免了灾难的发生。由此可见，在竞争的同时，深度合作也是必不可少的。

（4）结语

随着 5G、6G 的不断演进，通信技术与航天技术的结合将会更加紧密，探索出新的"星辰大海"！

7.2 隔壁的 Wi-Fi

7.2.1 Wi-Fi 也能连 5G

读者看到标题可能会感到疑惑，根据我们平日里的上网经验，一部手机要么通过 Wi-Fi 上网，要么通过运营商移动数据流量上网，Wi-Fi 和 5G 是两种不同的获取网络服务的方式，分属于 IEEE 和 3GPP 两大阵营，它们还能混着连？要想解释这个问题，还要从 5G 系统讲起。

整个 5G 系统主要分为接入网和核心网两大部分，两个部分相互协作才能为用户设备提供网络服务，如图 7-9 所示。以手机上网为例，手机先发送无线信号给接入网，例如基站，信号中携带有手机想要上传的数据，接入网收集无线信号之后将其转化为有线信号发送给核心网，核心网再将数据转发到手机请求的网站服务器中。因为用户设备和接入网直接相连，二者之间无线信号的好坏也直接影响着通信质量，所以平日里常说的 5G 指的是 3GPP 的 5G 接入网，但其实 5G 还包括 5G 核心网。在 3GPP 的 5G 国际标准中，5G 核心网支持多种接入方式，用户设备不仅可以通过 3GPP 的 5G 接入网接入 5G 核心网，还可以通过 Non-3GPP 的接入网接入 5G 核心网，例如通过 Wi-Fi 接入 5G 核心网。以下介绍 5G 核心网不同的 Non-3GPP 接入方式。

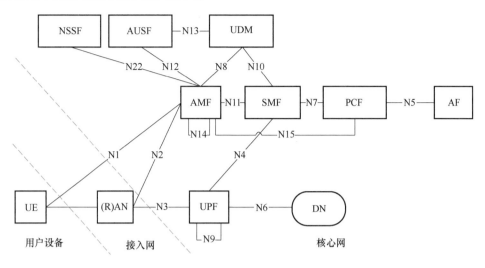

图 7-9　5G 系统架构

（1）非信任的非 3GPP（Untrusted Non-3GPP）接入

在 3GPP Rel-15 的标准中，5G 核心网支持 Untrusted Non-3GPP 接入，例如非运营商部署的 Wi-Fi 接入。由于 Non-3GPP 的接入网和 3GPP 核心网所遵循的协议不同，Non-3GPP 接入网要通过一个特定的网元连接 3GPP 核心网，该网元负责 Non-3GPP 的接入网和 3GPP 核心网之间的信令及数据交换。对于 Untrusted Non-3GPP 接入网，Rel-15 中定义了 N3IWF（Non-3GPP InterWorking Function）负责该交换功能，整体的网络架构如图 7-10 所示。

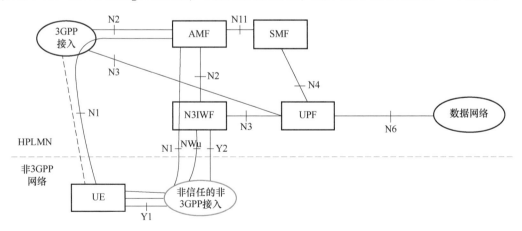

图 7-10　通过 Untrusted Non-3GPP 接入 5G 核心网的网络架构

用户设备通过非信任的非 3GPP 接入 5G 核心网的大致流程如下：用户设备先与非信任的非 3GPP 接入网络建立连接，例如手机先通过网络名称和密码加入 Wi-Fi 网络；用户设备再选择一个 PLMN 的 N3IWF（Non-3GPP InterWorking Function）并与 N3IWF 建立 IPsec（IP security，IP 安全性协议）安全连接；用户设备通过 IPsec 安全连接与 N3IWF 之间交互 NAS 信令，N3IWF 负责透传用户设备与 5G 核心网之间的 NAS（Non-Access-Stratum）信令，之后用户设备可以使用与 3GPP 接入相同的流程完成注册；当用户设备与网络之间有用户面数据需要交互时，用户设备与 N3IWF 之间建立 IPsec 子安全连接用于用户面的数据传输，其中不同的 IPsec 子安全连接可以通过不同的 DSCP 标记实现不同的 QoS。

（2）信任的非 3GPP（Trusted Non-3GPP）接入

在 3GPP Rel-16 的标准中，5G 核心网增加了对信任的非 3GPP 接入的支持，例如运营商部署的 Wi-Fi 接入。信任的非 3GPP 接入网通过 TNGF（Trusted Non-3GPP Gateway Function）与 3GPP 核心网之间交互信令及数据，整体网络架构如图 7-11 所示。

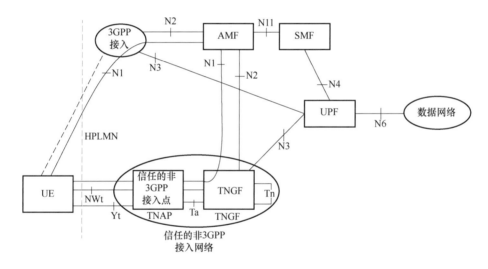

图 7-11　通过信任的非 3GPP 接入 5G 核心网的网络架构

与非信任的非 3GPP 接入流程不同，用户设备通过信任的非 3GPP 接入 5G 核心网需要先确定要接入的 PLMN，再由 TNAP 的广播信息获知 TNAP 支持的 PLMN，并从中选择一个可以接入目标 PLMN 的 TNAP 进行接入。与非信任的非 3GPP 接入流程类似的是用户设备需要与 TNGF 建立 IPsec 安全连接以及 IPsec 子安全连接，分别传输 NAS 信令以及用户面数据。

（3）有线网络接入

在 3GPP Rel-16 的标准中，5G 核心网还支持有线网络接入方式，如图 7-12 和图 7-13 所示。5G-RG（5G Residential Gateway）和 FN-RG（Fixed Network RG）通过有线的方式连

接 W-AGF（Wireline Access Gateway Function），再由 W-AGF 接入 5G 核心网，其中 5G-RG 支持 5G NAS，FN-RG 不支持 5G NAS。对于 5G 核心网，5G-RG 相当于一个用户设备，而 FN-RG 需要 W-AGF 作为其代理完成与 5G 核心网之间的 NAS 信令交互，详细流程参见 3GPP TS 23.316 协议。

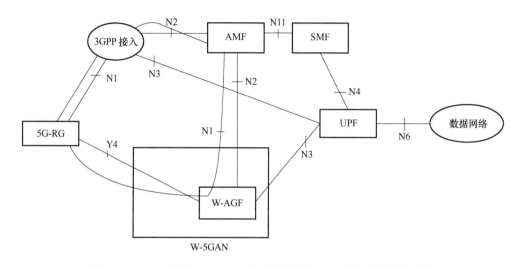

图 7-12　5G-RG 通过 NG-RAN 和有线网络接入 5G 核心网的网络架构

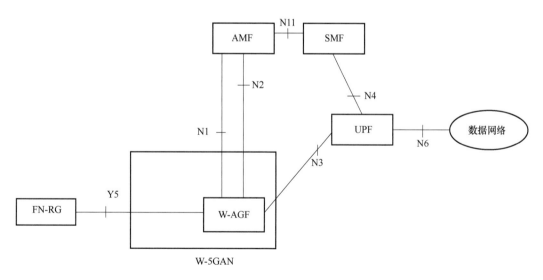

图 7-13　FN-RG 通过有线网络接入 5G 核心网的网络架构

5G 核心网支持多种非 3GPP 接入方式有什么好处呢？作者认为多种不同的接入网络共用一个核心网可以简化网络架构、节省网络资源、增加运维效率，用户设备能够通过多种接入方式接入核心网，还可以进行数据分流、增加网络覆盖、提升用户体验。

理想是丰满的，现实是骨感的。虽然 3GPP 国际标准中 5G 核心网支持多种非 3GPP 接入方式，但出于实现复杂度、市场策略等多方面的考虑，目前国内 CCSA 通信行业标准当中并不支持上述功能。但 5G 毕竟是一个新兴事物，市场存在着一定的不确定性，未来如果产生了大量 Non-3GPP 接入的需求，相关标准还可以纳入后续的行业标准当中。

7.2.2 5G 时代，Wi-Fi 在做什么

在无线通信技术的江湖里，一直存在着"相爱相杀"的两个阵营：一个是 3GPP 序列的蜂窝移动通信技术，另一个是 IEEE 序列的 Wi-Fi 技术。5G 时代，Wi-Fi 同样不会缺席，2019 年 9 月，Wi-Fi 联盟宣布启动 Wi-Fi 6 认证计划。行业预计 Wi-Fi 6 标准的启用，将给 Wi-Fi 技术带来一次"技术延寿"和竞争力的大幅提升，迎来一个全新的 Wi-Fi 时代。

（1）Wi-Fi 6：一个全新的 Wi-Fi 时代

2018 年，Wi-Fi 联盟（Wi-Fi Alliance）将基于 802.11ax 标准的 Wi-Fi 正式纳入正规军，命名为第六代 Wi-Fi 技术，如图 7-14 和图 7-15 所示。借着这个机会，联盟又将 Wi-Fi 规格重新命名，之前标准 802.11n 改名为 Wi-Fi 4，标准 802.11ac 改名为 Wi-Fi 5，新标准 802.11ax 改名为 Wi-Fi 6。

图 7-14 Wi-Fi Logos

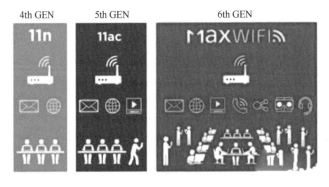

图 7-15 Wi-Fi 发展图

根据华硕 2018 年做的一项调查，发现每个家庭中至少有 10 台联网设备，而到了 2022 年，这个数字会上升到 50，这 50 台设备包括计算机、手机以及 IoT 设备。这么多联网设备导致的问题是：家庭环境异常拥堵，而这也是 Wi-Fi 6 发布的主要背景。

从频段上，Wi-Fi 6 支持 20/40/80/80 + 80/160 MHz 频带，而且支持 2.4 GHz 和 5 GHz 频段。传输上，Wi-Fi 6 支持 1024QAM 调制，同时并发 8 流，理论单用户最大速率可以达到 9.6 Gbit/s，这一点上已经接近于 5G 的峰值速率水平（下行 20 Gbit/s、上行 10 Gbit/s）。多用户传输上，Wi-Fi 6 可以支持 8 ×8 MU-MIMO，也接近于 5G 水平。

无线宽带联盟（Wireless Broadband Alliance）给出了 Wi-Fi 6 与 5G 的具体 KPI 比较，可见除了移动性之外，Wi-Fi 6 的其他性能指标设计目标都与 5G 相当。

（2）5G 与 Wi-Fi 6，竞争还是互补

蜂窝移动通信和 Wi-Fi 阵营之争由来已久。早在 2000 年前后，业内就有 2G 将替代 Wi-Fi 的观点，4G 时代，"4G 将替代 Wi-Fi" 也成为业界热衷的讨论。后 4G 与 5G 时代，两大阵营则显得更加包容，融合发展基本成为业界共识。3GPP 在 LTE Rel-13 中就引入了 LTE 和 Wi-Fi 融合的 LWA 和 LWIP 技术，IEEE 也将支持与 3GPP 5G 的紧耦合作为 Wi-Fi 未来演进的重点要素。

从宣称的目标业务场景上，5G 与 Wi-Fi 6 并无差异，两者都是以 eMBB、mMTC、uRLLC 三大场景为服务目标。为了能够满足诸如 AR/VR、自动驾驶与 4K 影视等多元化场景应用的需求，与 Wi-Fi 5 相比，Wi-Fi 6 在速率、频段、覆盖方面都有大幅的提升。

但是，毫无疑问，在室外应用上，由于 Wi-Fi 覆盖和移动性上的先天不足，5G 毫无悬念仍成为首选。室内应用上，蜂窝网络的室内有限覆盖能力和高成本在 5G 时代非但没有改变，反而更加严重，Wi-Fi 在室内应用部署上将继续拥有不小的空间。

此外，5G 与 Wi-Fi 融合对于保持用户的无缝高速使用体验，提高用户的黏性也能带来帮助。

例如，深圳福田地铁站和运营商一起通过 Wi-Fi 6 技术进行网络拓展，将深圳地铁福田枢纽建成全国首个应用 Wi-Fi 6 技术的地铁车站，实现 5G 与 Wi-Fi 6 技术的融合。

存在即合理，纵然 5G 技术先进、高端大气，未来也许就如同 Wi-Fi 之父 Cees Links 曾说："Wi-Fi 会存在很久，不会被 5G 所取代。我们每个人都意识到 5G 很重要，但是 Wi-Fi 在生活中的应用占总体的 70%，这个数据和规模是 5G 的两倍，如果需要通过 5G 实现这些连接，运营商需要建设更多基站，投入更多成本，因此我认为未来 Wi-Fi 还会存在很久，不会被 5G 取代。"

7.3 5G 网络共建共享

7.3.1 "5G 网络共享"背后的故事

2019 年 9 月 9 日，中国电信与中国联通分别发表公告：两家公司已签署 "5G 网络共建共享框架合作协议书"。

（1）传了这么久，靴子终于落地了

合作协议要点：电信与联通将在全国范围内合作共建一张 5G 接入网络；5G 网络共建共享采用接入网共享方式，核心网各自建设，5G 频率资源共享；双方划定区域，分区建设（总体遵循南电信、北联通的原则），各自负责在划定区域内的 5G 网络建设相关工作，谁建设、谁投资、谁维护、谁承担网络运营成本。

（2）5G 网络共享场景

网络共享分为几个层次：站址资源共享（包括铁塔、传输、机房）、基站共享（包括BBU、RRU/AAU）、核心网共享。而后两者与标准息息相关。

3GPP 在 5G 标准制定之初即考虑到了网络共享，明确要求终端、无线、核心网侧都应支持 5G 网络共享功能。3GPP R15 推荐了 MOCN 和 GWCN 两种模式的共享网络架构：①MOCN（Multi-Operator Core Network）指一个 RAN（无线网络）可以连接到多个运营商核心网节点。可以由多个运营商合作共建 RAN，也可以是其中一个运营商单独建设 RAN，而其他运营商租用该运营商的 RAN 网络；②GWCN（Gateway Core Network）是指在共享RAN 的基础上，再进行部分核心网共享。

在 2018 年 6 月发布的 3GPP R15 标准中明确说明：仅支持 5G 多运营商核心网（5G MOCN）网络共享架构；网络共享小区可以广播多个 PLMN（最多 12 个，基于 minimum SI 广播）；每个 PLMN 可以设置独立的 TAC，并广播独立的 Cell-ID（基于 NR SIB1）。

术语有点复杂。简单来说，在 3GPP R15 中，一个无线网络连接到多个运营商核心网的 MOCN 是标准中唯一可行的模式。所以，在公告中我们看到了 "无线网共建、核心网各自建设" 的关键词。

（3）共享频谱 vs 独立频谱

频谱是运营商的核心资源；关于频谱的共享方式无疑是网络共享的核心关注点（没有之一）。MOCN 共享网络架构下，根据频谱是否共享又分为独立频谱网络共享和共享频谱网络共享。所谓 "独立频谱共享"，是指 BBU 共享，RRU/AAU 各运营商独立，各家的频谱独立配置和管理；无线侧 gNodeB 内部使用逻辑上独立的不同小区提供给多个运营商进行独立使用。所谓 "共享频谱共享"，是指站点侧的 RAN 设备全部共享，包括 BBU、RRU/AAU；不同运营商的某段或某几段频谱，形成一个连续大带宽的共享频谱，进一步降低基础设施和设备费用。

目前看来，电信、联通网络共享采用的是更彻底的方式，即"共享频谱"方式。好处自然有，连续的 200 MHz 带宽，无疑将带来更优的用户体验和网络竞争力。然而挑战也不少，当前电信/联通 5G 基站的主流配置是工作带宽 100 MHz，功率 200W。频谱共享之后，若工作带宽为连续的 200 MHz，为保证功率谱密度的一致性，功率理论上需升到400W。这无疑将对设备实现带来极大的挑战。同时考虑相关设备的尺寸、迎风面，估计与铁塔的博弈也在所难免。

（4）无线资源共享方式

频谱共享之后，具体的无线资源在两家之间怎么分，也是一个问题。关于无线资源分配，在独立频谱共享方式下，不同运营商使用各自的频谱，空口资源完全隔离，简单明了。

而共享频谱方式下，无线资源管理方式相对复杂。共享频谱需要明确空口资源分配、过载控制、参数协调等多项内容。在资源共享方面，在每个运营商的资源分配比例、运营商间的公共资源如何动态分配都是比较敏感的问题。同时，接纳控制上，gNodeB 需提供共享频谱的 RRC 用户比例划分功能，一方面保障运营商之间基本的 RRC 资源，另一方面可以提升系统整体的 RRC 资源利用率。

同时，在建设方式方面，可以看到是以双方划定区域，分区建设为主。相比于插花共建，分区建设可以减少一些麻烦，如协调共建的流程和界面等。这无疑体现了双方在确定方案时务实的一面。简化处理，分区建设，一家建设，另外一家共享。这是相对直截了当的方法。

沸沸扬扬地传了这么久，如此大规模的网络共享首次作为主流的组网方式呈现在了业界面前。况且它的背后又是当今的流量明星"5G"，影响力可想而知。

消息传出后，投资机构普遍调高了电信、联通的投资评级。"涸泽而渔"不是办法，网络共享说不定真是一个方向。

7.3.2 浅谈 5G 网络共享

网络共享是运营商降低网络成本、有效利用网络容量的方向之一。通过允许多个参与运营商共享单个共享网络的资源，从而提高资源利用效率，降低网络成本。在国际标准化组织中，网络共享的研究已经取得了不错的进展，相关标准化工作也正在进行中，相信会对未来的网络建设以及网络运营产生一定的指导意义。

1. 5G MOCN 网络共享的定义

关于 5G MOCN 的定义，在 3GPP TS 23.501 中有如下描述：网络共享架构允许多个参与运营商共享单个共享网络的资源，共享网络运营商根据约定的分配方案将共享资源分配给参与运营商。共享网络包括无线电接入网络，共享资源包括无线电资源，如图 7-16

所示。5G 多运营商核心网（5G Multi-Operator Core Network，5G MOCN）是一种 5G 网络共享架构，仅共享无线接入网（Radio Access Network，RAN）。图 7-16 是 5G MOCN 架构图，其中多个 CN 连接到相同的 NG-RAN。5G MOCN 支持运营商使用多个 PLMN ID 或 PLMN ID 和 NID 的组合。

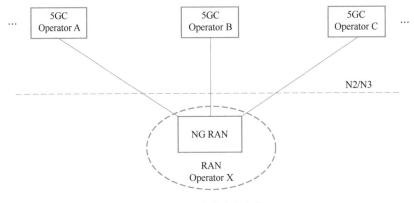

图 7-16　共建共享架构

如果 NG-RAN 被配置为共享网络，则共享 NG-RAN 中的每个小区将广播一组参数集，其中，包括 NG-RAN 共享网络中的可用核心网络运营商——PLMN 和/或 SNPN（Standalone Non-Public Network，独立非公共网络），以及 TAC 等参数信息。当 UE 执行向网络的初始注册时，将在可用的 PLMN 中选择其中的一个来提供服务。订阅了运营商服务后的 UE，能够在共享网络的覆盖区域内选择该运营商，并从该运营商接收订阅的服务。

2. 网络共享带来的挑战

网络共享给网管系统带来了巨大的挑战，要实现一站共用、一站共管，只有在网络信息模型层面进行相应的调整，才能既满足双方用户的需求，同时兼容双方运维工作的差异化。

（1）5G MOCN 对数据模型的要求

网管系统应具备将 5G SA 共享基站下同一个小区配置为多个 PLMN-IdentityInfo 对象的能力。每个 PLMN-IdentityInfo 对象对应一家运营商，包含 PLMN ID、TAC、gNodeB ID、Cell ID 等字段。在 NG-RAN 共享场景下，网管系统应既支持同一小区的多个 PLMN-IdentityInfo 对象配置为完全相同，也支持将同一小区的多个 PLMN-IdentityInfo 对象配置为完全不同。为多个运营商配置不同的 PLMN-IdentityInfo 对象，即一个基站可以配置不同的逻辑 gNB-ID 和 Cell-ID，分别给不同的运营商使用，每套逻辑 gNB-ID 和 Cell-ID 下参数是独立的，互不影响，这样做既可以避免运营商间 gNB-ID 和 Cell-ID 码号冲突的问题，还可以让运营商根据自己的需求独立进行参数优化配置。

（2）对配置数据和性能数据的影响

为了满足 5G MOCN 对数据模型的要求，各主设备厂家都对原有数据模型进行了升级改造，具备了双逻辑站数据上报的能力。双逻辑站数据上报将会对配置和性能数据的模型以及上层数据统计带来很大的影响：①在对基站数进行统计时，gNB-ID 数量翻倍，无法直接通过汇总 gNB-ID 的数量来统计基站数；②在对小区进行统计时，NCI（NR Cell Identifier）数量翻倍，无法直接通过汇总 NCI 的数量来统计小区数；③在对 RLC、PDCP、RRC 以及上层信令类指标进行测量统计时，原有的统计指标是基于小区粒度的，因此可能需要新增区分 PLMN 的统计指标；④在区分 PLMN 后，会进一步导致增加针对 PLMN 粒度的逻辑 CU 小区类和逻辑 DU 小区类。目前的标准化研究在上述方面还无法完全支持 5G MOCN，因此在未来的网络共享的研究中，需要继续增强相应的管理功能，包括管理信息和参数配置的增强，NR NRM（Network Resource Model）增强等，同时 5G 网络共享导致的其他潜在变化也需要管理和支持。相信在国际标准化组织中，网络共享的研究会取得更加不错的进展，对网络建设以及网络运营产生更有价值的指导意义。

7.4　物联网

7.4.1　NB-IoT——核心标准完成在即，商用还远吗

（1）引言

NB-IoT（窄带物联网）的工作立项自 2015 年 9 月启动以来，受到了产业界的高度关注，其核心标准（Core Part）于 2016 年 6 月完成。目前，RAN1 的物理层功能已基本成形。那么，这个热门标准的前世今生、技术特征和未来商用前景，是怎样的呢？

（2）从"NB-IoT"名字说起

NB-IoT，即窄带物联网（Narrow Band-Internet of Things）。其中，IoT（Internet of Things）指物联网。近年来，蜂窝系统的设计重点不仅有移动互联网，还包括实现万物互联的物联网。移动互联网要求高的数据速率和网络容量，而物联网看重的是低功耗、低成本、深覆盖、高连接密度等，因此二者的系统和终端设计准则并不相同；NB（Narrow Band）即窄带，可用于区别 NB-IoT 与 3GPP RAN 定义的其他物联网技术。由表 7-3 可以看到，NB-IoT 的终端带宽最低，为 0.18 MHz。

表 7-3　3GPP 物联网技术方案对比

	LTE Rel-8Cat-1	LTE Rel-12Cat-0	LTE Rel-13Cat-M1	NB-IoT Rel-13
下行峰值峰速/（Mbit/s）	10	1	1	约 0.2
上行峰值速率/（Mbit/s）	5	1	1	约 0.2
双工模式	全双工	半双工或全双工	半双工或全双工	半双工
UE 带宽/MHz	20	20	1.4	0.18

（续）

	LTE Rel-8Cat-1	LTE Rel-12Cat-0	LTE Rel-13Cat-M1	NB-IoT Rel-13
最大发射功率/dBm	23	23	20 或 23	23
芯片的相对复杂度	100%	50%	20% ~25%	10%

注：峰值数据传输速率是指 Cat-0 和 Cat-M1 的全双工运行

低带宽意味着：

1）低成本　降低射频收发机、功放、元器件成本，以及基带运算和存储成本。

2）低速率　NB-IoT 提供的是低速小数据包业务。

3）深覆盖　终端发射功率不变时，低带宽可提升功率谱密度。

4）灵活的频谱利用　0.18 MHz 可以来自 LTE 的一个资源块、GSM 的一个载波、WCDMA/CMDA2000/LTE 边缘的空闲带宽或保护带等。

（3）NB-IoT 的标准工作

NB-IoT 标准化进程如图 7-17 所示。NB-IoT 前期的蜂窝物联网研究立项（SI）是在 GERAN（GSM EDGE Radio Access Network）组中进行的。GERAN 组主要制定 GSM 标准，但是由于后期进入 NB-IoT 工作立项（WI）的候选技术并不基于 GSM，而是一项全新技术，因此将 WI 移至 RAN 组。

2014年5月	GERAN：蜂窝窄带物联网的研究立项（SI）通过
2015年9月	GERAN：蜂窝窄带物联网的研究立项（SI）完成，对7项候选技术进行了评估 RAN：蜂窝窄带物联网的工作立项（WI）通过，标准制定基于NB-CIoT和NB-LTE
2016年6月	RAN：蜂窝窄带物联网的工作立项（WI）的核心标准完成（RAN4性能标准将随后完成）

图 7-17　NB-IoT 标准化进程

在蜂窝物联网 SI 阶段，3GPP 对 7 项候选技术进行了研究评估；后续 WI 标准制定主要基于 NB-CIoT 和 NB-LTE 两项技术。其中，华为、沃达丰、高通等支持 NB-CIoT，爱立信、诺基亚、中兴、三星、英特尔、MTK 等支持 NB-LTE。

因此，NB-IoT 标准可认为是 NB-CIoT 和 NB-LTE 的融合。一方面，二者的融合使 NB-IoT成为平衡各方利益相对开放的标准，也适用于更广泛的部署场景；另一方面，融合的过程并不一帆风顺，RAN5 主席就用"organised chaos"两个词来形容 NB-IoT 融合的讨论现场。

（4）NB-IoT 的部署方案

NB-IoT 支持如图 7-18 所示三种部署模式。

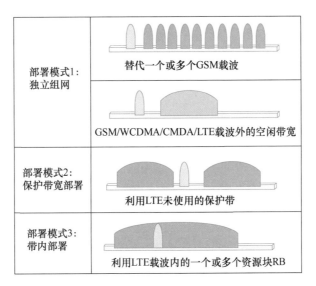

图 7-18　NB-IoT 部署方式对比

模式 1 中，NB-IoT 的系统带宽为 200 kHz，基于目前讨论：GSM 与 NB-IoT 邻频部署需 100 kHz 保护带，WCMDA/LTE 与 NB-IoT 之间无须额外的保护带。模式 2 和 3 可基于现有 LTE 网络进行软/硬件升级。对于模式 3 的系统设计，需注意不能影响既有 LTE 的公共信道，包括下行同步/广播信道和小区公共导频等。3 种模式下，均可部署多个 NB-IoT 载波。

（5）主要技术特征

根据 2016 年 4 月 RAN1 会议的进展，NB-IoT 物理层的主要技术见表 7-4 和表 7-5。对于高层协议，其设计主要基于 LTE Rel-13。

表 7-4　NB-IoT 技术汇总-1

	下行	上行
多址方式、载波间隔	OFDMA，子载波间隔为 15kHz	Single tone：子载波宽度为 3.75 kHz 或 15 kHz Multi tone：SC-FDMA，子载波间隔为 15 kHz

（续）

	下行	上行
物理信道	NB-PDSCH：共享数据信道 NB-PBCH：广播信道 NB-PDCCH：控制信道 NB-PSS/NSSS：主/辅同步信号 RS：参考信号	NB-PUSCH：共享数据信道，可承载 ACK/NACK 控制信息； NB-PRACH：随机接入信道； DM-RS：解调参考信号；注：对于 NB-PRACH、承载 ACK/NACK 控制信息的 NB-PUSCH，仅支持 single tone
MIMO	单、双天线端口 双天线端口时，采用发送分集 SFBC	单天线端口
时域资源单位	1 ms，即 1 个子帧	3.75 kHz single tone：32 ms 承载控制信息时，为 8 ms 15 kHz single tone：8 ms 承载控制信道时，为 2 ms； 15 kHz multi tone：对于（3，6，12）个 tone，分别为（4，2，1）ms
循环前缀	普通 CP 或扩展 CP	—
双工方式	FDD 半双工 Rel-13 阶段不支持 TDD，考虑后续支持 TDD 的前向兼容性	
资源复用	NB-PDSCH/PDCCH 占用不同的子帧，即时域复用	不同用户可占用不同的子载波

表 7-5　NB-IoT 技术汇总-2

数据信道	下行 NB-PDSCH	上行 NB-PUSCH
调制方式	QPSK	Single tone：Pi/2-BPSK，Pi/4-QPSK Multi tone：QPSK
最大传输块①	680 bit，1 个传输块可映射到多个子帧	1000 bit，1 个传输块可映射到多个时域资源单位
HARQ	单个 HARQ 进程 异步自适应传输 不支持多个 RV 冗余版本	单个 HARQ 进程 异步自适应传输（无须下行 PHICH） 支持冗余版本 RV0 和 RV2
信道编码	截断卷积码	承载数据信息：Turbo 码 承载控制信息：重复编码
功控	—	复用 LTE 部分路损补偿方案

① 可通过多次重复传输来提高链路性能及覆盖深度

（6）市场定位与商用

在授权和非授权频谱，各标准组织和联盟已定义多项物联网技术。3GPP 也有 LTE-MTC、NB-IoT、EC-GSM-IoT 等系列的标准和不同的终端等级。其中，NB-IoT 的定位为运营商级别的、基于授权频谱的低端物联网市场，其终端芯片成本在 5 美元以下。

7.4.2　起大早赶晚集，物联网的破局之路

1. 萌生于赌场的物联网

1961 年，克劳德·香农 45 岁。那一年，麻省理工学院的数学教授、29 岁的爱德华·索普发明了赌场神器，它拥有便携式的外观，可通过无线电与外界建立连接，并利用远端计算机进行轮盘赌胜率的计算，将胜率提升了 44%。现在看来，这项发明基本符合物联网的特征。

如果按时间推算的话，赌场神器的出现甚至早于互联网的萌芽——1968 年美国国防部研制的计算机实验网 ARPANET（Advanced Research Projects Agency Network）。而在当今"物"起"云"涌的网络愿景中，物联网又是其中关键的拼图。那么，物联网的发展现状究竟如何？

让我们看三个数字：85%、60%、1%。

（1）85%：大半壁江山靠水、电、煤气来扛

当前，物联网的业务领域非常集中。智能抄表、智能烟感、环境保护三类业务占国内移动物联网总连接数的 85%；停车、工业控制等业务合计占比约 15%。

物联网发展之初，"万物互联"的蓝图非常宏伟。但当前的实际情况是：水、电、燃气还是主要应用场景，扛起了大半壁江山。相比之下，农业、物流、零售、交通、能源等被寄予厚望的领域还有待拓展。

（2）60%：中国运营商的"大象狂奔"

目前，全球运营商的物联网方案聚焦于 NB-IoT 和 eMTC。其中中国运营商起步早、期望值高。中国运营商的物联网连接数也呈现"大象狂奔"的态势：至 2019 年，国内三大运营商占全球长距物联网（NB-IoT/eMTC）连接的 60% 以上。"物联网，全世界看中国！"此言不虚。

（3）1%：新收入增长源，物联网难堪大任

物联网起步早、蓝图好、期望高。然而发展多年后，物联网收入依然徘徊在运营商收入的 1% 左右，还无法承担"新收入增长"的重任。全球范围内，物联网收入占比最高的运营商 Vodafone，也只有 1.6%。

理想与现实差距的背后，是"人""物"连接价值落差的持续扩大，"物"连接的价值贡献不高。2014 年，全球范围内，"人"连接的 ARPU 值（每用户收入）是"物"连

接 ARPU 值的 18 倍。到 2019 年，这种落差变为了 300 倍。

2. "物"连接的思考

先发而后至，物联网还有很长的路要走。这背后又涉及网络、商业、安全等诸多因素。从网络的角度，"人"的连接与"物"的连接存在着根本的差异。以管"人"的方式来管"物"，同样的运营成本，相差 300 倍的 ARPU，必然亏损。

所以，也许可以借鉴互联网的思维。首先是有损服务：运营商网络强调可靠、稳定。但其实任何产品都不是，也不可能做到 100% 可靠。很多时候，N 个 9 到 100% 之间的区别基本只是系统噪声，在这方面投入巨大精力进行改善，也难以给用户带来实际意义的好处。况且，多 1 个 9，系统要付出多少代价？收益会增加多少？

再就是拥抱风险：一个稳定但没有人使用的系统是没有价值的。很多时候，不是保证不能出问题，而是要尽可能快地响应和恢复。天下武功，唯快不破。相比多 1 个 9，对客户的低时延响应与恢复是可替代方案。

作为"万物互联"版图的重要组成部分，物联网被寄予厚望。与其纠结于什么时候会有"爆发点"，不如立足当下，快速满足用户个性化需求，提升收益。先活下去，这很重要。

7.5　5G 安全

7.5.1　你的手机安全吗？说说无线通信的安全机制

"截获短信验证码，睡觉时积蓄就没了""半夜时钱莫名被转走，盗刷案多地出现""睡觉时到底该不该关机"等内容不断出现在朋友圈和新闻头条。一石激起千层浪，无线通信系统的安全性问题被推至风口浪尖。要了解无线通信的安全机制，首先简单了解一下通信系统的安全究竟是怎么实现的。

（1）鉴权

鉴权就是身份验证过程。

单向鉴权：2G（GSM）的鉴权机制为用户鉴权，能够防止未授权用户的接入，但无法防止用户接入未授权的网络节点。基本原理是网络产生鉴权向量（RAND、SRES、Kc），并将 RAND 通过空口发送给终端，终端将 RAND 和用户唯一的密码参数作为鉴权算法的输入参数得到 SRES，终端将计算得到的 SRES 返回网络，网络与自己产生的 SRES 做对比，只有合法的用户才能得到一致的结果，即通过鉴权。此外，鉴权三元组中的第三个参数 Kc 为加密密钥，用于鉴权完成后数据传输的加密（注：IS-95、CDMA 1X 的鉴权同样为单向用户鉴权，但机制有所不同，称为 CAVE 算法）。

双向鉴权：3G（UMTS、TD-SCDMA）、4G（LTE）、5G（NR）均采用双向鉴权，即

用户和网络之间双向认证，建立了完整的认证与密钥协商机制（AKA）。鉴权过程中同样引入了鉴权向量的概念，其中，3G 为（RAND、XRES、CK、IK、AUTN），4G 为（RAND、XRES、KASME、AUTN），5G 为（RAND、AUTN、XRES *、KAUSF）。其中 CK、IK 分别是加密密钥和完整性保护密钥，4G 用 KASME（由 CK、IK 和 SN ID 服务网络标识一起生成）代替。AUTN 则用于 UE 对网络的鉴权。UE 首先验证 AUTN 新鲜性，如果验证通过则完成了 UE 对网络的鉴权，并将计算出的 RES 发送给网络，供网络与 XRES 对比验证 UE 的鉴权。(3G 制式 CDMA EVDO 的鉴权比较特殊，除了为了考虑兼容性而继续支持 CAVE 鉴权以外，还引入基于 MD5 算法的 CHAP 鉴权，是一种根据 AN/AAA 账号密码上网的方式）以 LTE 为例，双向鉴权流程如图 7-19 所示。

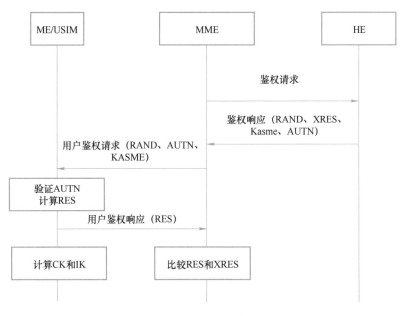

图 7-19　LTE 双向鉴权流程

（2）NAS & AS 安全

在 2G/3G 系统中的接入网侧，接入网通常包括两层节点：以 GSM 系统为例，由于 RNC 通常被放置于物理安全区域，因此系统中仅需具有一层安全保护以实现 RNC 与 UE 间的安全。4G/5G 系统中，接入网采用更加扁平的架构，只有 eNB/gNB 一层节点，需要将 eNB/gNB 部署于室外，然而这必然增加了其受到攻击的可能，而且 eNB/gNB 与核心网之间的链路受到安全威胁的风险也增大了。为此 4G/5G 系统设置了 NAS 层、AS 层两层安全保护。

密钥体系：两层安全的设计使得 4G/5G 的密钥体系更加复杂，AKA 过程生成的 KASME 作为根密钥，可以直接推导出供 UE 和 MME/AMF 使用的 NAS 层加密密钥和完整性保护密钥。KASME 推导出的 KeNB 是 UE 和 eNB/gNB 之间用来计算 AS 层加密和完整性保护密钥的临时密钥。图 7-20 为 LTE 的密钥体系示意图。

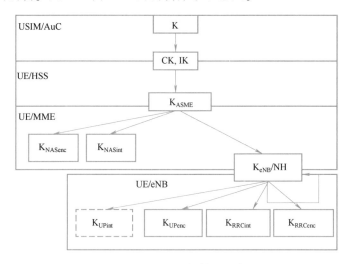

图 7-20　LTE 的密钥体系示意图

数据加密：加密过程能够保护信息不被非授权者、非授权实体或进程利用或泄露。2G/3G/4G/5G 均支持对数据及信令的加密，基本原理遵从密码学中的序列（流）加密原理，主要区别是加密算法不同。具体来讲，发送端利用密钥及其他参数作为加密算法输入参数，计算出密钥流（Keystream Block），与明文进行异或操作，生成密文发送给接收端。接收端进行相同的操作，生成同样的密钥流，并与密文进行异或操作，生成明文。相当于明文进行了两次异或操作，所以能正常恢复。LTE 网络的加解密流程如图 7-21 所示。

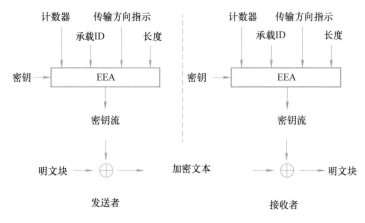

图 7-21　LTE 网络的加解密流程

完整性保护：完整性保护能够保护用户和网络间的信息，使之不被篡改。2G 传统网络没有提供独立的完整性保护，主要考虑的是空口信息传输时被窃听和泄露的风险，未充分考虑对信息篡改或者伪造等问题的防护。3G/4G 认为数据信息对完整性的需求不高，但是信令消息一旦被篡改或者伪造，则可能带来非常严重的问题，因此针对信令提供完整性保护。5G 开始重视数据被篡改的问题，因此不仅支持对信令的完整性保护，还同时支持对数据的完整性保护。

完整性保护的基本原理是发送端利用完整性保护密钥及其他参数和消息本身作为完整性保护算法的输入，生成完整性校验码 MAC-I，发送端将消息本身和 MAC-I 一起发送给接收端。接收端用同样的方式计算出完整性校验码 XMAC-I，与接收端收到的 MAC-I 进行比较，如果相同，则认为完整性保护通过。以 LTE 为例，完整性保护流程如图 7-22 所示。

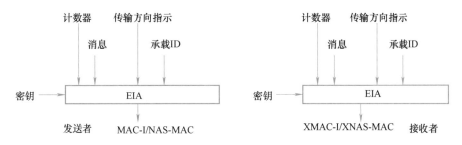

图 7-22　LTE 完整性保护流程

（3）安全攻击模式

伪基站：2G 的单向鉴权机制导致终端无法对网络进行验证，进而产生了伪基站这一概念。伪基站冒充正常基站，得到手机的身份识别后，向手机发送垃圾短信、钓鱼短信。

嗅探：嗅探指的是窃听网络上流经的数据包，这建立在能够听得懂数据包的基础上，即破译了网络传输的密码。破译网络密码听起来似乎不太容易，然而就怕坏人有知识，居然有个称为 OsmocomBB 开源项目已完成对 GSM 通信网络的破解，不法分子直接利用 OsmocomBB 开源项目的成果，就能轻易实现对 GSM 信号的监听。

重定向至 2G：由于实现了双向鉴权，可以说在 3G/4G/5G 网络中伪基站将无法与目标手机实现真正意义上的数据传输。然而这种攻击方式是触发重定向，比如在 4G 网络内发送强干扰，迫使将该手机重定向到攻击者预先架设的恶意网络；或是直接架设 4G 伪基站，在连接建立过程中直接发送 RRCConnectionRelease 消息，将终端重定向到 2G 伪基站上。

中间人攻击：在这种攻击方式中，攻击者需要一个伪基站和一个伪终端，让目标手机接入伪基站，然后用伪终端冒充目标手机，以目标手机的身份在运营商现网注册。连接过程中，需要鉴权信息时，就从目标手机那里取。伪手机能够以目标手机的身份接打电话、收发短信。

（4）小结

无线攻击手段常常被组合使用，让人防不胜防。然而，通过对通信安全机制的介绍，我们不难发现随着网络的更新换代，安全协议在不断加强。所以，目前大部分实质性的安全攻击仍旧是针对 2G 网络的，针对 3G 的攻击的手段很罕见，更不要说 4G 甚至 5G。由于覆盖等原因，2G 网络仍旧存在着一席之地，然而随着 2G 网络的慢慢退网以及 5G 时代的全面到来，可以预见现网的安全性将越来越高。

当然，平时仍需注意个人信息的保密，如果万一遇到手机信息泄露，立即报警还是为上策。

7.5.2　5G 主要身份认证

5G 安全是一门很大的学问，本节介绍其中的主要身份认证（Primary Authentication）。

（1）概述

主要身份认证的目的是在 UE 和网络之间实现相互认证，并且通过密钥协商生成安全密钥用于 UE 和服务网络之间后续的安全流程。主要身份认证流程中产生的安全密钥称为锚密钥 KSEAF，由归属地网络的 AUSF 提供给服务网络的 SEAF。KSEAF 之所以称为锚密钥，是因为可以由其派生出多个安全上下文所用的密钥，而无须执行新的身份认证流程。例如，UE 通过不可信非 3GPP 接入方式与 N3IWF 建立安全连接所需的密钥，可以由在 3GPP 接入网络上执行的认证流程产生的锚密钥提供。

UE 和服务网络之间支持 EAP-AKA′（注：此处的"′"是名称中包含的符号）和 5G AKA 两种认证算法。在 EAP 认证架构中（RFC 3748），UE 扮演着被认证者的角色，SEAF 扮演着传递认证器的角色，而 AUSF 扮演着后端认证服务器的角色。

主要身份认证流程包括两大步骤，首先启动身份认证并选择认证方法，然后进行身份认证，接下来将逐一介绍。

（2）启动身份认证及选择认证方法

启动身份认证及选择认证方法流程如图 7-23 所示。UE 在注册流程中将 SUCI 或 5G-GUTI 发送给 SEAF。SEAF 根据其配置的策略，可以在与 UE 建立信令连接的任何流程中触发与 UE 的身份认证。值得注意的是，SUCI（加密的用户标识）是通过对 SUPI（用户永久标识）加密得到的，UE 在没有有效 5G-GUTI 时，会将 SUCI 发送给 SEAF，而非直接发送用户永久标识 SUPI。相比于 4G UE 直接上报用户永久标识 IMSI，5G 的这一改动大大增强了用户永久标识的安全性。

接下来，SEAF 发送认证请求给 AUSF，请求信息中携带 UE 的 SUPI 或 SUCI 信息，以及服务网络名称。AUSF 收到请求后验证 SEAF 是否有权使用请求中的服务网络名称。验证成功后 AUSF 将 UE 的 SUPI 或 SUCI 以及服务网络名称发送给 UDM。最后，UDM 调用 SIDF 将 SUCI（如果请求中有的话）解密为 SUPI，并根据 SUPI 选择认证方法。

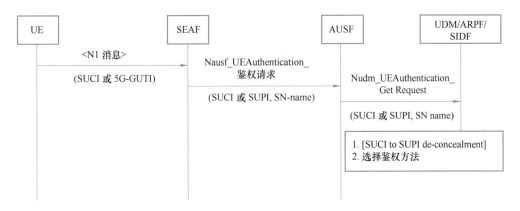

图 7-23　启动身份认证及选择认证方法流程图

（图片参考来源：TS 33. 501 – h50，Figure 6. 1. 2-1：Initiation of authentication procedure and selection of
authentication method）

（3）EAP-AKA′认证流程

在本文的开始部分提到过身份认证的目的是在 UE 和网络之间实现相互认证，并且生
成锚密钥。UE 和网络之间实现相互认证，包括 UE 对网络的验证以及网络对 UE 的验证。
EAP-AKA′认证流程（如图 7-24 所示）大致分为三个部分，以下分别进行介绍。

1）UE 验证网络（步骤 1 ~ 5）：首先 UDM/ARPF 生成认证向量（RAND、AUTN、
XRES、CK′、IK′），然后将其发送给 AUSF，并指示 AUSF 该认证向量用于 EAP-AKA′认证
流程。如果先前 UDM 收到了 AUSF 发送的 SUCI，UDM 还会将解密后的 SUPI 发送给
AUSF。接着，AUSF 发送 EAP-Request/AKA′-Challenge 消息给 SEAF，消息中包括 RAND、
AUTN 和 MAC（由 CK′和 IK′计算得到）等参数，再由 SEAF 转发给 UE。同时 SEAF 还会
将 ngKSI 和 ABAA 参数发送给 UE，其中 ngKSI 被 AMF 和 UE 用于标识部分安全上下文
（如果认证成功），ABBA 参数将被用于 KAMF 的计算。接收到 RAND 和 AUTN 后，UE 根
据 AUTN 验证认证向量是否为最新，验证成功后生成 RES、CK′和 IK′。

2）网络验证 UE（步骤 6 ~ 8）：UE 发送 EAP-Response/AKA′-Challenge 消息给 SEAF，
消息中包含 RES、MAC 等参数，再由 SEAF 转发给 AUSF。AUSF 验证该消息，并将验证
结果通知 UDM。

3）锚密钥生成与传递（步骤 9 ~ 11）：AUSF 根据 CK′和 IK′生成 EMSK 并取其最高位
256 bit 作为 KAUSF，然后根据 KAUSF 推导出锚密钥 KSEAF。接着，AUSF 将锚密钥发送
给 SEAF。如果先前 AUSF 收到了 SEAF 发送的 SUCI，AUSF 还会将 SUPI 发送给 SEAF。
SEAF 根据 KSEAF、ABBA 参数以及 SUPI 推导出 KAMF，然后发送给 AMF，并将 EAP
Success 消息、ngKSI 和 ABAA 参数发送给 UE。UE 使用与 AUSF 相同的方法推导出
KSEAF，并使用与 SEAF 相同的方法推导出 KAMF。

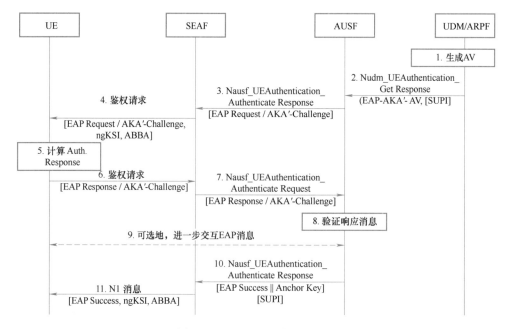

图 7-24　EAP-AKA′认证流程图

（图片参考来源：TS 33. 501 – h50，Figure 6. 1. 3. 1-1：Authentication procedure for EAP-AKA′）

（4）5G AKA 认证流程

5G AKA 认证流程如图 7-25 所示，其中拜访地网络会将其成功认证 UE 的信息发送给归属地网络，增强了 EPS AKA 认证流程。5G AKA 认证流程可以分为两大部分。

1）UE 验证网络 + 锚密钥生成（步骤 1 ~ 7）：首先 UDM/ARPF 生成认证向量 5G HE AV（RAND、AUTN、XRES * 、KAUSF），然后将其发送给 AUSF，并指示 AUSF 该认证向量 5G HE AV 用于 5G-AKA 认证流程。如果先前 UDM 收到了 AUSF 发送的 SUCI，UDM 还会将解密后的 SUPI 发送给 AUSF。接着，AUSF 存储 XRES * 并分别根据 XRES * 和 KAUSF 推导 HXRES * 和 KSEAF，进而生成认证向量 5G SE AV（RAND、AUTN、HXRES * ）并发送给 SEAF。SEAF 通过 NAS 消息，将 RAND、AUTN、ngKSI 和 ABAA 参数发送给 UE。接收到 RAND 和 AUTN 后，UE 根据 AUTN 验证认证向量是否为最新，验证成功后生成 RES * 、KAUSF 和 KSEAF。

2）网络验证 UE + 锚密钥传递（步骤 8 ~ 12）：UE 通过 NAS 消息，将 RES * 发送给 SEAF。SEAF 根据 RES * 计算 HRES * ，并与 HXRES * 做对比，从服务网络的角度来验证 UE。验证成功后，SEAF 发送 RES * 给 AUSF。AUSF 先检查认证向量是否过时，再将 RES * 与 XRES * 做对比，从归属地网络的角度来验证 UE。AUSF 成功验证 UE 后，AUSF 存储 KAUSF 并将 KSEAF 发送给 SEAF。如果先前 AUSF 收到了 SEAF 发送的 SUCI，AUSF 还会将 SUPI 发送给 SEAF。

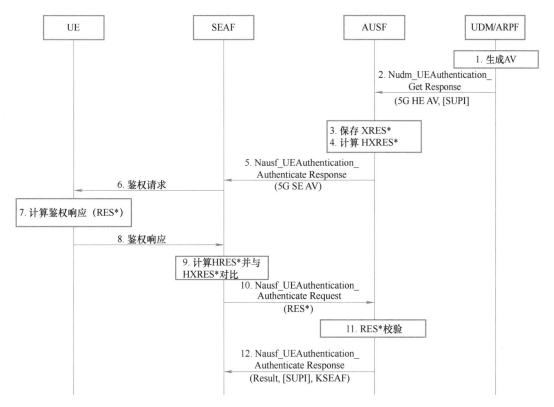

图 7-25　5G AKA 认证流程图

（图片参考来源：TS 33. 501 − h50，Figure 6. 1. 3. 2-1：Authentication procedure for 5G AKA）

7.5.3　基于非 3GPP 凭证的身份认证

EAP-AKA′ 和 5G AKA 两种主要身份认证方法均需要 UE 拥有 3GPP 凭证（Credentials）才能完成认证并且生成安全密钥。那么问题来了，5G 中是否支持通过非 3GPP 凭证对 UE 进行认证呢？

事实上，我们在工作生活中大量使用了非 3GPP 凭证，例如：我们的手机需要使用公司提供的用户名和密码才能连接到公司内网。在现有工业互联网中，工厂中的很多设备甚至仅拥有非 3GPP 凭证，并仅允许使用该凭证接入工厂网络完成操作控制与信息交互。这些非 3GPP 凭证可以由终端所属公司进行管理和分发，灵活性强且安全程度高。为了获得非 3GPP 凭证的上述优点，5G 支持通过非 3GPP 凭证对 UE 进行认证。在 5G 中，UE 的非 3GPP 凭证不仅可以用于主要身份认证，还可以用于 PDU 会话的二次认证（Secondary Authentication/Authorization）以及网络切片特定的认证和授权（Network Slice-Specific Authentication and Authorization）。其中，后两种认证用于网络或第三方，进一步加强对 UE PDU 会话和所用切片的管控。

3GPP 在 R16 阶段制定了非公共网络（Non-Public Network）相关的协议，其中独立非公共网络（Standalone Non-Public Network，SNPN）通过支持除 EAP-AKA'外的其他 EAP 认证方法，支持 UE 和网络间使用非 3GPP 凭证进行主要身份认证。除 EAP-AKA'外，SNPN 支持何种 EAP 认证方法由 SNPN 的运营商决定，协议中并未限定。EAP-TLS（Transport Layer Security）就是其中一种常用的认证方法。

（1）EAP-TLS

EAP-TLS 的认证流程如图 7-26 所示，大体可以分为启动身份认证及选择认证方法、启动 EAP-TLS 认证及 TLS 版本选择、UE 验证网络、网络验证 UE、锚密钥生成与传递五个部分。这里仅介绍 EAP-TLS 认证的主要流程，UE 和网络相互验证的具体细节可以参见 IETF RFC 5216：“The EAP-TLS Authentication Protocol”。

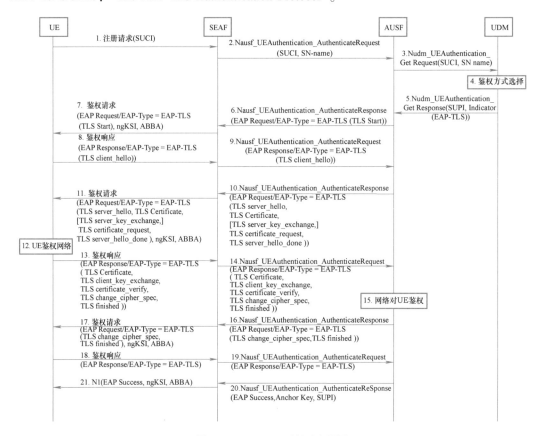

图 7-26　EAP-TLS 认证流程图

（图片参考来源：TS 33. 501 – h50，Figure B2. 1. 1-1 Using EAP-TLS Authentication Procedures over 5G Networks for initial authentication）

1）启动身份认证及选择认证方法（步骤 1~5）：UE 在注册请求中发送 SUCI 给 SEAF。与 EAP-AKA' 认证流程不同的是 UE 可以采用 NAI 格式（用户名 + 域名，例如：username@realm）的 SUPI，其中 NAI 的用户名部分加密包含在 SUCI 中，NAI 的域名部分不加密用于 UDM 路由。SEAF 通过 Nausf_UEAuthentication_Authenticate 请求将 UE 的 SUCI 以及服务网络名称给 AUSF，AUSF 再通过 Nudm_UEAuthentication_Get 请求转发给 UDM。UDM 调用 SIDF 将 SUCI 解密为 SUPI，并根据 SUPI 选择认证方法。如果 UDM 选择了 EAP-TLS 认证方法，则通过 Nudm_UEAuthentication_Get 响应发送 EAP-TLS 指示给 AUSF。

2）启动 EAP-TLS 认证及 TLS 版本选择（步骤 6~9）：EAP-TLS 支持多个 TLS 版本，因此在启动 EAP-TLS 认证时，UE 和网络间需要协商使用的 TLS 版本。AUSF 收到 UDM 发来的 EAP-TLS 指示后，选择 EAP-TLS 作为认证方法，并发送 EAP-Request/EAP-TLS［TLS start］消息给 SEAF，再由 SEAF 通过鉴权请求消息转发给 UE。在 SEAF 发送给 UE 的所有鉴权请求消息中都包括 ngKSI 和 ABBA 两个参数，其中 ngKSI 被 AMF 和 UE 用于标识部分安全上下文（如果认证成功），ABBA 参数将会被用于 KAMF 的计算。UE 收到 EAP-TLS［TLS start］后将 EAP-Response/EAP-TLS［client_hello］消息通过 SEAF 转发给 AUSF，其中包含 UE 支持的 TLS 版本等信息。AUSF 选择 TLS 版本并在 ServerHello 消息中指示。

3）UE 验证网络（步骤 10~12）：AUSF 向 SEAF 发送 EAP-Request/EAP-TLS 消息，消息中包含 server_hello、server_certificate、server_key_exchange、certificate_request、server_hello_done 等 EAP-TLS 认证所用信息，再由 SEAF 通过鉴权请求消息发送给 UE。UE 通过上述信息验证网络。

4）网络验证 UE（步骤 13~15）：UE 成功验证网络后将 EAP-Response/EAP-TLS 消息通过 SEAF 转发给 AUSF，消息中包括 client_certificate、client_key_exchange、certificate_verify、change_cipher_spec、client_finished 等 EAP-TLS 认证所用信息。AUSF 通过上述信息以及 SUPI 验证 UE。

5）锚密钥生成与传递（步骤 16~21）：AUSF 成功验证 UE 后向 SEAF 发送 EAP-Request/EAP-TLS 消息，消息中包括 change_cipher_spec 和 server_finished，再由 SEAF 转发给 UE。UE 将一个空的 EAP-TLS 信息经由 SEAF 发送给 AUSF。AUSF 收到该信息后，使用 EMSK 的最高 256 位作为 KAUSF，然后根据 KAUSF 推导出锚密钥 KSEAF。接着，AUSF 将锚密钥和 SUPI 发送给 SEAF。SEAF 根据 KSEAF、ABBA 参数以及 SUPI 推导出 KAMF 发送给 AMF，并将 EAP Success 消息、ngKSI 和 ABBA 参数给 UE。UE 使用与 AUSF 相同的方法推导出 KSEAF，并使用与 SEAF 相同的方法推导出 KAMF。

非 3GPP 凭证除了可以用于主要身份认证外，还可以用于 UE PDU 会话的二次认证，以及网络切片特定的认证和授权。当 UE 和网络完成主要身份认证后，网络或者 AAA 服务器可以发起上述认证流程，以进一步加强对 UE PDU 会话/切片的管控。

（2）基于 EAP 的二次认证

在基于 EAP 的二次认证流程（见图 7-27）中，UE 扮演着被认证者的角色，SMF 扮演着传递认证器的角色，而 DN AAA 服务器扮演着后端认证服务器的角色。SMF 和 UE 之间通过 SM NAS 消息进行交互，该消息由 AMF 通过 N11 和 N1 接口在 SMF 和 UE 间进行转发。SMF 和 DN AAA 服务器之间的消息交互，由 UPF 通过 N4 和 N6 接口进行转发。

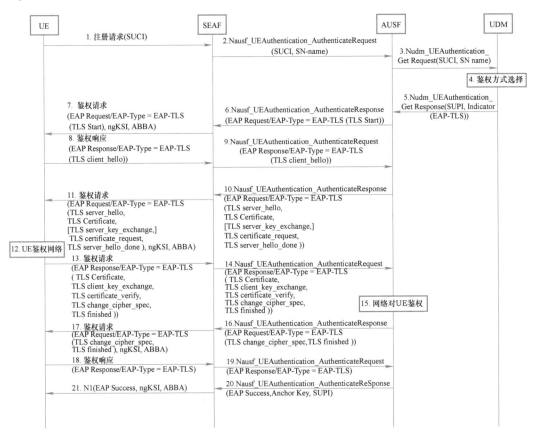

图 7-27　UE 和外部数据网络间基于 EAP 的二次认证流程图

（图片参考来源：TS 33. 501 - h50，Figure 11. 1. 2-1：Initial EAP Authentication with an external AAA server）

UE 和外部数据网络间基于 EAP 的二次认证大体可以分为以下两个部分。

1）启动二次认证（步骤 1 ~ 8）：首先，UE 需要完成与网络间的主要身份认证。然后，UE 发起 PDU 会话建立请求，请求中包含该会话对应的切片信息（由 S-NSSAI 标识）、PDU 会话 ID 以及会话连接的网络信息（由 DNN 标识）等。AMF 选择 SMF 为 UE 建立会话。SMF 根据 UE SUPI 从 UDM 处获取 UE 签约信息，并根据该签约信息以及本地策略决定是否需要进行二次认证。如果需要二次认证，且 UE 没有在之前的 PDU 会话建立流程中被相同数据网络或 DN AAA 服务器认证过，则发起二次认证流程。

2）执行二次认证（步骤 9 ~ 15）：SMF 发送 EAP Request/Identity 消息给 UE，请求 UE 的 DN-specific identity。UE 通过 EAP Response/Identity 消息将 NAI 格式的 DN-specific identity 发送给 SMF。如果 SMF 和 DN AAA 服务器间不存在连接，则 SMF 需要选择 UPF 建立 N4 会话。SMF 通过 UPF 将 EAP Response/Identity 消息转发给 DN AAA 服务器。随后，DN AAA 服务器与 UE 之间交互 EAP 认证所需信息。在二次认证完成之后，DN AAA 服务器发送 EAP Success 消息给 SMF，SMF 将 DN-specific identity 和 DNN 存储在成功认证列表中，后续 SMF 无须针对成功认证列表中的 DN-specific identity 和 DNN 进行二次认证。SMF 继续 PDU 会话建立流程，在 PDU 会话建立成功消息的过程中 SMF 将 EAP Success 消息发送给 UE。

（3）网络切片特定的认证和授权

图 7-28 为基于 EAP 架构的针对特定网络切片的认证和授权过程。其中，UE 扮演着被认证者的角色，AMF 扮演着传递认证器的角色，而 AAA 服务器扮演着后端认证服务器的角色。AMF 和 AAA 服务器之间通过 NSSAAF 网络功能进行交互，NSSAAF 使用 AAA 服务器支持的 AAA 协议与 AAA 服务器进行交互。AAA 服务器可以属于运营商也可以属于第三方，如果属于第三方，则 NSSAAF 与 AAA 服务器之间的交互可以通过 AAA 代理实现。

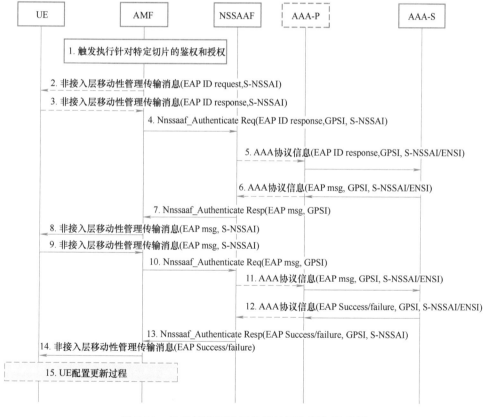

图 7-28　针对特定网络切片的认证和授权流程图

（图片参考来源：TS 33.501 – h50，Figure 16.3-1：NSSAA procedure）

网络切片特定的认证和授权流程大体可以分为以下两个部分。

1）启动切片认证和授权（步骤 1）：在注册流程中，AMF 基于 UE 上下文和 UE 先前成功认证和授权过的切片信息，决定针对哪些切片启动切片认证和授权流程。此外，若 UE 的切片认证相关的签约信息改变或者 AAA 服务器请求重新认证和授权特定切片或者基于运营商策略，AMF 也可以启动切片认证和授权流程。

2）执行切片认证和授权（步骤 2 ~ 19）：AMF 发送 EAP Identity Request 消息向 UE 请求 EAP Identity，消息中携带 H-PLMN 的 S-NSSAI。UE 向 AMF 发送 EAP Identity Response 消息。AMF 将该消息连同 GPSI 以及 S-NSSAI 经由 NSSAAF 发送给 AAA 服务器。AAA 服务器存储 GPSI 与 EAP Identity 的对应关系，用于后续可能的授权撤回以及重认证。随后，AAA 服务器与 UE 之间交互 EAP 认证所需信息。认证完成后，AAA 服务器存储已被授权的 S-NSSAI 信息，并将 EAP 认证结果、S-NSSAI 和 GPSI 经由 NSSAAF 发送给 AMF。AMF 存储切片认证和授权的结果，并将结果通知 UE。

7.6 5G 开发平台

7.6.1 开源通信系统

"开源"（Open Source）在通信圈火起来了。2018 年 6 月 13 日，ONAP 发布第二个版本"Beijing"；6 月 20 日到 22 日，Eurecom 在北京邮电大学举办了第 5 届 OAI Workshop，成立开源 5G 联盟；6 月 27 日，MWCS 期间，O-RAN 联盟正式签署文件成立。同时，TIP 组织 OpenRAN 项目成员，Telefónica 和沃达丰最近向其设备供应商发出采购信息邀请书（RFI）；7 月 25 日，Open5G 开源社区工作会议在兰州举行。

（1）何为开源

开源原意是开放源代码，诞生之初主要针对软件而言。而现如今，Open 已经扩展到软硬件诸多领域。知名的开源项目，大家也并不陌生，你可能没用过 Linus，但绝对不可能没听过 Android。学过计算机的应该还记得，Linux 是由芬兰大学生 Linus 编写发布，不过，还有很多铺垫工作实际上是由 RMS（Richard Matthew Stallman）完成。这位大神级人物的主要作品包括鼎鼎有名的 EMACS、GCC、GDB。

（2）Open 不等于 Free

不过让 RMS 更为出名的，则是他本人的观点和追求。RMS 没有为任何代码申请专利，他倡导自由软件运动，反对商业化。而放弃了利益的 RMS 本人，也赢得了大量的赞誉和忠实拥趸，被尊为自由运动的精神领袖。任何人，只要遵守他发起的 GPL 协议，就可以修改并使用源代码。不过代价是，不管你是出于何种目的，通过何种方式，只要在代码中使用了遵循 GPL 的代码，那么，你的整个项目都必须开放源代码。而它之后演变的各种版本，目的都是为了这一目标而填补各种漏洞。这个协议，也称为"反版权"（或称 Copyleft）宣言。不过，这种像"病毒"一样的沾一点而散全身的传播方式，也为 GNU 赢得了一个异教的称号，而 RMS 也被戏谑地称为"教主"。

但是事实是，大部分的开源的工作者或组织，并不能像"教主"一样靠情怀生活，更何况公司。所以，与 GPL 相对，产生了许多对商业友好的开源协议，像 Apache、BSD。而且，这些协议都具有很高的自由度和扩展性，许多公司都基于此发布了自己的协议。不过讲到这里，都是在提著作权（Copyright），与之相对应还有另一个概念——专利权（Patent）。这里就要引入另一个被广泛应用的条款——F/RAND，也称兰德条款，大意就是要根据一系列原则进行专利授权和适当收费。具体解释非常复杂，有兴趣的读者可以通过搜索 Google 与摩托罗拉的诉讼了解。

此外还有一个必须要提到的是近些年火起来的 CC 协议（见图 7-29），因为这个真的是一个非常友好的协议。为了方便读者理解，在它的官网上直接提供了普通人可以理解的版本。

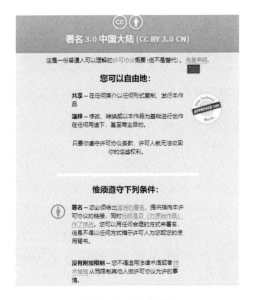

图 7-29　CC 协议

（3）开源通信

在互联网行业，开源现在已经成为必不可少的存在，实际上，大多数引起关注的开源项目，也主要来自行业巨头，看看 GitHub 上贡献度排名前列的公司们，笔者相信，这些公司并不是在做情怀。但是，在通信行业，以 RAN 侧为例，商用级别的通信协议栈，4G 也好，5G 也好，尤其是某些算法，对于很多公司来说都是现在核心利益所在，开源的难度可见一斑。虽然协议的发展确实为开源商业化提供了越来越好的铺垫，但是正如开头那段话提到的，对于开源通信的盈利点在哪里，大家都很迷茫。

结果，情怀只能是开源通信的现状。以 TIP（Telecom Infra Project）项目为例，这个由 Facebook 在 2016 年发起的开源电信项目，目的是让地球上几十亿人用上现代化的网络。所以，他们的基站（见图 7-30）支持 2G 到 4G，最大的优点就是成本低，容易安装维护，适合运营商覆盖不到的偏远地区。当然，TIP 也有很多项目，不过除了刚才提到的 OpenCellular，其实也只有极少数是完全 Free 和 Open 的。情怀之外，长期还是要考虑收益。

图 7-30　OC-LTE，TIP 与 NuRAN 合作开发的基站

此外，另一个引人注目的对象是 ORAN，它关注的重点在 5G 与 AI 方面。介绍 ORAN 的文章已经太多，这里不再赘述。在本节开头还提到了 OpenAirInterface（OAI）平台。这个由 Eurecom 创立的开源通信平台初期并没有引起太多关注，然而，近些年却是在以肉眼可见的速度飞速发展。而且由于其在 C-RAN 时代与中国移动的合作，或许，在 ORAN 的某些层面，OAI 也会是一个重要的选择。而且，OAI 使用的 Lisence 就是基于 Apache 和兰德条款修改的，这可能也是除了完整的实现和有效的运营之外，另外一个让它吸引大量关注的因素。类似的，还有基于 AGPLv3 的 SrsLTE、基于 AGPL 的 OpenLTE、专注于 2G 的 OpenBTS、专注于核心网的 OpenEPC（这个已经有商用产品），当然，开源通信远不止这些，还有如物联网、AI 大数据结合等方面的内容。

7.6.2　5G 仿真中的并行化技术

5G 仿真主要是指利用以系统级和链路级为主的软件仿真方法，仿真评估 5G 通信方案在不同场景下的性能，结合网络规划数据还能为实际的网络部署提供参考，是 5G 研究的一项基础而又重要的工作。相比 4G，5G 引入了大规模天线技术以及更宽的带宽，提高了网络容量的同时也大大增加了 5G 仿真的复杂度。动辄几天甚至几个星期的仿真时间，将在一定程度上拖慢 5G 研究的速度，如何加速 5G 仿真成为一个亟待解决的问题。

　　并行化技术是常用于科学计算的加速方案，也是加速 5G 仿真的解决方案之一。以下将介绍常见的并行化技术、并行计算与串行计算的区别以及并行计算设计方法，并简要分析其在通信仿真中可能的应用场景。

1. 并行化技术

　　并行计算即用多个处理器共同完成一个计算任务，能够节省任务执行时间、解决更大的计算任务，因而被广泛应用于科学计算中。常见的并行化技术包括三种。

　　（1）多线程

　　线程（Thread）是一种轻量级的进程，是 CPU 进行调度的基本单位。每个进程都至少包含一个线程（主线程）。进程拥有的线程数量越多，被 CPU 调度的概率就越大，多核 CPU 环境下多个线程就越有可能被不同 CPU 同时调度，从而达到并行化的目的（见图 7-31）。各线程间共享进程的内存空间包括代码段、全局变量、打开的文件等，每个线程还拥有独立的寄存器与栈空间。同一个进程的多个线程间可以通过共享内存的方式进行通信，线程间的通信速度快。

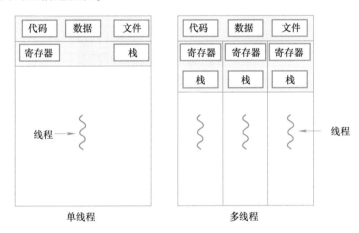

图 7-31　单线程与多线程

　　多线程的实现方式有很多。C ++ 11 增加了对多线程的支持，通过 thread 类可以很方便地创建线程以及进行线程间通信等操作。OpenMP（Open specification for Multi-Processing）是一种适用于 C/C ++ 和 Fortran 的多线程 API，使用 OpenMP 可以把创建线程和等待线程结束等工作交由编译器实现，而不需要自己手动实现。

　　（2）多进程

　　进程是程序在数据集合上的一次运行活动，是系统进行资源分配和调度的基本单位。与多线程类似，一个计算任务也可以分散到多个进程中执行以达到并行化的目的。相比多线程，多进程能够分别运行在不同的计算节点之上，进而使用不同计算节点的资源（计算资源、存储资源等），大大增强了可扩展性，能够用于解决资源需求量更大的任务。

但同时，不同计算节点上的进程间一般使用网络进行通信（见图 7-32），相比多线程共享内存通信，通信开销大。

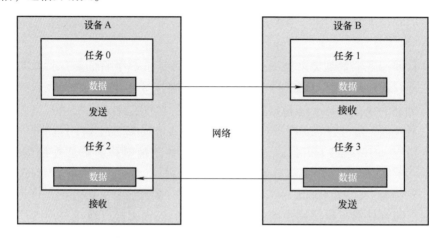

图 7-32　多进程可以部署在多个节点上，并使用网络进行通信

MPI（Message Passing Interface）是一种进程间的消息传递协议，可以用于多进程间的通信。MPI 的常见实现有 MPICH、MSMPI 等，通过使用这些库，可以方便地创建进程以及进行进程间的通信，并且无须在意底层通信机制。

（3）使用 GPU

传统的单核 CPU 使用的是 SISD（Single Instruction Single Data）结构，一个时钟周期内只能执行一条指令，处理一个数据流。GPU 则采用的是 SIMD（Single Instruction Multiple Data）结构（见图 7-33），一个时钟周期内可以执行一条指令，处理多个数据流。GPU 拥有比一般 CPU 更多的核心数，但 GPU 核心并不像 CPU 核心那么"通用"，其并行化是有条件的，即多个数据流要执行相同的操作才能得到并行处理，例如矩阵运算就比较适合使用 GPU 进行并行化加速。

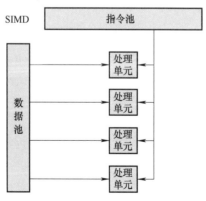

图 7-33　SIMD 示意图

2．并行计算 vs 串行计算

并行计算相比串行计算能够加快计算速度、提高程序可扩展性，但同时也会增加程序运行可能遇到的问题以及带来额外的开销。

（1）同步问题

绝大多数并行计算都需要考虑同步问题（Synchronization Problem），即多个并行的线程/进程由于执行顺序不同导致输出不同的结果。需要注意的是，这里的执行顺序不仅包括高级语言级别的执行顺序，还包括指令级别的执行顺序，一条高级语言可能会转化为多条指令，从高级语言上看没有同步问题的程序，在指令级别上看仍可能会存在问题。最常见的例子就是多个线程中均存在对同一变量的赋值操作，例如在线程 0 中执行counter++，在线程 1 中执行 counter-，假设 counter 的初值均为 0，不同的执行顺序将导致0、-1、1 多种输出结果。

解决同步问题需要令存在同步问题的代码（或称临界区，Critical Section）在同一时间只能被一个线程/进程访问。为此并行化技术设计了加锁/解锁的机制，例如 C++ 中的mutex、OpenMP 中的 omp_lock_t 等，在进入临界区之前加锁，离开临界区后解锁，以保证同一时间只有一个线程/进程能够进入临界区。此外，并行化技术还可以通过阻塞机制（如 MPI 的 MPI_Barrier、Pthread 中的 pthread_join 等）完成线程/进程间的同步，用于控制高级语言执行的先后顺序。

（2）额外开销

线程/进程间的通信将会带来额外的时间开销，增加并行计算的执行时间，尤其是通过网络进行通信时，其速度远小于直接通过内存进行通信。因此如果想减小通信开销，应该尽可能选用共享内存的方式通信。如果必须要用到网络进行通信，也可以通过优化网络拓扑、采用更快的通信设备（如 InfiniBand）等方式减小通信开销。

线程的创建与销毁需要占用一定的时间，如果频繁创建与销毁线程也会增加并行计算的执行时间。一种解决方法是在程序执行之初创建由多个线程构成的线程池（Thread Pool），这些线程会一直等待任务，一旦接收到任务会立刻执行，执行完毕后继续等待任务直至程序结束，从而避免了频繁创建与销毁线程。

3．并行计算设计方法

由于不同公司/研究机构实现仿真平台的方法不同，其平台的仿真速度和可扩展性的瓶颈也各不相同，需要"对症下药"才能充分发挥并行计算的优势。接下来，将介绍 4 种常见的并行计算方法，读者可以根据各自仿真平台的实现，灵活使用其中的一种或多种并行化方法修改现有平台或设计新的平台。

（1）理想并行

理想并行（Embarrassingly Computations）指的是将一个计算任务拆解为多个完全独立的子任务（见图 7-34）。理想并行是最简单也是最常见的并行化方法。例如，在通信仿真中经常会用到蒙特卡洛方法，该方法中每次模拟或抽样相互独立，可以应用理想并行的方法将其并行化。

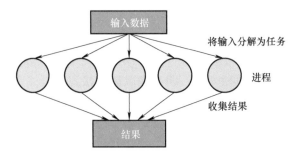

图 7-34　理想并行系统

（2）分治并行

分治并行（Divide And Conquer Computations）指的是将一个计算任务递归地分解为相同形式的子任务，分别执行后再汇合得到最终的计算结果（见图 7-35）。分治是一种常见的编程思想，很多应用该思想进行编程的程序都可以用分治并行方法将其并行化。

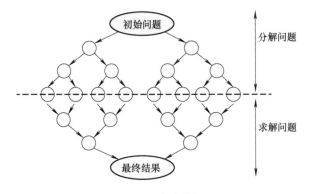

图 7-35　分治并行

（3）流水线并行

流水线并行（Pipelined Computations）指的是一个计算任务可以被拆分成一系列子任务，这些子任务需要一个接一个地执行，如图 7-36 所示。如果每个子任务只需要执行一次，那么流水线并行类似于串行执行计算任务。如果每个子任务需要不断地循环运行，那么当前子任务结束后不必等到所有子任务都执行完毕，即可开启下一次执行，从而达到并行化的目的。类似于工厂流水线源源不断地装配汽车，为一辆汽车装配好发动机后，就可以紧接着为下一辆汽车装配发动机。通信仿真中经常需要流水线式地处理数据，可以考虑用流水线并行方法将其并行化。此外，一些情况下，一个子任务不需要等到前一个子任务执行完毕后再执行，在处理同一个数据的时候，子任务之间也可以在时间上有交叠。

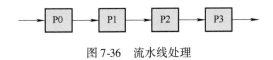

图 7-36　流水线处理

（4）同步并行

同步并行（Synchronous Computations）指的是一个计算任务拆分为多个子任务后，子任务执行时需要在一些时刻进行同步，同步完成后再接着执行（见图 7-37）。例如，通信仿真中很多算法都用到了蝶形运算，这类算法在并行化时需要在蝶形运算的每一层节点处进行同步以保证结果的正确性。

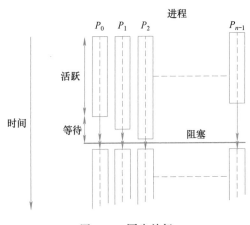

图 7-37　同步并行

7.7　杂谈

7.7.1　关于信息量的几个有趣的问题

（1）乌鸦问题

乌鸦问题是关于归纳法如何提供信息量的一个问题，归纳法告诉我们，如果一个实例被观察到和论断相符合，那么该论断正确的概率增加。亨佩尔给出了归纳法原理的一个例子：如何得到"所有乌鸦都是黑色的"的论断。我们可以出去观察成千上万只乌鸦，然后发现它们都是黑色的。在每一次观察之后，我们对"所有乌鸦都是黑色的"的信任度会逐渐提高，归纳法原理在这里看起来是合理的。

现在问题出现了，"所有乌鸦都是黑色的"的论断在逻辑上和"所有不是黑色的东西不是乌鸦"等价。如果我们观察到一只红苹果，它不是黑色的，也不是乌鸦，那么这次观察必会增加我们对"所有不是黑色的东西不是乌鸦"的信任度，因此更加确信"所有的乌鸦都是黑色的"！

这个问题被总结成：

1）我从未见过紫色的牛（I never saw a purple cow）；

2）但若我见到一头（But if I were to see one）；

3）乌鸦皆黑的概率（Would the probability ravens are black）；

4）更加可能是一么？（Have a better chance to be one?）

（2）两个信封问题

给你两个装钱的信封，其中一只信封中的钱是另一只的两倍，选择一个信封打开，此时，你可以选择拿走手上信封里的钱，或者拿走另一个信封，哪种方式获得的钱最多呢？

直观上，换不换手上的信封是没有什么用的。可是用概率论知识计算一下，这个问题就很蹊跷了。假设你手上信封里的钱为 X，那么另一个信封有 50% 的概率是 $0.5X$，有 50% 的概率是 $2X$，计算期望的话是：$50\% \times 2X + 50\% \times 0.5X = 1.25X$，换信封会有更高的期望！一定是哪里有问题吧？如果我们相信直觉和数学上的期望都是正确的话，真实的期望计算结果应该是 X 吧？可又是哪里给了我们超越现实下的信息，误导了我们关于期望的计算结果？

（3）三门问题

出自美国的电视游戏节目 "Let's Make a Deal"。参赛者会看见三扇关闭了的门，其中一扇的后面有一辆汽车，选中后面有车的那扇门可赢得该汽车，另外两扇门后面则各藏有一只山羊。当参赛者选定了一扇门，但未去开启它的时候，节目主持人开启剩下两扇门的其中一扇，露出其中一只山羊。这时还剩下两扇门，主持人其后会问参赛者要不要换另一扇门。大家觉得换另一扇门能否增加参赛者赢得汽车的概率？

（4）小结

上面抛砖引玉地介绍了几个经典的在不经意间提供信息量的小问题，可能看过之后大家还在云里雾里，如果您对相关问题感兴趣的话，网上有很多对这些经典问题的分析和理解，可以开拓大家的思路。

7.7.2 通俗科普系列之信息论、编码理论和 12 个小球

信息论在通信技术理论中奉为圭臬，它从数学上证明了信息压缩和传输速率所能达到的极限，而编码理论则是努力寻找达到这种极限的方法。信息论是简明又优美的，它直接告诉我们所能达到的界限在哪里，而编码理论为之所做出的努力却是复杂且艰辛的。

本文通过一些数学游戏式的小例子，不做专业的说明，而是通俗地向大家展示信息论与编码理论的某些思想。

（1）1000 坛酒问题

某国家 3 天后要举行庆典，然而接到消息说庆典时要用的 1000 坛酒中的某一坛被人下了致命的毒药，而且这个毒药是 3 天后才发作致命。为了找出毒酒，需要用小白鼠试药。如果天数足够多，只需要 1 个小白鼠，不断地喝新酒并等 3 天后看反应，直到试出毒酒；如果小白鼠足够多，就准备 1000 只小白鼠，喝下各自的酒并等 3 天后进行判断。然而现实是，时间紧迫且小白鼠数量有限，那么怎么用最少的小白鼠，就能在 3 天内找出哪坛是毒酒呢？提示：毒酒和好酒混在一起喝的话，小白鼠的反应当然是会死。

（2）信息论的初探

从组合数学的角度，1000 坛酒中的某一坛是毒酒共有 1000 种可能的情况，而一个小白鼠的反应是死和活两种，因此 10 只小白鼠的试验结果，一共能提供 $2^{10} = 1024$ 种结果，1024 种结果大于 1000 种可能的情况，因此至少需要 10 只小白鼠才能找出毒酒。

那么最关键的问题来了，用 10 只小白鼠怎么找出毒酒？

（3）编码理论的努力

聪明的你一定很快想出办法来了吧，区分的办法有很多种，这里只给一种示例。将 1000 坛酒用二进制进行编号，1 号小白鼠只喝二进制编号倒数第 1 位是 0 的酒，2 号小白鼠只喝倒数第 2 位是 0 的酒，以此类推，i 号小白鼠只喝倒数第 i 位是 0 的酒。这样三天之后，当第 i 个小白鼠活着，就知道有毒酒二进制编号的第 i 位是 1，若没有活着，则第 i 位为 0。最终确定了有毒酒的二进制编号，也就确定了是哪坛酒了。

完成解答之后让我们更进一步，如果是有 2 坛酒有毒，又该怎么办呢？组合数学告诉我们 2 坛毒酒共有 $C(1000, 2)$ 种可能，根据信息论可知，至少需要 $\log_2(1000 \times 99)$ 即 19 个小白鼠，那么 19 个小白鼠真的有办法吗？这就是一个非常困难的问题了，笔者也不知道怎么办好。

接下来我们再看一个非常著名的问题，即 12 个小球问题。

（4）12 小球问题

有 12 个外形一模一样的小球，其中有一个的重量和其他 11 个不同（但不知道是轻了还是重了），现在有一个简单的天平，怎么在最坏情况下用最少的称量次数，找到有问题的小球？

（5）信息论的初探

有 12 个小球，1 个有问题又不知轻重，因而共有 24 种可能，每次天平的结果有平衡、左边重和右边重 3 种局面，因而 3 次称重一共有 $3^3 = 27$ 种结果，因此至少需要 3 次称重才能保证找到。

然而，问题是怎么称呢？这是一个比较有挑战性的问题，如果你能通过自己的努力找到答案的话，那你一定是非常聪明的人。

（6）编码理论的努力

不知道经过努力的你是已经想到答案了，还是已经放弃来寻找答案了，这里我们运用信息论，一步步地试着寻找最终的答案。

首先第 1 次称重，一般大家容易想到天平每边放 4 个小球或者 3 个小球的想法。对于每边放 4 个球的情况，如果结果是平局呢，则剩下的 4 个小球里有一个不知轻重的坏球，还剩 8 种局面，剩余 2 次称量理论可以解决；如果是天平左边重呢，则有可能是天平左边 4 个球里有一个重的坏球，或者右边 4 个球里有一个轻的坏球，共 8 种局面，剩余 2 次称量也理论可以解决；右边重的情况同理。然而，对于每边 3 个小球的方法，如果出现平局，则在剩下 6 个小球里有一个不知轻重的小球，有 12 种局面，则剩余 2 次称量是无论如何也找不出来的了。因此第 1 次称量的办法是每边放 4 个小球进行称重。

第 2 次的称量需要根据第 1 次的结果，如果第 1 次是平局，则第 1 次的 8 个小球都是标准球，为了方便表达，以下对标准球都标记为 0，对于可能重的小球都标记为 +（注意是可能重的），对于可能轻的小球都标记为 –。从信息论的角度可知还剩下 1 次称量，因而第 2 次称量之后的局面应该是不超过 3 种才行的。因此第 1 次平局时的第 2 次称量可以采用这样的办法，在 4 个剩余小球里，选 2 个放天平左边，选 1 个加上一个标准球放右边。这样，如果是天平左边重，则有可能是左边的 2 个小球重或是右边的 1 个小球轻，共 3 种局面；如果右边重呢，则可能是左边的 2 个小球轻或是右边的 1 个小球重，也是 3 种局面；如果平局，则是剩下 1 个不知轻重的小球，2 种局面。因而第 3 次称重就很容易解决了。第 3 次称重的方法如下，比如第 2 次的结果是左边重，那么左边 2 个小球的状态是 + +，右边 2 个小球状态是 – 0，第 3 次测量只需要左边放置 2 个小球 + –，右边放置 2 个小球 00，如果分出轻重就知道是可能性里的 + 猜对了，还是 – 猜对了，如果平了那一定是剩下的 + 球重了。

12 个小球比较难的地方是，如果第 1 次称重分出轻重了，比如说是左边重了，那么还剩下 2 次测量要怎么办，相信有很多人卡在这一点上了。我们知道这时候左边 4 个球的状态是 + + + +，右边 4 个球的状态是 – – – –。而上面我们可以看到，最后剩下 + + – 或是 – – + 我们都可以一次称重找出来，那么问题是如何在第二次称量之后，只剩下那样的 3 种状态。如果有了目标的话，相信经过努力你一定可以找到，第 2 次我们可以这样测量，左边是从 4 个可能的 + 里选 2 个，从 4 个可能的 – 里选 1 个，组成 + + – 的 3 个小球，同理右边是 + – 0 这 3 个一组（标准球 0 从第 1 次称量没用到的 4 个里面选一个）。如果是左边重了，则是左边的 2 个 + 是对的或者右边的 1 个 – 是对的，即还剩 3 种局面；如果右边重了，则是左边 1 个 – 是对的或者右边 1 个 + 是对的，剩余 2 种局面；如果平了，则是第 2 次称重没用上的 3 个小球状态 + – –，也是 3 种局面。因而，最后 1 次称量就解决了。

（7）问题进阶

现在，我们已经解决完 12 个小球称量 3 次的问题了，作为练习，可以尝试一下 36 个小球称量 4 次的方法。

这里还有一个进阶的问题：我们的 12 个小球问题求解过程是顺序解决的，也就是第 2 次的称量是根据第 1 次的结果，那么有没有可能我们像"1000 坛酒问题"一样，是提前安排好 3 次称量方法，也就是先称量 3 次但不知道结果，最后一口气告诉结果，也能去找到问题小球呢？

熟悉信息论的读者知道，根据结果的分次测量相当于有反馈的信道，而提前安排相当于无反馈的信道，而对于离散无记忆信道来说，反馈是不增加信道容量的，可是反馈能使信道编码变得容易，那么没有反馈的话，面对更难的情况，你想到解决方法了吗？

这里需要大家有一些编码理论的知识了。重新审视下"1000 坛酒问题"，定义一个 1000×1 的向量 y，正常的酒记为 0，毒酒为 1。10 个小白鼠的喝酒方法相当于定义一个 10×1000 的矩阵 H，(i, j) 为 1 表示第 i 个小白鼠喝第 j 坛酒，(i, j) 为 0 表示第 i 个小白鼠不喝第 j 坛酒。通过矩阵乘法得到 10 维向量 $x = Hy$，根据矩阵乘法的定义和毒酒的特点，可以看到若第 i 个小白鼠的状态是死亡，则 x 的第 i 维是 1，否则是 0。

根据编码理论，不难发现 H 就是线性分组码的校验矩阵。这是一个可以纠正 1 个差错的分组码，最小汉明距离需要是 3（纠正 t 个错误的最小汉明距离是 $2t + 1$）。即使没有编码理论的知识，我们从矩阵论角度出发也能得到相近的结论，只要矩阵乘法得到一一映射，即对于任何不同的 $y1$ 和 $y2$，若 $x1 - x2 = H(y1 - y2)$ 不等于 0，我们通过 x 的结果就可以唯一知道 y 的取值。由于在 GF(2) 域中，$y1 - y2$ 是两个位置是 1 的向量，一一映射的条件等价于 H 矩阵的列向量没有全 0 向量，且任意两列的向量相加不为 0 向量。从 1～1000 的二进制表示组成的列向量正好满足了上述的条件，这也是我们上面提到的解决方案。

事实上，对于最小汉明距离为 3 的编码，汉明码是一个有效的方案，汉明码是对于任意长度为 2^m，校验维度是 m，最小汉明距离为 3 的编码。那么对于上面提到的 2 坛毒酒有什么好的借鉴方法呢？遗憾的是：这个问题不是一个可以在 GF(2) 域描述的问题，因为在 GF(2) 域，$1 + 1 = 0$，即喝了 2 坛混合的毒酒之后人是没事的。

但是，如果我们就这么奇怪地假设一下，就是这两坛酒中的毒是相生相克的，同时喝两种毒反而没事了的话，那这个问题是不是就可以解决了呢？这时的问题变成了纠正 2 个位置错误的编码，需要的最小汉明距离是 5，遗憾的是在这种情况下，仍然没有可以根据码长和汉明距离任意设计的编码方法。BCH 码是可以指定码长和汉明距离的，对于码长为 1023，汉明距离为 5 的情况，BCH 码要求的校验维度是可以不超过 20，这已经是非常好的结果了，至于可不可以进一步缩小到 19，就很难得知了。

对于 12 小球的问题，GF(2) 域的编码也不适合。当然这时候也不是 GF(3) 域的编码。接下来的运算，将都是在实数域进行。

首先对于 y 来说，我们想用 +1，0，−1 来表示球是重了、标准的，还是轻了。同理有一个 3×12 的校验矩阵 H 表示 3 次称量，(i, j) 元素 +1，0，−1 的值表示第 i 次测量

把 *j* 号球放在天平左边。由于球有原始重量，用 0 表示标准球的话，会出现问题，为此我们需要一个约束的假设就是 *H* 每行元素的和为 0。同样，容易发现，为了能够唯一映射出问题的小球，需要 *H* 的列没有全 0 元素，且每两列相加和相减的结果都不是全 0 向量。事实上是，这样的矩阵是可以找到的。因此，也就意味着我们可以提前制定好编码规则，而不需要根据每次的结果来解决 12 小球的问题。

7.7.3 物联时代即将到来，eSIM 的春天就要来了

（1）SIM 的变迁与 eSIM 的兴起

SIM（Subscriber Identification Module，客户识别模块）卡，是第二代蜂窝移动通信 GSM 的产物，其诞生最早可以追溯到 1991 年，Giesecke & Devrient 在芬兰推出了第一张商用 SIM 卡。我们所熟悉的标准 SIM 卡——Mini SIM 卡在 1996 年才出现。2003 年 Micro SIM 卡标准制定，直到 2010 年 iPhone4 采用才得以普及。到了 Nano SIM 卡时代，SIM 标准之争才进入人们视野，苹果与诺基亚/RIM 联盟推出各自的方案，最终苹果获胜，12.3×8.8 mm大小的 Nano SIM 成了标准，也是物理 SIM 卡的绝唱。SIM 卡的变迁如图 7-38 所示。

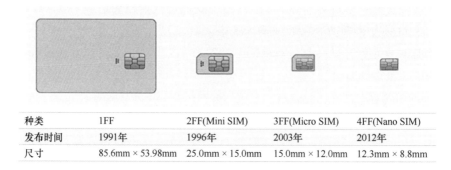

种类	1FF	2FF(Mini SIM)	3FF(Micro SIM)	4FF(Nano SIM)
发布时间	1991年	1996年	2003年	2012年
尺寸	85.6mm × 53.98mm	25.0mm × 15.0mm	15.0mm × 12.0mm	12.3mm × 8.8mm

图 7-38　SIM 卡的变迁

然而，即使 Nano SIM 尺寸已经大幅度缩小，可对于海量的物联网设备来说依然是一个"不小的累赘"。eSIM 的概念其实由来已久，如果接触手机比较早的用户可能知道，早期的 CDMA 手机并没有 SIM 卡，于是便有了"烧号"这么一个说法，即通过软件将数据输入手机内，而无须外置 SIM 卡。这种早期的"烧号"有点接近于现在的 eSIM 的概念，eSIM 卡允许用户不用购买实体 SIM 卡插入设备，而是直接通过软件注册或者直接购买运营服务的方式就可以使用通信网络。

苹果是 eSIM 的积极推动者。2011 年，苹果向美国专利和商标局申请了一项虚拟 SIM 卡专利。2014 年 9 月，苹果在发布 iPadAir2 时首次将 eSIM 卡的概念（又称为 AppleSIM）带到了实际产品中。然而，eSIM 并没有如 Nano SIM 那样在苹果力推之下快速普及，甚至直到 2016 年 2 月 GSMA 才完成了 eSIM 的标准化，在 GSMA 官方术语中，eSIM 称为 Consumer Remote SIM Provisioning initiative。

（2）产业链之争

毋庸置疑，eSIM 带来的好处是多方面的，从硬件上来看，手机等便携设备无须再为 SIM 卡预留卡槽了，这将进一步节省手机的内部空间，而且不用担心插拔会损坏 SIM 卡及卡槽。从用户使用上来说，用户可以无须进行复杂的销号再入网就可以自由地进行运营商网络的更换。自由切换带来的另一个好处是，用户不再受到某一家高额的消费套餐所限制。

然而，运营商对 eSIM 在公众市场的态度相对保守。运营商的公众市场是趋于饱和的，一家运营商的用户增长可能是来自于另一家运营商的用户流失，竞争非常激烈，所以 eSIM 切换网络的能力让运营商对推动 eSIM 非常谨慎。但运营商之间的竞争不会因为阻止了某项技术或政策而停止，例如虽然三大运营商抵制过携号转网，但随着低价流量卡的出现，却产生了"抢占第二卡槽"的激烈竞争。

eSIM 卡给运营商带来的挑战包括：第一，运营商原来 SIM 卡的采购体系、供应模式将会转变；第二，SIM 卡满号资源管理也将有一些相应的转变；第三，SIM 卡所依附的基础增值业务就会消失；第四，运营商之间的竞争更为激烈，它可能要部署很多远程配置管理的系统，导致其运维服务的成本也有一定程度的提升。

此外，eSIM 还会彻底改变 SIM 卡商的商业模式。长远来看，物理 SIM 卡的制造、封装企业以及上下游的更多供应商，都将面临持续打击。eSIM 将为设备厂商、虚拟运营商甚至互联网厂商创造新机会。

（3）eSIM 的春天

随着物联网时代的到来，以及可穿戴设备的普及，在智能手机终端遇挫的 eSIM 卡正在迎来春天。面向物联网市场，eSIM 卡未来市场前景广阔，包括车联网、可穿戴设备、智慧家庭、智能家居、远程智能抄表、无线移动 POS 机、定位跟踪等。

技术的发展总是向前的，更先进的事物替代旧有的事物是再正常不过的事情。只有当 eSIM 普及时，真正的物联网时代才能到来。

7.7.4 不吹不黑，聊聊无线 AI

这是一个不谈 AI 都不好意思和别人打招呼的年代。AI 与无线通信（包括 5G、未来 6G）的结合已成为一个越来越热的话题，以下就从 AI 的四大要素（数据、算力、算法、场景）入手，跟风聊聊无线 AI。

（1）数据

数据是 AI 的源泉。数据越多，AI 的潜力越大。

毫无疑问，在这方面，电信系统有着天然的优势：数以百万计的系统设备，数十亿的手机终端，数百亿的物联网终端，每天都在产生着大量的数据。而且，通信网络本身的连接属性，使得数据的采集与搬运更为便利。

但 AI 需要的不仅仅是大量的数据，更是"干净"的、高质量的数据。这是 AI 施展拳脚的前提。没有"干净"的数据，在此基础上建立的算法模型就没有准确率可言。

目前数据的采集和存储缺乏统一的标准，也没有规范要求，数据的缺失和失真使得它的可用性大打折扣。提升可用性的前提是建立对数据的统一标准，并需要花费大量的精力对数据进行规整和清洗，这无疑加大了 AI 落地的难度和成本。

更进一步，现在世界各国法规对用户数据的采集和使用有着越来越严格的要求，欧盟的 GDPR（一般数据保护条例）已经于 2018 年 5 月 25 日生效，而且一般认为，这只是一个开端。运营商在数据获取方面有着天然的优势，但即便是运营商，也不能随便采集和使用用户的数据，必须符合合规的要求。

再进一步，当真的有海量数据时，究竟需要如何收集数据，收集哪些数据也是一个巨大的挑战。无线通信的数据维度非常高，数据类型跨度非常大，数据量更是海量的。一方面，要保证算法的泛化性和场景的适配性，数据的采集需要综合考虑尽可能广泛的场景；另一方面，又要保证数据采集的有效性和可行性。二者之间如何保持一个平衡，这是一门需要认真探究的学问。

目前也有尝试通过仿真工具产生数据，再通过大数据去拟合出模型。基于仿真工具产生的数据，最终的拟合结果就是拟合出仿真所用的公式，难以满足泛化能力的要求。

除了以上的林林总总，数据工程化、标签自动化等都是极大的挑战。数据就在那里，但想用起来并不容易。

（2）算力

从无线 AI 的角度，算力的挑战相对较小。

运营商本身就有大量的数据中心，有大量的云计算资源，再考虑未来的边缘计算能力，这些资源可以为 AI 提供强大的算力支撑。而算力网络的发展，将进一步提升算力支撑的能力与效率。并且，随着终端能力的提升，其也可以为无线 AI 的发展提供算力。

（3）算法

通信系统对于算法研究比较有利的一面是：通信网络的很多场景都有极强的规律性，也有很多现成的工作模型，这些都可以为 AI 算法的模型提供参考依据。

但是具有挑战性的问题是：目前流行的深度学习（DL）模型究竟是否适合无线通信系统？DL 这些年是随着图像识别、自然语言处理发展起来的，但应用于无线通信的历史很短，不确定性很大。

更进一步，无线通信的场景很多，加上传播信道的随机性和多变性，都使得信道环境可能发生很大的变化，AI 能否及时、准确地收敛，都存在疑问。而且，无线 AI 是无信通信与 AI 的结合，当无线 AI 出现问题，例如无法收敛或是效果比较差的时候，问题的边界往往难以准确地界定，这都在算法层面提出了很大的挑战。

简而言之，无线 AI 绝不是流行的 AI 算法与无线通信的简单结合。究竟怎样的算法体系适用于无线通信，或是适用于无线通信的具体细分场景，还需要持续的探索过程。

（4）场景

所谓无线 AI 的适用场景，业界讨论很多，但实际上并不完全清晰。

根据 ETSI ENI 的定义，无线 AI 适用于架构管理、网络运维、网络保障、服务编排和管理、网络安全等；GSMA 也就无线 AI 在网络运营、网络维护监控、网络优化配置、业务质量保障提升、网络节能增效、网络安全防护、网络规划建设中的应用做了定义。

一般认为，无线 AI 在应用层、管理面、控制面的应用，不存在太大的争议，只是收益与代价的权衡，以及标准、平台、接口、数据流程能否很好支撑 AI 应用的问题。但在无线传输层面，AI 应用的边界并不清晰。

AI 在编码调制、信道估计、多天线优化等物理层中的应用，是当前业界关注的焦点之一，业界也已做了大量的研究。挑战主要有两个：一是当前的物理层算法已有成熟的模型，采用 AI 算法的增益究竟能有多少，归根结底是收益与成本的权衡问题；二是 AI 算法的结果缺乏确定性的解释，对问题的定位也提出了新的挑战。

关于 AI 适用性的问题，这里还有个有意思的例子：对于确定性的计算，例如 $2 \times 4 = 8$ 这种计算，采用公式计算非常简单，但如果采用 AI，可能收敛的结果会是 8.001。显然，AI 并不是放之四海皆准，有一个应用边界的问题。

其实，除了以上客观因素外，人才准备、工作流程、组织架构，甚至思维中固有的理念也是无线 AI 最终落地的巨大障碍。

对于传统思维方式与生产方式的颠覆从来都不容易。直面它，质疑它，并且拥抱它，无线 AI，终究会来。

参 考 文 献

[1] 3GPP. 3GPP TR 23.791, Study of Enablers for Network Automation for 5G [EB/OL].

[2] 3GPP. 3GPP TR 28.809, Study on enhancement of Management Data Analytics (MDA) [EB/OL].

[3] 3GPP. 3GPP TR 37.816, Study on RAN-centric data collection and utilization for LTE and NR [EB/OL].

[4] 3GPP. 3GPP TS 22.261, Service requirements for the 5G system Stage 1 [EB/OL].

[5] 3GPP. 3GPP TR 38.811, Study on New Radio (NR) to support non-terrestrial networks (Release 15) [EB/OL].

[6] 3GPP. 3GPP TR 38.821, Study on New Radio (NR) to support non-terrestrial networks (Release 16) [EB/OL].

[7] Huawei. 3GPP R4-1609801, On NR Band structure [EB/OL]. 2016.

[8] 芬兰奥卢大学. 6G 无线智能无处不在的关键驱动与研究挑战 [R]. 2019.

[9] IPlytics. 5G 专利竞赛的领跑者 [R]. 2021.

[10] 国家知识产权局知识产权发展研究中心. 6G 通信技术专利发展状况报告 [R]. 2021.

[11] 田开波, 方敏, 杨振, 等. 从5G 向6G 演进的三维连接 [J]. 移动通信, 2020 (6): 96 – 98.

[12] 汪春霆, 李宁, 翟立君, 等. 卫星通信与地面5G 的融合初探 [J]. 卫星与网络, 2018 (11): 6.

[13] 邢杰, 赵国栋, 徐远重, 等. 元宇宙通证 [M]. 北京: 中译出版社, 2021.

[14] 迟楠, 贾俊连. 面向6G 的可见光通信 [J]. 中兴通信技术, 2020, 26 (2): 9.

[15] 孙学宏, 李强, 庞丹旭, 等. 轨道角动量在无线通信中的研究新进展 [J]. 电子学报, 2015, 43 (11): 10.